职业教育校企合作"互联网+"新形态教材

电机与电气控制项目教程

主　编　刘伦富　张道平　孟玲霞
副主编　徐　斌　李智勇
参　编　周重庆　蒋朝宏　杨玉秀
　　　　任华玲　马廷花　王翠霞
　　　　蔡继红

机械工业出版社

本书根据中等职业学校"电机与电气控制技术"课程教学要求，结合现代电气控制技术，参考电工职业技能标准编写而成。在内容上将专业理论知识与技能训练融为一体，结合生产实际，精选电机及电气控制的典型内容和步进电动机、伺服电动机控制等新技术，内容精炼，实用性强。

本书共有十五个项目，分别为三相笼型异步电动机的使用与维护、单相异步电动机的使用与维护、三相异步电动机单向运行控制电路的安装与调试、三相异步电动机正反转控制电路的安装与调试、位置控制与自动往返控制电路的安装与调试、顺序控制电路的安装与调试、减压起动控制电路的安装与调试、双速异步电动机自动加速控制电路的安装与调试、制动控制电路的安装与调试、几种常用继电器的认识与检测、普通车床电气控制电路的安装与检修、摇臂钻床常见电气故障的分析与检修、平面磨床常见电气故障的分析与检修、步进电动机控制系统的安装与维护、伺服电动机控制系统的安装与维护。

本书是工业机器人技术应用、机电技术应用、电气设备运行与控制等专业的教学用书，也可作为电工职业技能培训教材。

本书是新形态、立体化教材，学习资源丰富。扫描书中二维码可观看视频、学习微思考等教学资源。为方便教学，本书配有PPT课件、习题及答案等资源，选用本书作为授课教材的教师可登录 www.cmpedu.com 注册并免费下载。

图书在版编目（CIP）数据

电机与电气控制项目教程 / 刘伦富，张道平，孟玲霞主编 . -- 北京：机械工业出版社，2025.4. -- ISBN 978-7-111-77796-0

Ⅰ.TM3；TM921.5

中国国家版本馆 CIP 数据核字第 2025665FU6 号

机械工业出版社（北京市百万庄大街22号　邮政编码100037）
策划编辑：赵红梅　　　　　　　责任编辑：赵红梅　王　宁
责任校对：梁　园　李　杉　　　封面设计：马精明
责任印制：邓　博
北京中科印刷有限公司印刷
2025年5月第1版第1次印刷
184mm×260mm・15印张・362千字
标准书号：ISBN 978-7-111-77796-0
定价：48.00元

电话服务　　　　　　　　　　网络服务
客服电话：010-88361066　　　机　工　官　网：www.cmpbook.com
　　　　　010-88379833　　　机　工　官　博：weibo.com/cmp1952
　　　　　010-68326294　　　金　书　网：www.golden-book.com
封底无防伪标均为盗版　　　　机工教育服务网：www.cmpedu.com

前　言

本书根据中等职业学校"电机与电气控制技术"课程教学要求，结合现代电气控制技术，参考电工职业技能标准编写。在内容上将专业理论知识与技能训练融为一体，结合生产实际，精选电机及电气控制的典型内容和步进电动机、伺服电动机控制等新技术，内容精炼，实用性强。

本书贴近工业生产过程，教学标准与职业标准对接，教学过程与生产过程对接，以能力为本位，以应用为特色。

1. 任务驱动，培养学生专业技能

本书构建"教、学、做"任务驱动式项目教学模式评价体系，将工艺规范、标准、操作步骤、考核要求及安全文明生产贯穿在一体化课程中。同时，将课程必须掌握的理论知识与实践技能分解到不同的项目和任务中，由浅入深、循序渐进地引导学生学习专业知识，培养专业技能。

2. 立足企业需求，贴近工业生产过程

本书注重社会发展和企业需求，以培养职业岗位群的综合能力为目标，充实课程训练任务的内容，突出实际应用，强化学生职业技能的培养，提升学生实际动手能力。

3. 结构新颖，教学资源丰富

本书配有丰富的实物照片，配套学习视频、微学习等教学资源，以二维码的形式穿插于各任务之中，激发学生学习兴趣，培养学生实践技能。

本书由湖北信息工程学校刘伦富、张道平和鹤峰县中等职业技术学校孟玲霞担任主编，湖北信息工程学校徐斌、李智勇担任副主编，参与编写的还有湖北省宜都市职业教育中心周重庆，湖北信息工程学校蒋朝宏、杨玉秀、任华玲、马廷花、王翠霞和蔡继红。

由于编者水平有限，书中不足之处在所难免，敬请广大读者批评指正。

编　者

二维码索引

名称	二维码	页码	名称	二维码	页码
视频：三相笼型异步电动机工作原理		8	视频：热继电器的检测		45
视频：电动机的认识与拆卸		14	视频：电动机连续运行过载保护控制电路的接线		58
视频：电动机的装配		15	视频：电动机连续运行过载保护控制电路的检查		58
视频：电动机绝缘电阻的检测		17	视频：电动机连续运行过载保护控制电路的检修		59
视频：按钮的安装与检测		45	视频：时间继电器的检测		95
视频：断路器的检测		45	视频：压力继电器的认识		136
视频：熔断器的安装与检测		45	视频：电磁阀的认识与检测		136
视频：接触器的认识与检测		45	视频：连接气缸说明电磁阀的工作原理		137

二维码索引

（续）

名称	二维码	页码	名称	二维码	页码
视频：双向电磁阀的工作原理		137	微思考：行程开关的分类		78
视频：车床的结构与加工形式		141	微思考：接近开关		79
视频：摇臂钻床的结构与运动形式		156	微思考：两台电动机 M1 和 M2 顺序起动、顺序停止		89
视频：平面磨床的结构与运动形式		169	微思考：多地控制接线要求		104
微思考：绝缘电阻表的使用方法与技巧		17	微思考：频敏变阻器及其特点		123
微思考：三相异步电动机的日常保养与故障检修		21	微思考：常用继电器的分类		131
微思考：电容的检测方法		29	微思考：固态继电器		133
微思考：低压电器常见分类方法		35	微思考：故障检修前的调查研究		148
微思考：螺旋式熔断器的接线		37	微思考：步进电动机驱动器常见问题与处理方法		199
微思考：双金属片式温度控制器		40	微思考：步进电动机和伺服电动机的区别		209
微思考：电气原理图编号原则		48	项目一习题		21

（续）

名称	二维码	页码	名称	二维码	页码
项目二习题		33	项目九习题		128
项目三习题		60	项目十习题		139
项目四习题		76	项目十一习题		154
项目五习题		86	项目十二习题		167
项目六习题		98	项目十三习题		180
项目七习题		106	项目十四习题		200
项目八习题		114	项目十五习题		231

目　　录

前言

二维码索引

绪论 ··· 1

项目一　三相笼型异步电动机的使用与维护 ·· 4
任务1　三相笼型异步电动机的认识与检测 ··· 4
任务2　三相笼型异步电动机的拆装与试运行 ··· 13

项目二　单相异步电动机的使用与维护 ·· 22
任务1　单相异步电动机的检测与试运行 ··· 22
任务2　单相异步电动机的维护与常见故障排除 ·· 30

项目三　三相异步电动机单向运行控制电路的安装与调试 ·· 34
任务1　常用低压电器的认识与检测 ·· 34
任务2　电动机点动控制电路的安装与调试 ··· 47
任务3　电动机连续运行过载保护控制电路的安装与调试 ··· 53

项目四　三相异步电动机正反转控制电路的安装与调试 ··· 61
任务1　倒顺开关正反转控制电路的安装与调试 ··· 61
任务2　接触器联锁正反转控制电路的安装与调试 ·· 67
任务3　按钮、接触器双重联锁正反转控制电路的安装与调试 ··································· 72

项目五　位置控制与自动往返控制电路的安装与调试 ·· 77
任务1　位置控制电路的安装与调试 ·· 77
任务2　自动往返控制电路的安装与调试 ··· 84

项目六　顺序控制电路的安装与调试 ··· 87
任务1　顺序起动、逆序停止控制电路的安装与调试 ····································· 87
任务2　按时间原则顺序起动控制电路的安装与调试 ····································· 92

项目七　减压起动控制电路的安装与调试 ··· 99

项目八　双速异步电动机自动加速控制电路的安装与调试 ································ 107

项目九　制动控制电路的安装与调试 ··· 115
任务1　电磁抱闸制动器通电制动控制电路的安装与调试 ······························· 116
任务2　单向起动反接制动控制电路的安装与调试 ······································· 121

项目十　几种常用继电器的认识与检测 ··· 129
任务1　电磁式继电器的认识与检测 ··· 129
任务2　压力继电器与电磁阀的认识与检测 ·· 135

项目十一　普通车床电气控制电路的安装与检修 ··· 140
任务1　认识CA6140型车床 ·· 140
任务2　CA6140型车床控制电路的安装与常见电气故障的检修 ······················· 147

项目十二　摇臂钻床常见电气故障的分析与检修 ··· 155
任务1　认识Z3050型摇臂钻床 ·· 155
任务2　Z3050型摇臂钻床常见电气故障的分析与检修 ································· 162

项目十三　平面磨床常见电气故障的分析与检修 ··· 168
任务1　认识M7130型平面磨床 ··· 168
任务2　M7130型平面磨床常见电气故障的分析与检修 ································· 175

项目十四　步进电动机控制系统的安装与维护 ·· 181
任务1　步进电动机的认识与拆装 ··· 181
任务2　步进电动机控制系统的安装与调试 ··· 191

项目十五　伺服电动机控制系统的安装与维护 ·· 201
任务1　伺服电动机的认识与检测 ··· 202
任务2　伺服电动机位置控制模式系统的安装与调试 ··································· 210

参考文献 ··· 232

绪 论

1. 电机与电气控制技术在国家经济中的作用

电能是一种清洁能源，它的广泛应用对国家经济建设、环境保护和人民生活的提高都起着重要作用。电能的产生、传输、分配、控制和转换既方便又高效，因此，它成了各种能量转换的中间环节。例如，机械能（水能、风能）、热能、核能（原子能）都能转换成电能，再被利用到国家经济建设的各个方面。近年来，我国相继建成了举世瞩目的葛洲坝水电站、三峡水利枢纽工程和白鹤滩水电站，在装机容量、创新与技术攻关等方面创造了多个世界第一，在发电、防洪、航运、促进区域经济协调发展上发挥了重要作用；我国还建成了世界电压等级最高的 100 万伏特高压输电线路，这一技术将位于中西部的大规模煤电基地发出的电力以高效低耗的方式迅速传送到东部集中用电地区，实现跨区域、大规模、长距离送电。我国依靠特高压技术在 2015 年彻底解决了偏远地区居民缺电少电的问题。

目前，工业、农业、国防、科技和日常生活的各个领域使用的各类机电产品，如风机、压缩机、机器人、轧钢机、机床、空调器、电动车辆等，几乎都是由电动机拖动的，称之为电力拖动。电力拖动离不开电气控制技术，是现代工业自动化的基础和核心，对提高产品质量、改善工人的劳动条件、提高生产效率有着重要的意义。

2. 电力拖动系统的组成

电力拖动是指运用各类以电动机为动力的传动装置或系统，实现生产过程自动化的控制技术。电力拖动系统主要由电动机、传动机构、电气控制设备（或电气控制电路）、生产机械的工作机构及电源等组成，如图 0-1 所示。

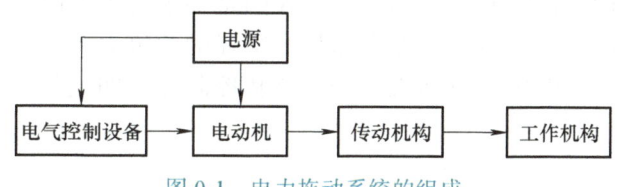

图 0-1 电力拖动系统的组成

1）电动机。电动机是生产机械的原动机，是将电能转换为机械能的部件。电动机分为交流电动机和直流电动机两大类。

2）电气控制设备。电气控制设备是控制电动机运转的设备，由各种控制电器（如开关、按钮、熔断器、接触器、继电器等）按一定要求和规律组成，用以控制电动机的运行，如起动、制动、调速、反转等。

3）传动机构。传动机构是电动机与生产机械间传递动力的装置，如减速箱、传输带等。

4）工作机构。工作机构是生产机械中直接进行生产加工的机械设备，是电动机的负载。

3. 现代电气控制技术的发展方向

20世纪初期，工业生产开始采用继电器、接触器、开关（或按钮）等组成的继电器控制系统控制电动机的运行。继电器控制系统是用导线把各种继电器、定时器、计数器及其触点按一定的逻辑关系连接起来，控制电动机拖动各种生产机械运行。继电器控制系统至今仍在使用，但它有许多固有的缺点，例如，机械触点影响系统运行的稳定性和可靠性；工艺流程改造费时、费力；功能有一定的局限性；体积大、耗能多。随着科技的发展、生产工艺的改进，在一些大型的复杂设备上广泛采用可编程控制器取代传统的继电器控制系统，使电气控制系统工作更可靠、维修更容易、更能适应经常变化的生产工艺要求。

4. 电机的发展与类型

1821年，法拉第根据电流的磁效应，逆向思考，研制出世界上第一台电动机的雏形。进入20世纪，随着交流三相制发电厂和交流电网的建立，三相笼型电动机的大量应用，社会生产力得到了极大的提高，进入电气化时代，完成了人类现代科学技术进步史上的第二次技术革命。近代电机发展的主要成就表现在以下几个方面。

1）世界上最大单机发电容量已突破百万千瓦。例如，我国白鹤滩水电站共安装16台单机容量最大功率百万千瓦水轮发电机组。

2）电机制造中不断应用新材料、新技术。例如，在导磁材料方面已广泛采用厚度为0.27mm、损耗小、磁导率高的涂有耐热绝缘膜的冷轧硅钢片。新型非晶合金导磁材料被广泛应用于特种电机。在冷却技术上，采用氢气冷却技术使发电机单机容量大幅提高。

3）新型特种电机不断涌现。例如，步进电机、伺服电动机、测速发电机、直线电机等，它们广泛应用于工业自动控制中的精密数控加工、高速运输、机器人、遥控技术、计算技术等。有的微型电机已做到毫米级大小。特种电机的快速发展与钕、铁、硼稀土永磁材料密不可分，其结构、性能有了新的变化。我国是稀土资源大国，拥有全球完备的稀土永磁体材料产业链，产业发展较快，在全球具有很强的竞争力。

电机按功能可分为发电机、电动机、变压器和控制电机四大类，它们都是应用电磁感应原理工作的。

5. 本课程的任务、要求及学习方法

本课程是工业机器人、机电技术应用、电气控制技术专业的专业课，在内容上将专业理论知识与技能训练融为一体，研究电力拖动控制电路的基本原理及其在生产实践中的应用。通过学习，同学们应会识读电气控制电路图，安装、调试和检修一般生产机械的电气控制电路；熟悉典型生产机械，如车床、钻床、磨床和通用工业机器人等机械的

电气控制特点与要求，能进行故障的分析、判断与维修。学好本门课程，要做到以下几点。

1）以操作技能为主线，专业理论指导实践。

2）加强知识间的相互联系，运用对比或比较的方法分析电机与控制技术的共性和特点，加深对原理的理解与应用。

3）学习要联系生产实践，不断积累经验，总结规律，培养独立分析和解决问题的能力。

项目一　三相笼型异步电动机的使用与维护

项目描述

　　交流电动机是利用电磁感应原理，将交流电能转换为机械能并拖动生产机械工作的动力机。交流电动机按使用电源相数的不同分为三相交流电动机和单相交流电动机。三相交流电动机功率大、效率高，特别是笼型交流电动机，其结构简单、价格低廉、运行可靠，广泛应用于机床设备、起重设备、电力水泵中。单相交流电动机功率小，多用于小型机械设备和家用电器中。

　　本项目由两个任务组成：三相笼型异步电动机的认识与检测、三相笼型异步电动机的拆装与试运行。

职业岗位应知应会目标

1. 掌握三相笼型异步电动机的工作原理、结构及各组成部分的作用。
2. 能知道电动机铭牌内容的含义。
3. 能独立完成4kW及以下笼型异步电动机的拆装与常见故障排除。
4. 会用绝缘电阻表检测电动机的绝缘电阻。
5. 会根据要求对电动机定子绕组作星形或三角形联结并试运行。

任务1　三相笼型异步电动机的认识与检测

相关知识

1. 认识常用三相异步电动机

　　三相异步电动机应用广泛、种类很多，但基本结构相同。常用三相异步电动机的外形如图1-1所示。

项目一　三相笼型异步电动机的使用与维护

　　a) 卧式笼型电动机　　b) 立式笼型电动机　　c) YR型绕线转子电动机　　d) 起重电动机　　e) 风机电动机

图 1-1　常用三相异步电动机外形

2. 三相异步电动机的结构

　　三相异步电动机主要由定子和转子两部分组成，转子又分为笼型和绕线式两种。三相笼型异步电动机结构分解如图 1-2 所示。

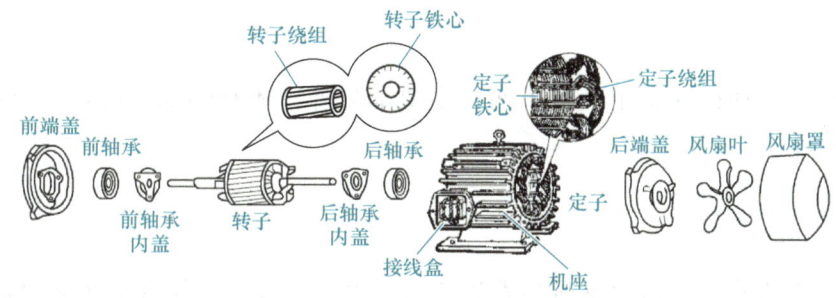

图 1-2　三相笼型异步电动机结构分解图

　　（1）定子　定子是三相异步电动机固定不动的部分，由机座、定子铁心和定子绕组等组成。机座是电动机的外壳，起支撑作用。小型电动机的机座由铸铁或铸铝制成，表面铸有凸筋，作为散热片，起散热降温作用。定子铁心是电动机磁路的一部分，一般用厚度为 0.35～0.5mm 的硅钢片叠压而成。硅钢片表面涂有绝缘漆或生成的氧化膜，起片间绝缘作用，以减少由于交变磁通引起的涡流损耗。定子铁心与定子绕组如图 1-3 所示。

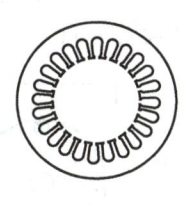  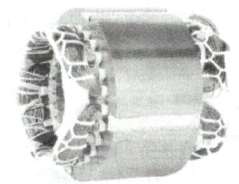

　　a) 定子铁心片　　b) 定子铁心　　c) 嵌入定子绕组的定子铁心

图 1-3　定子铁心与定子绕组

　　（2）转子　转子是电动机的转动部分，对外输出机械能，从而带动机械设备旋转做功。转子主要由转子铁心、转子绕组和转轴三部分组成。转子铁心是用硅钢片叠压成的圆柱体，其外圆周上冲有分布均匀的槽，用来嵌放转子绕组，铁心装在转轴上，如图 1-4 所示。为了改善起动和运行性能，笼型转子一般采用斜槽结构。转子铁心、定子铁心及它们之间的空气隙构成电动机完整的磁路。

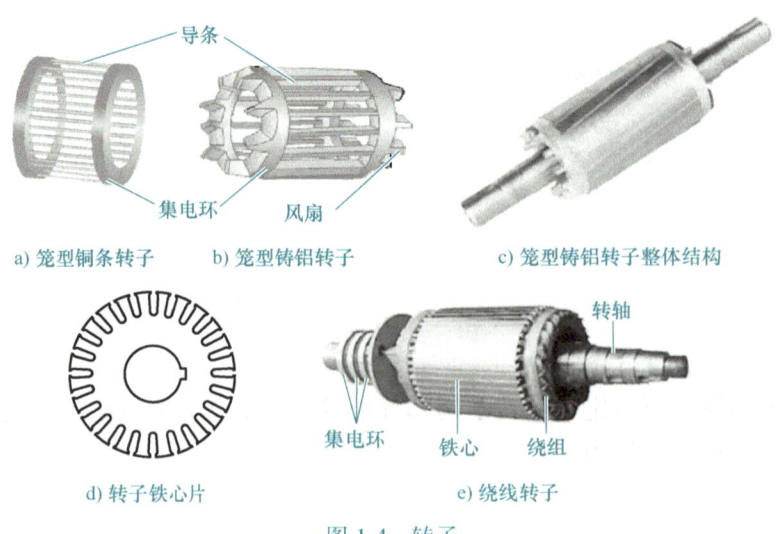

图 1-4 转子

（3）附件　电动机除定子、转子两个主要部分外，还有轴承、端盖、风扇、风扇罩和接线盒等部件。

> **拆一拆　认一认**
>
> 选择几个生产中常用的不同形式的三相异步电动机，由教师拆开电动机，同学们仔细观察其内、外部结构，指出各部件的名称。

3. 三相异步电动机的工作原理

图 1-5 所示为笼型异步电动机旋转原理示意图，在一个可旋转的马蹄形磁铁中间放置一只可以自由转动的笼型短路线圈。当转动马蹄形磁铁时，笼型短路线圈就会跟着一起旋转。这是为什么呢？因为当磁铁转动时，笼型短路线圈切割磁感线，在线圈中产生感应电流，如图 1-6 所示。该电流又和旋转磁场相互作用，产生转动力矩，驱动笼型短路线圈随着磁场的转向旋转起来，这就是三相笼型异步电动机的简单旋转原理。

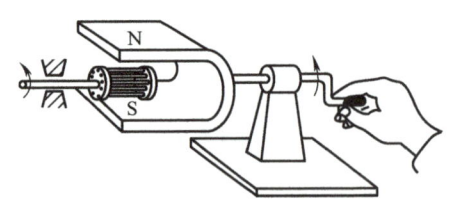
图 1-5　笼型异步电动机旋转原理示意图

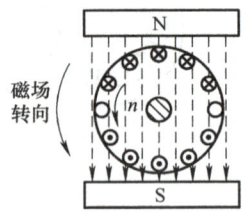
图 1-6　感应电流方向

实际使用中的异步电动机的旋转磁场不是靠转动永久磁铁产生的，而是采用通入三相交流电产生旋转磁场。下面分析由三相交流电产生旋转磁场的原理。

如图 1-7 所示，定子槽中嵌放三相对称绕组 U1U2、V1V2、W1W2，它们之间互差 120° 空间电角度。三相绕组连接成星形并分别通入三相对称交流电流 i_U、i_V、i_W，各相电流在定子绕组中产生相应的磁场，如图1-8所示。假定电流为正时从绕组首端流入，为负时从首端流出。

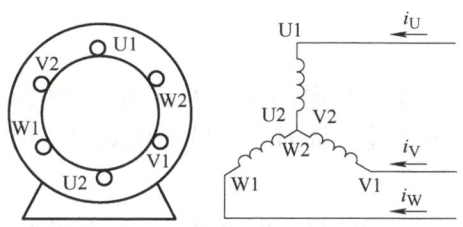

图1-7 三相定子绕组结构示意图

1）在 $\omega t=0$ 的瞬时。$i_U=0$，U1U2绕组中无电流；i_V 为负，电流从绕组首端V1流出，末端V2流入；i_W 为正，电流从绕组首端W1流入，末端W2流出。三相绕组中电流产生的合成磁场如图1-8b所示。

2）在 $\omega t=\pi/2$ 的瞬时。i_U 为正，电流从绕组首端U1流入，末端U2流出；i_V 为负，电流仍从首端V1流出，末端V2流入；i_W 为负，电流从首端W1流出，末端W2流入。绕组中电流产生的合成磁场如图1-8c所示，合成磁场顺时针转过了90°。

3）在 $\omega t=\pi$、$3\pi/2$、2π 的不同瞬时，三相交流电在三相定子绕组中产生的合成磁场分别如图1-8d～f所示。

由图可见，三相对称交流电变化一周，合成磁场沿顺时针方向旋转一周。

三相异步电动机在定子上布置结构完全相同、空间上互差120°电角度的三相对称定子绕组中分别通入对称三相交流电时，则在定子、转子与空气隙中产生一个沿定子内圆旋转的磁场，该磁场使笼型转子随旋转磁场一起转动起来，对外输出机械转矩。转动中转子的转速总是小于旋转磁场的转速，故称为异步电动机。

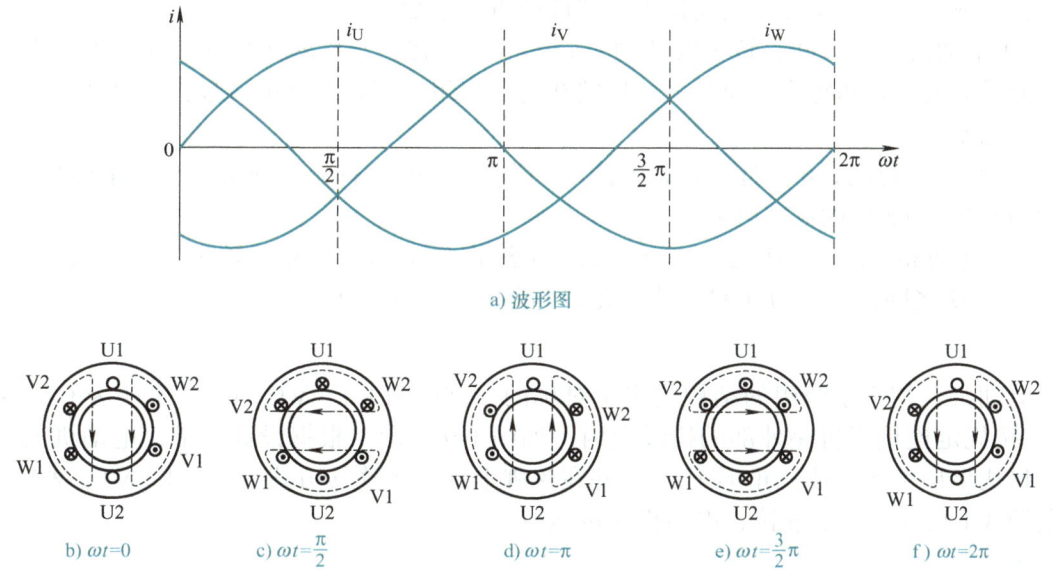

图1-8 两极三相异步电动机旋转磁场的产生

进一步分析可知，只要任意改变电动机绕组所接三相交流电源相序，就可以改变其旋转磁场的转向，从而使电动机反转。也就是说，要改变电动机的转向，只要调换电动机的任意两根电源线即可。

4. 旋转磁场的转速

三相笼型异步电动机工作原理

图 1-8 所示是三相异步电动机一对磁极合成的旋转磁场，该电动机称为两极电动机。当交流电变化一周时，旋转磁场旋转一周。若交流电的频率 f=50Hz，则该旋转磁场的转速为

$$n_0=60f=60\times 50\text{r/min}=3000\text{r/min}$$

理论与实践证明，p 对磁极的电动机，其旋转磁场的转速为

$$n_0=\frac{60f}{p}$$

式中，n_0、f、p 分别为同步转速（r/min）、频率（Hz）和磁极对数。

例如，电源频率 f=50Hz，四极电动机的同步转速为 1500r/min。改变电源频率可改变电动机的转速。

5. 转差率

异步电动机转子的转速总是小于旋转磁场的转速（又称为同步转速）。如果两者相等，转子与旋转磁场之间就没有相对运动，转子导体就不可能切割磁感线，也不能产生感应电动势和感应电流，转子就不会受到电磁转矩的作用，从而不会转动。

将同步转速 n_0 和转子转速 n 之差与同步转速 n_0 之比称为转差率 s，即

$$s=\frac{n_0-n}{n_0}$$

转差率是分析三相异步电动机工作特性的重要参数。

1）电动机起动瞬间，转子没转动，n=0，s=1，转子与旋转磁场间相对速度最大，转子中的感应电动势和感应电流最大，反映在定子绕组上就是起动电流最大，可达 4～7 倍的额定电流。

2）空载运行时，n 接近 n_0，s 很小，一般在 0.005 左右，电动机的空载电流也较小，一般为 0.3～0.5 倍的额定电流。

3）电动机在额定状态下运行时，有额定转速 n_N 和额定转差率 s_N，s_N 一般在 0.01～0.07 之间，通常为 0.03 左右。电动机运行时，0<s<1。

6. 定子绕组的连接

电动机三相定子绕组的结构是完全对称的，首端为 U1、V1、W1，末端为 U2、V2、W2，按规定连接于机座外部的接线盒内，如图 1-9 所示。根据设计要求，电动机出厂时已连接成星形（Y）或三角形（△），并在铭牌上标注了连接方式。将 U1、V1、W1 分别与电源线 L1、L2、L3 连接，电动机即可运行。

7. 电动机的铭牌

电动机的铭牌标明了电动机的主要技术数据，是选择、安装、使用和维修电动机的重

要依据。图 1-10 所示为三相异步电动机的铭牌。

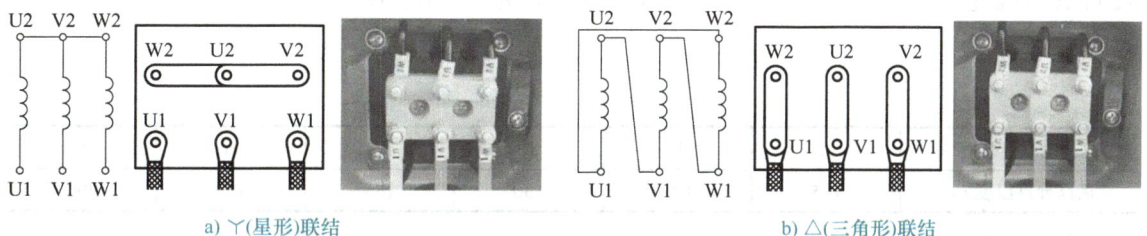

a) Y(星形)联结　　　　　　　　　b) △(三角形)联结

图 1-9　定子绕组的连接

图 1-10　三相异步电动机的铭牌

（1）型号　电动机型号含义如下：

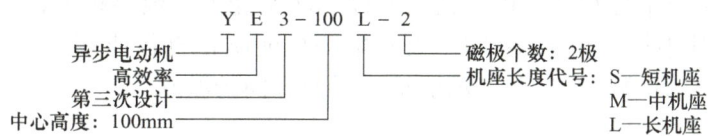

（2）接法　三相异步电动定子绕组有星形（Y）联结和三角形（△）联结两种。采用哪种接法，出厂时在铭牌上已标明。我国规定：3kW 及以下的电动机采用 Y 联结，4kW 及以上电动机采用 △ 联结。

（3）额定电压 U_N（V）　额定电压是指电动机在正常运行时加到定子绕组上的线电压。常用中小功率电动机的额定电压为 380V。

（4）额定电流 I_N（A）　额定电流是指电动机在额定电压和额定负载条件下运行时，定子绕组的线电流值。通常电动机的起动电流为额定电流的 4～7 倍，但起动时间很短，随着电动机转速的上升，电流会迅速减小，因此，对于容量不大且不频繁起动的电动机影响不大。

（5）额定功率 P_N（kW）　额定功率是指电动机在额定条件下运行时，其转轴上输出的机械功率。

（6）额定频率（Hz）　额定频率是指电动机使用交流电源的频率。我国交流电网的频率为 50Hz。

（7）额定转速 n_N（r/min）　额定转速是指电动机在额定电压、额定频率及输出额定功率时的转速。

（8）绝缘等级　绝缘等级是指电动机所采用绝缘材料的耐热能力或耐热等级，它表明电动机允许的最高工作温度。耐热能力可分为 A、E、B、F、H、N 共 6 个等级，见表 1-1。

表 1-1　异步电动机的绝缘等级

绝缘等级	A	E	B	F	H	N
最高允许温度 /℃	105	120	130	155	180	200

注：表中的最高允许温度为环境温度（40℃）与允许温升之和。

（9）工作制　工作制又称工作方式，是对电动机在额定条件下持续运行时间的限制，以保证电动机的温升不超过允许值。电动机常用的工作方式有以下三种。

1）连续工作方式（S1）。连续工作方式是指电动机带额定负载运行时，运行时间很长，电动机的温升可以达到稳态温升的工作方式，如水泵、风机等。

2）短时工作方式（S2）。短时工作方式是指电动机带额定负载运行时，运行时间较短，使电动机的温升达不到稳态温升；停机时间很长，使电动机的温度降到环境温度后再加载运行的工作方式。标准规定的短时工作方式分为 10min、30min、60min 和 90min 四种。

3）周期断续工作方式（S3）。周期断续工作方式是指电动机带额定负载运行时，运行时间很短，使电动机的温升达不到稳态温升；停止时间也很短，使电动机的温升降不到环境温度，工作周期小于 10min 的工作方式，即电动机以间歇方式运行，如起重机等。

（10）防护等级　防护等级表示电动机外壳的防护等级。其中，IP 是防护等级标志符号，其后面的两位数字分别表示电动机防固体和防水能力。数字越大，防护能力越强。如 IP44 是封闭式，其中第一位数字"4"表示电动机能防止直径或厚度大于 1mm 的固体进入电动机内壳，第二位数字"4"表示能承受任何方向的溅水。

8. 电动机的额定参数计算

（1）额定转矩 T_N 与额定功率 P_N 之间的关系为

$$T_N = 9.55 \frac{P_N}{n_N}$$

式中，T_N、P_N、n_N 单位分别为 N·m、W、r/min。

（2）输入功率 P_1 为

$$P_1 = \sqrt{3}\, U_N I_N \cos\varphi_N$$

式中，$\cos\varphi_N$ 为功率因数；P_1、U_N、I_N 的单位分别为 W、V、A。

9. 电动机的损耗与效率

（1）损耗

1）铁损耗。铁损耗包括铁心中涡流损耗和磁滞损耗，主要与电源电压有关，是基本不变的损耗。

2）铜损耗。铜损耗是通过定子绕组和转子绕组中的电流发热产生的损耗，与电流的二次方成正比，是可变损耗。

3）机械损耗。机械摩擦和空气阻力所产生的损耗称为机械损耗。

（2）效率　轴上输出功率 P_2 与定子绕组输入功率 P_1 之比，即

$$\eta = \frac{P_2}{P_1} \times 100\%$$

【例】某三相异步电动机的额定输出功率 P_N=10kW、额定电压 U_N=380V、额定电流 I_N=18.5A、功率因数 $\cos\varphi_N$=0.9、额定转速 n_N=1460r/min。求输入功率 P_1、效率 η、额定输出转矩 T_N。

解：$P_1 = \sqrt{3} U_N I_N \cos\varphi_N = \sqrt{3} \times 380 \times 18.5 \times 0.9 \text{W} \approx 10958.4\text{W}$

$$\eta = \frac{P_2}{P_1} \times 100\% = \frac{10000}{10958.4} \times 100\% \approx 91\%$$

$$T_N = 9.55 \frac{P_N}{n_N} = 9.55 \times \frac{10000}{1460} \text{N·m} = 65.4\text{N·m}$$

任务实施

1. 材料准备

准备生产中常用的三相异步电动机、数字式或指针式万用表。

2. 识读三相异步电动机的铭牌

识读图 1-11 所示三相异步电动机的铭牌，说明该电动机的主要技术数据，将其含义填入表 1-2 中。

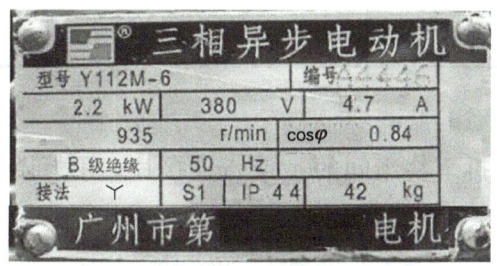

图 1-11　三相异步电动机的铭牌

表 1-2　三相异步电动机铭牌技术数据的含义

序号	数据名称	含义
1		
2		
3		
4		
5		
6		
7		

（续）

序号	数据名称	含义
8		
9		
10		
11	（计算）电动机效率	

3. 小型三相异步电动机的认识

观察已拆开的小型三相异步电动机的结构，说明电动机主要部件的作用，并填入表 1-3 中，理解异步电动机的工作原理。

表 1-3　小型三相异步电动机主要部件及其作用

序号	部件名称	作用
1		
2		
3		
4		
5		
6		

电动机的工作原理：

4. 三相异步电动机绕组的检测

拆开电动机接线盒，拆下绕组间的 Y 或 △ 连接片，用万用表电阻档测量电动机三相绕组的电阻值，将结果填入表 1-4 中。

表 1-4　电动机三相绕组的电阻值

绕组名称	U 相（U1U2）	V 相（V1V2）	W 相（W1W2）	三相电阻是否平衡
电阻 /Ω				

注：三相电阻相差 5% 以内为平衡。

任务评价

根据表 1-5 对任务的完成情况进行评价。

表 1-5　任务评价表

评价内容	评价标准	配分	扣分
电动机铭牌识读	1）不会识读铭牌中技术数据的含义，每处扣 3 分 2）不会计算电动机的效率，扣 5 分	35 分	

（续）

评价内容	评价标准	配分	扣分
观察电动机结构，说明主要部件的作用	1）不能说明电动机各部件的名称，每处扣2分；不能说明主要部件的作用，每处扣3分 2）不会简述电动机的工作原理，扣5分	35分	
电动机绕组的检测	1）使用万用表测电阻未调零，扣5分 2）用万用表检测绕组的电阻偏差大，扣5分	20分	
安全文明生产	违反安全文明生产要求，酌情扣10～40分，情节严重者，可判本次技能操作训练为0分或取消本次实训资格	10分	
定额时间	180min，每超时5min，扣5分		
开始时间	结束时间	实际时间	成绩

学习笔记（无笔记，扣10分）

任务2　三相笼型异步电动机的拆装与试运行

相关知识

电动机运行一段时间后须进行维护保养，因此，需要定期拆装清洗，更换损坏或有隐患的零部件。

1. 拆卸前的准备工作

1）准备好拆卸场地及拆卸电动机的常用工具，如图1-12所示。

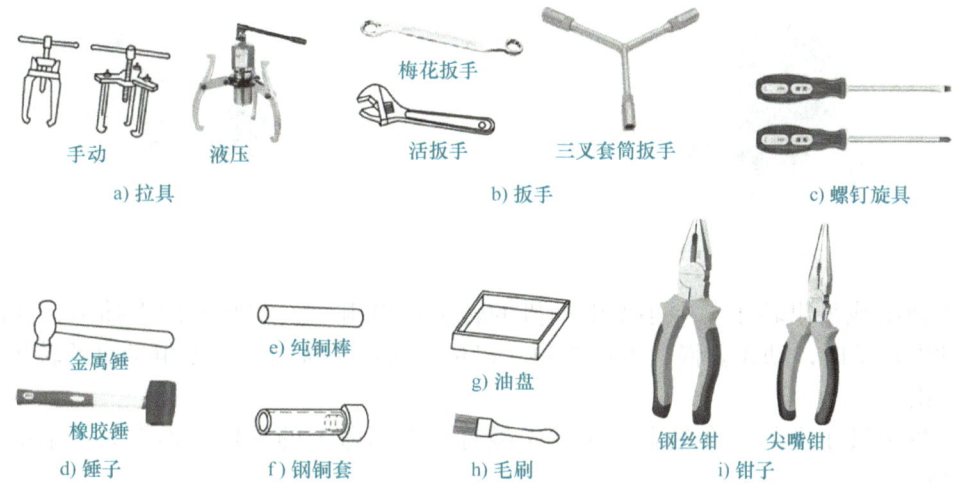

图1-12　拆卸电动机的常用工具

2）切断电源，拆卸电动机与电源的连接导线，并对电源线头做好绝缘处理。

3）卸下传输带，卸下地脚螺栓，将各螺母、垫片等小零件用一个小盒装好，以免丢失。

2. 电动机的拆卸步骤与方法

（1）拆卸带轮或联轴器　拆卸前，应记录好带轮或联轴器与端盖之间的距离或做好标记，如图 1-13a 所示。用拉具（也称拉码）拆卸带轮或联轴器时，将三爪拉具的丝杠尖端对准电动机轴端的中心，脚爪卡紧带轮（或联轴器），使其受力均匀。用扳手慢慢旋动丝杠，把带轮（或联轴器）拉出，如图 1-13b 所示。用一字螺钉旋具将固定带轮（或联轴器）的键（也称销子）的一端用力向上拨（撬）起，拆下键；或者用薄铜皮包好键两侧，用钢丝钳用力夹持拔出键。

电动机的认识与拆卸

a）测量带轮与端盖的间距　　　b）用拉具拆卸带轮

图 1-13　拆卸带轮或联轴器

（2）拆卸风扇罩和风扇叶　把风扇罩的螺栓松脱，取下风扇罩，再拆下风扇上的定位销或螺栓，如图 1-14 所示。用锤子在风扇四周轻轻敲打，慢慢将扇叶拉下。若风扇由塑料制成，可用热水对其进行加热，待塑料风扇膨胀后慢慢旋下。

（3）拆卸端盖　在拆卸端盖前，应在端盖与机座体间打好记号，注意区别前、后端盖，方便装配时复位。按对角线顺序先后松开端盖上的紧固螺栓，如图 1-15 所示。之后，用纯铜棒按对角线顺序先后均匀敲打端盖上有脐的部位，把端盖取下。大型电动机因端盖较重，应先把端盖用起重设备吊住，以免拆卸时端盖跌碎或碰伤绕组。

图 1-14　拆下风扇上的定位销　　　图 1-15　按对角线顺序松开端盖上的紧固螺栓

（4）抽出或吊出转子　中小型电动机的转子可以由一人或两人用手抽出，如图 1-16 所示。抽出转子时，动作要慢，不可歪斜，以免碰伤定子绕组。大型电动机的转子须用起重设备吊出。

（5）拆下转子上另一个端盖　用锤子敲打垫在端盖上的木块，拆下另一个端盖，如图 1-17 所示。

项目一　三相笼型异步电动机的使用与维护

图1-16　一人用手抽出转子

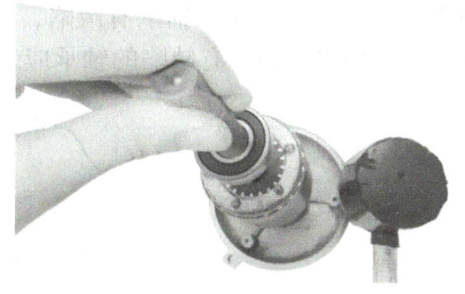
图1-17　拆下另一个端盖

（6）拆卸轴承　轴承一般采用拉具拆卸、纯铜棒拆卸、搁在圆筒上拆卸、加热拆卸等方法。

1）用拉具拆卸轴承。如图1-18所示，根据轴承的规格及型号选用合适的拉具，拉具的脚爪应扣在轴承的内圈上，切勿放在外圈上，以免拉坏轴承。拉具的丝杠顶点要对准转子轴端中心，动作要慢，用力要均匀，然后慢慢拉出轴承。

2）搁在圆筒上拆卸轴承。如图1-19所示，用两块铁板夹住轴承，搁在一只内径略大于转子的圆桶上面，在轴的端面上垫上铜块或硬木块，用手锤轻轻敲打，着力点对准轴的中心。圆桶内放一些棉纱头，以防轴承脱下时摔坏转子，当轴承逐渐松动时，用力要减弱。

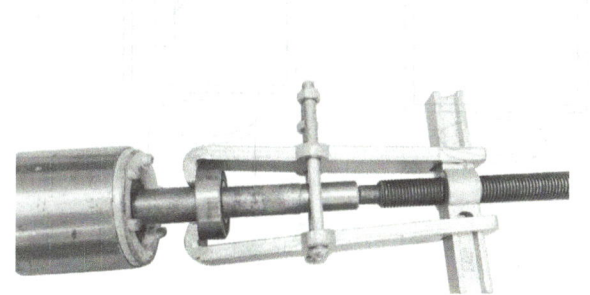
图1-18　用拉具拆卸轴承

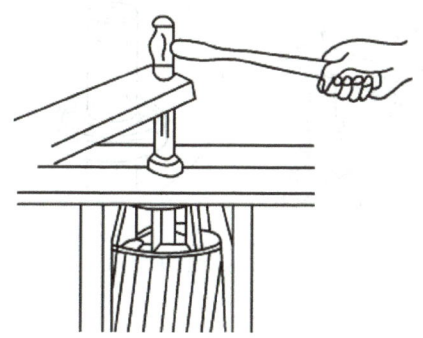
图1-19　搁在圆筒上拆卸轴承

3. 电动机的装配步骤与方法

电动机的装配顺序与拆卸顺序是相反的，即先拆卸的部件后装，后拆卸的部件先装。装配前，应清除电动机内部的灰尘，清洗轴承并加适量的润滑脂。

（1）轴承的清洗与检查

电动机的装配

1）轴承的清洗。将轴承放入煤油桶内浸泡5～10min。待轴承上的油膏落入煤油中，再将轴承放入另一桶比较洁净的煤油中，边转轴承边用细软毛刷清洗，最后在汽油中清洗一次，用不脱毛的布擦干即可。

2）轴承的检查。检查轴承有无裂纹、滚道内有无生锈等。再用手转动轴承外圈，观察其转动是否灵活、均匀，是否有卡位或过松的现象。小型轴承可用左手的拇指和食指捏住轴承内圈并摆平，用另一只手轻轻地用力推动外圈旋转，如图1-20所示。如轴承良好，外圈应转动平稳，并逐渐减速至停止，转动中没有振动和明显的停滞现象，停止转动后的外圈没有倒退现象。如果轴承有缺陷，转动时会有杂音和振动，停止时像刹车一样突然，严重的还会倒退反转。有缺陷的轴承应及时更换。

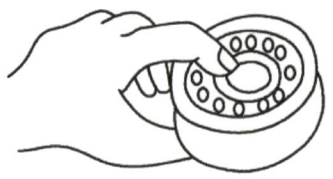

图1-20　小型轴承的检查

（2）轴承的装配　轴承的装配常采用敲打法和热装法。

1）敲打法。在干净的轴颈上抹一层薄薄的机油，套上轴承，按图1-21a所示的方法，准备一根内径略大于轴颈直径、外径略大于轴承内径的铁管，将铁管的一端顶在轴承的内圈上，用手锤敲打铁管的另一端，将轴承敲进去。最好是用压床压入。

2）热装法。适用于配合较紧的场合，可避免把轴承内环胀裂或损伤配合面。将轴承放在油槽里加热，油的温度保持在100℃左右，轴承必须浸没在油中且不能与油槽底接触，一般用铁丝将轴承吊起架空，如图1-21b所示。均匀加热、浸没30～40min后，把轴承取出，趁热迅速将轴承一直推到轴颈。

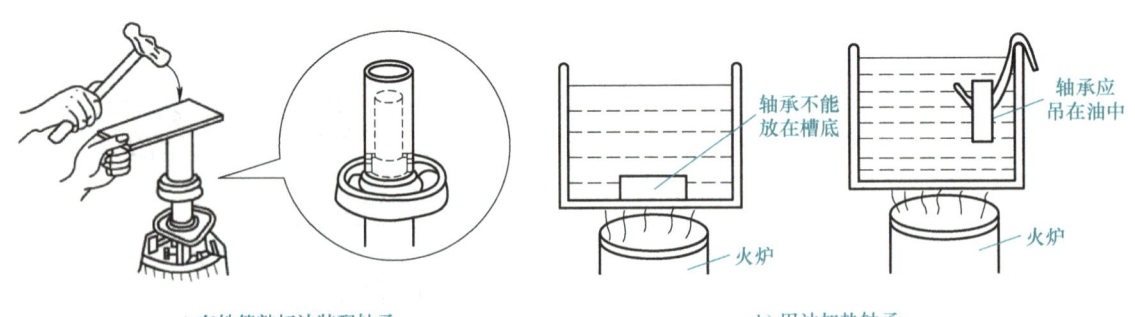

a）套铁管敲打法装配轴承　　　　　　　b）用油加热轴承

图1-21　轴承装配方法

3）加润滑脂。在轴承内外圈里和轴承盖里加入洁净的润滑脂，塞装要均匀。一般两极电动机装满轴承的1/3～1/2空间容积；四极及以上的电动机装满轴承的2/3空间容积。轴承外盖的润滑脂一般装满盖内容积的1/3～1/2。

（3）后端盖的安装　将轴伸端朝下垂直放置，在轴的端面上垫上木板，将后端盖套在后轴承上，用木槌敲打，把后端盖慢慢敲进去，如图1-22所示。然后紧固轴承内（外）盖的螺栓，拧紧螺栓时要逐步拧紧，不可先拧紧一个，再拧紧另一个。

（4）转子的安装　把转子对准定子内圈中心，小心地往里放，不可碰伤定子绕组。后端盖要对准机座的标记位置，旋上后盖螺栓，但不要拧紧，如图1-23所示。

（5）前端盖的安装　将前端盖对准机座的标记位置，用橡胶槌或木槌均匀敲击端盖四周，不可单边用力，并拧上端盖的紧固螺栓，如图1-24所示。

（6）带轮或联轴器的安装　先用木槌轻轻敲打键（或销），使其进入键槽，在键及轴上涂一层润滑油，然后将带轮（或联轴器）的键槽对准键并用木槌敲打带轮（或联轴器）至标记位置。若打入困难，可在轴的另一端垫上木块顶在墙上，再打入带轮或联轴器。

项目一　三相笼型异步电动机的使用与维护

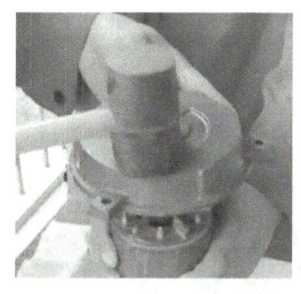  

图 1-22　安装后端盖　　　　　　图 1-23　安装转子　　　　　　图 1-24　安装前端盖

（7）风扇和风扇罩的安装　用橡胶槌或木槌轻轻敲打风扇至合适的位置后，装上定位键（销）或螺栓，最后装上风扇罩。安装完毕后，用手转动转轴，转子应转动灵活、均匀，无停滞或偏重现象。

4. 电动机绝缘电阻的检测

（1）测量绕组对地绝缘电阻　绝缘电阻表在使用前应进行开路和短路试验，确保绕缘电阻表完好可用。

电动机绝缘电阻的检测

将三相绕组间的连接片拆开，绝缘电阻表 L 端子分别接三相绕组的首端（或尾端），E 端子接电动机外壳，如图 1-25 所示。以约 120r/min 的转速摇动绝缘电阻表（500V）的手柄 1min 左右，读取绝缘电阻表的读数并填入表 1-6 中。

（2）测量绕组之间的绝缘电阻　绝缘电阻表 L 和 E 端子分别连接 U1 和 V1、U1 和 W1、W1 和 V1，按上述方法测量各相绕组间的绝缘电阻，并将结果填入表 1-6 中。

表 1-6　电动机绝缘电阻的测量　　　　　　　　　　　　　　　　（单位：MΩ）

绕组对地绝缘电阻	U 相	V 相	W 相
绕组之间的绝缘电阻	U 相 –V 相	U 相 –W 相	V 相 –W 相

电动机绝缘电阻一般应不小于 0.5MΩ，如为 0，说明绕组绝缘已击穿；如低于 0.5MΩ，但不为 0，说明绕组受潮，应进行烘干及浸绝缘漆处理。否则不能投入使用。

 微思考

绝缘电阻表的使用方法与技巧有哪些？

5. 电动机试运行

（1）接线　根据电动机的铭牌连接电源线。图 1-26 所示为电动机丫联结，连接片将 W2、U2、V2 连接起来，三相电源线与 U1、V1、W1 连接，连接好接地线。

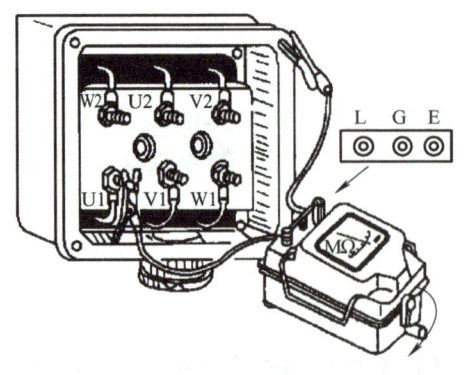

图 1-25 电动机绝缘电阻的测量　　　　　图 1-26 电动机丫联结

（2）空载电流的测量　交流电动机空载运行时，用钳形电流表测量三相空载电流是否平衡，如图 1-27 所示。同时观察电动机是否有杂声、振动及其他较大的噪声，如果有，应立即停车进行检查。

（3）电动机转速的测量　用转速表测量电动机的转速并与电动机的额定转速进行比较，空载时转速较高，应接近同步转速，如图 1-28 所示。

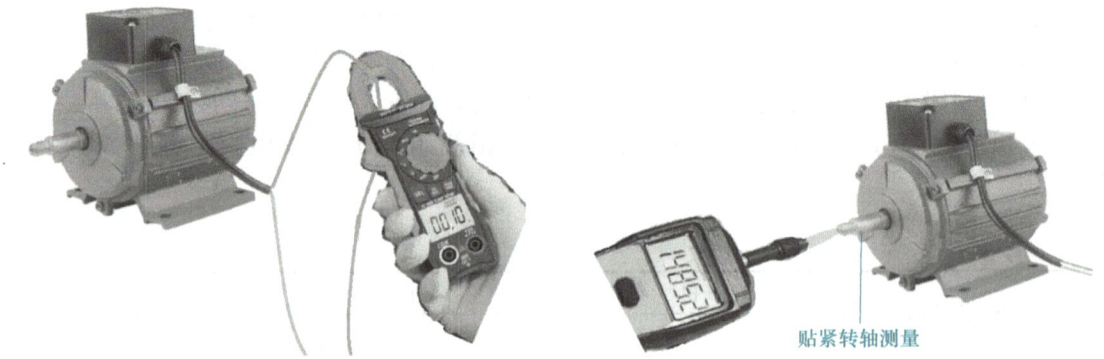

图 1-27 空载电流的测量　　　　　图 1-28 电动机转速的测量

任务实施

1. 材料准备

按表 1-7 准备三相异步电动机、仪器仪表、拆装工具等器材，并对器材进行质量检查。

表 1-7 实训器材明细表

序号	名称	型号	规格	数量
1	三相异步电动机	Y112M-4 或自定	4kW、380V、△联结、8.4A、1440r/min	1台
2	断路器	DZ47-63	380V、25A	1个
3	木槌或橡胶槌		1kg	1把
4	铁锤		1kg	1把

项目一 三相笼型异步电动机的使用与维护

（续）

序号	名称	型号	规格	数量
5	拉具	液压或手动	三爪	1个
6	活扳手		150mm、200mm	1套
7	套筒扳手	Y型套筒	内径为ϕ6mm、ϕ8mm、ϕ10mm	1套
8	纯铜棒		长度为50~60cm	1根
9	导线	塑料硬铜线	BV1.5mm²（黄、绿、红三色或自定）	各2m
10	仪表		500V绝缘电阻表、UT200B型钳形电流表、MF47型万用表、转速表	各1个
11	电工通用工具		验电笔、螺钉旋具、尖嘴钳、剥线钳、电工刀等	1套

2. 三相笼型异步电动机的拆装

按工艺要求拆装4kW三相笼型异步电动机，将拆装步骤与操作要领填入表1-8中。

表1-8 三相笼型异步电动机的拆装步骤与操作要领

序号	拆装部件名称	操作要领	备注
1			
2			
3			
4			
5			
6			
7			
8			
9			
10			

3. 三相笼型异步电动机的检测与试运行

三相笼型异步电动机装配完毕，按要求对其进行检测与试运行，包括用手转动转轴观察机械状况，用仪表测量绝缘，通电进行空载试验，测量空载电流和转速等，将结果填入表1-9中。待电动机运行正常后断开断路器，按图1-29b所示将断路器下方电源出线中任意两相交换，使三相笼型异步电动机反转。

表1-9 三相笼型异步电动机的检测

检测项目	检测情况					
用手转动转轴						
绝缘测量/MΩ						
空载转速/(r/min)						
空载电流/A	U相		V相		W相	
电动机反转						

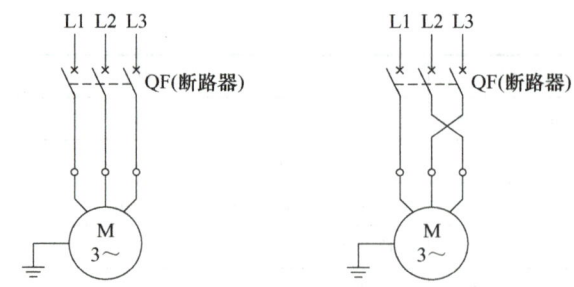

a) 三相笼型异步电动机正转接线　　　b) 三相笼型异步电动机反转接线

图 1-29　三相笼型异步电动机正、反转控制接线图

任务评价

根据表 1-10 对任务的完成情况进行评价。

表 1-10　任务评价表

评价内容	评价标准	配分	扣分
拆装前的准备	1）拆装前未将所需工具、仪器及材料准备好，扣 2 分 2）拆除电动机接线盒内接线及电动机外壳保护接地工艺不正确，扣 3 分	5 分	
拆卸正确	1）拆卸方法和步骤不正确，每处扣 5 分 2）碰伤绕组，扣 6 分 3）损坏零部件，每处扣 4 分 4）装配标记不清楚，每处扣 2 分	25 分	
装配正确	1）装配步骤方法错误，每处扣 5 分 2）碰伤绕组，扣 6 分 3）损伤零部件，每处扣 4 分 4）轴承清洗不干净、加润滑脂不适量，每处扣 3 分 5）紧固螺钉未拧紧，每处扣 3 分 6）装配后转动不灵活，扣 5 分	25 分	
接线正确	1）接线不正确，扣 15 分 2）接线不熟练，扣 5 分 3）电动机外壳接地不好，扣 5 分	15 分	
测量与试车	1）空载电流测量方法不正确，扣 10 分 2）转速的测量方法不正确，扣 10 分 3）绝缘电阻测量错误或不会测量，扣 10 分 4）不会根据检查结果判定电动机是否合格，扣 10 分 5）不会进行电动机反转控制接线，扣 10 分	30 分	
安全文明生产	1）要求现场整洁干净，电动机、仪表摆放整齐 2）遵守安全操作规程，不发生任何安全事故 违反安全文明生产规程，扣 10～40 分，发生人身和设备安全事故，直接记为不合格		
定额时间	180min，每超时 5min，扣 5 分		
开始时间	结束时间　　　　　　实际时间　　　　　　成绩		

（续）

评价内容	评价标准	配分	扣分

学习笔记（无笔记，扣 10 分）

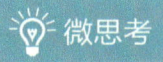

如何进行三相异步电动机的日常保养与故障检修？

项目一习题

项目二 单相异步电动机的使用与维护

项目描述

　　单相异步电动机是利用单相220V交流电源供电的一种小容量的交流电动机。其基本结构和三相异步电动机相似，具有价格低廉、运行可靠、维修方便等优点，广泛应用于小型机械设备、农业灌溉、医疗器械和家用电器中。单相异步电动机附加了起动装置，如电容器、离心开关等，其过载能力不及三相异步电动机，因此在使用中比三相异步电动机故障率高。

　　本项目由两个任务组成：单相异步电动机的检测与试运行、单相异步电动机的维护与常见故障排除。

职业岗位应知应会目标

1. 掌握单相笼型异步电动机的工作原理、结构及各部分的作用。
2. 会检测单相异步电动机。
3. 会进行单相异步电动机正反转控制电路接线。
4. 懂得单相异步电动机的调速方法。
5. 能对单相异步电动机进行故障分析与排除。

任务1　单相异步电动机的检测与试运行

相关知识

1. 认识单相异步电动机

　　单相异步电动机广泛应用于使用单相电源的场所，是家电、医疗器械、电子仪器仪表等设备的理想动力源。图2-1所示为常用单相异步电动机。

项目二　单相异步电动机的使用与维护

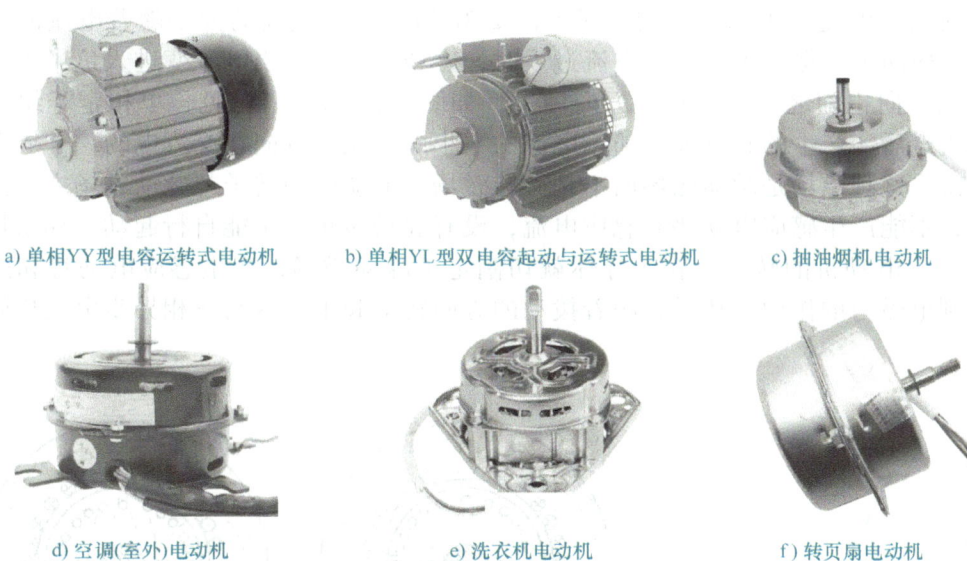

a) 单相YY型电容运转式电动机　　b) 单相YL型双电容起动与运转式电动机　　c) 抽油烟机电动机

d) 空调(室外)电动机　　e) 洗衣机电动机　　f) 转页扇电动机

图 2-1　常用单相异步电动机

2. 单相异步电动机的结构与工作特点

单相异步电动机的结构、原理和三相异步电动机大体相似，主要由笼型转子、定子、定子绕组、机座及附件等组成，如图2-2所示。

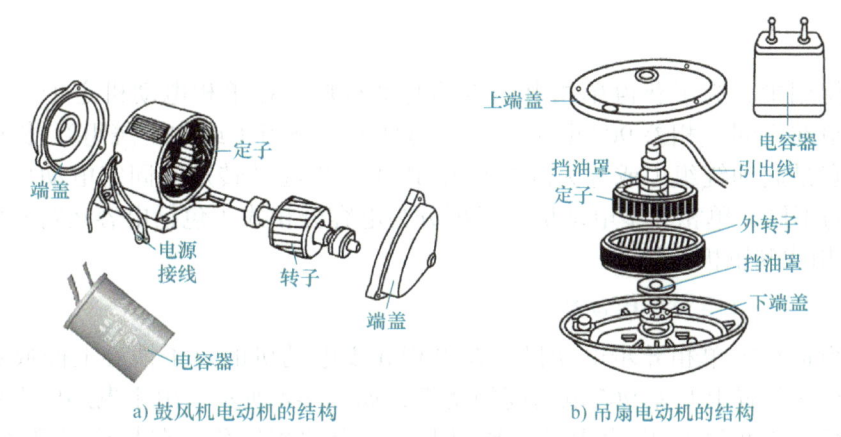

a) 鼓风机电动机的结构　　b) 吊扇电动机的结构

图 2-2　单相异步电动机的结构

> 💡 拆一拆　认一认
>
> 教师拆开实验室常用的单相电动机，同学们仔细观察其内、外部结构，指出各部件的名称，比较其与三相异步电动机的异同之处。

下面分析单相异步电动机中只有一套单相定子绕组通入单相交流电后产生磁场的情况。

如图2-3所示，假设在单相交流电的正半周时，电流从单相定子绕组的左侧流入，

23

从右侧流出，电流正半周产生的磁场如图 2-3b 所示，该磁场的大小随着电流的大小而变化，方向向下，保持不变；当电流过零时，磁场也为零；当电流变进入负半周时，产生的磁场方向也随之发生变化，方向向上，如图 2-3c 所示。可见，单相定子绕组通入单相交流电后，产生的磁场大小随着电流的大小而变化，方向在交流电的一个周期内只变化一次。这种磁场是脉动磁场而不是旋转磁场。电动机的转子与脉动磁场之间没有相对运动，不能产生感应电动势和感应电流，没有起动转矩，不能自行起动。如果用外力去拨动一下电动机的转子，转子导体就切割定子脉动磁场，产生感应电动势和感应电流，受到电磁力的作用，转子将顺着拨动的方向转动起来，这与三相异步电动机转动原理一样。

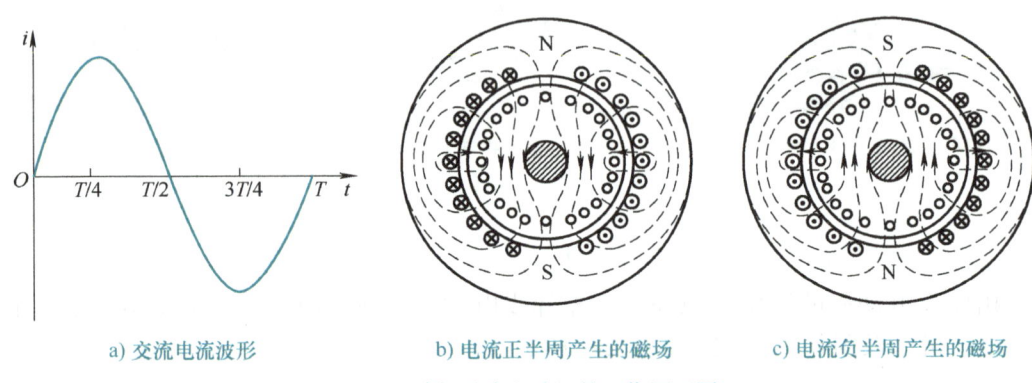

a) 交流电流波形　　　　b) 电流正半周产生的磁场　　　　c) 电流负半周产生的磁场

图 2-3　单相异步电动机的工作原理图

在实际使用中，为了获得单相电动机的起动转矩，在单相电动机定子上安装两套绕组，两套绕组在空间上相差 90° 电角度。一套是工作绕组（或称主绕组），长期接通电源工作；另一套是起动绕组（或称为副绕组），用于产生起动转矩和固定电动机的转向。根据起动方式的不同，单相异步电动机一般可分为电容分相式（包括电容运行和电容起动两种）、电阻分相式和罩极式等。

3. 电容分相式单相异步电动机

（1）电容运行式单相异步电动机　在单相异步电动机的定子铁心上嵌放着两套结构基本相同、空间位置上互差 90° 电角度的绕组，如图 2-4 所示。由于电感中电流滞后电压一定的相位角（电角度），电容中电流超前电压一定的相位角，在起动绕组 Z1Z2 中串入容量适当的电容器 C 进行裂相，使工作绕组 U1U2 中的电流 i_U 与起动绕组中的电流 i_Z 在时间上相差约 90° 电角度，这样单相交流电就裂相成互成 90° 的两相交流电。与分析三相交流电产生旋转磁场的方法一样，画出不同瞬间定子绕组中电流所产生的磁场，如图 2-5 所示。由图可知，交流电变化一周，合成磁场沿顺时针方向旋转了一周。

在空间位置互差 90° 电角度的两套定子绕组中通入单相交流电，则在定子与转子之间产生旋转磁场。笼型转子在该旋转磁场的作用下，获得起动转矩而旋转。若起动绕组始终参与运行，则称为电容运行式单相异步电动机。

改变 U1U2 与 Z1Z2 的并联关系，如 U1 与 Z2 并联、U2 与 Z1 并联，则旋转磁场反向，电动机反转。

项目二　单相异步电动机的使用与维护

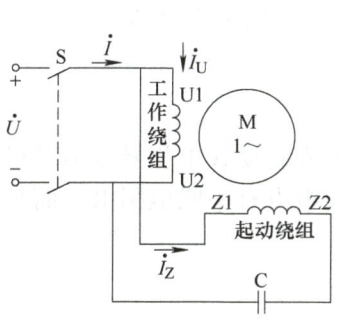

图 2-4　电容运行式单相异步电动机电路图

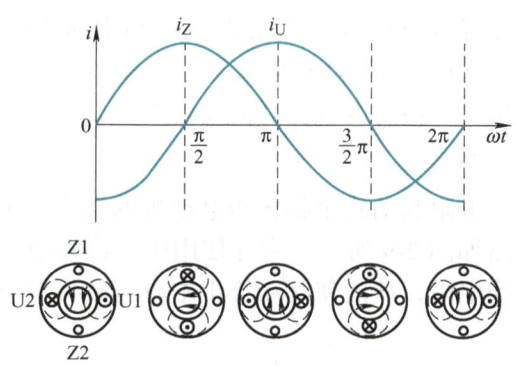

图 2-5　两相旋转磁场的产生

电容运行式单相异步电动机常于风扇、洗衣机、空调器、通风机、电子仪表仪器及医疗器械等各空载或轻载起动的机械上。图 2-2b 所示为电容运行式吊扇电动机的结构图。

（2）电容起动式单相异步电动机　单相异步电动机一旦转动起来，在脉动磁场的作用下，将继续运转。因此，当单相异步电动机转动起来后，可将起动绕组 Z1Z2 从电源上切除，即起动绕组只完成起动作用，该类电动机称为电容起动式单相异步电动机。起动绕组的切除方法是通过在电路中串联离心开关 S 来实现。图 2-6 所示为电容起动式单相异步电动机原理接线图，图 2-7 所示为外置离心开关的结构示意图。外置离心开关由离心开关座（旋转部分）和离心开关片（静止部分）组成，离心开关座安装于电动机转轴上，与电动机一起旋转，而离心开关片安装在端盖上。电动机静止或转速较低时，离心开关 S 是闭合的，电动机通电起动后，当转速达到一定数值（一般为额定转速的 80% 左右）时，由于离心作用，离心开关座使铜触片弹起来，将起动绕组从电源上切除，电动机起动结束，投入正常运行。切除起动绕组也有采用电磁起动继电器和 PTC 元件来完成的，如电冰箱压缩电动机等。

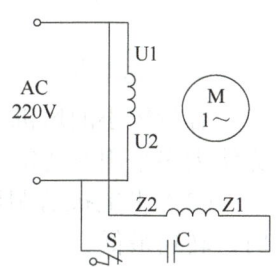

图 2-6　电容起动式单相异步电动机原理接线图

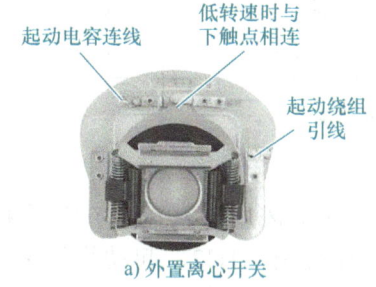

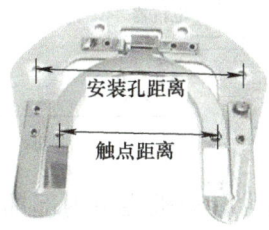

a）外置离心开关　　b）离心开关座(安装于转轴)　　c）离心开关片(安装于端盖)

图 2-7　外置离心开关的结构示意图

电容起动式单相异步电动机起动转矩和起动电流较大，广泛应用于小型空气压缩机、电冰箱、磨粉机、水泵等满载起动的机械设备中。

生产实践中，为了提高单相异步电动机的功率，改善其起动和运行性能，综合电容运行式和电容起动式的优点，出现了一种电容起动电容运行式单相异步电动机（简称双电容单相异步电动机），即在起动绕组上接有两个电容器 C1 和 C2，如图 2-8 所示，其中，电容器 C1 仅在起动时接入，电容器 C2 则全过程参与运行。这类电动机主要用于要求起动转矩大、功率因数较高的设备上，如水泵、木工刨床、小型动力机车等。

4. 电阻起动式单相异步电动机

电阻起动式单相异步电动机的结构、工作原理与电容起动式单相异步电动机相似，其电路如图 2-9 所示。实际使用中，许多电动机的起动绕组没有串联电阻 R，而是设法增加导线电阻，从而使起动绕组本身有较大的电阻。

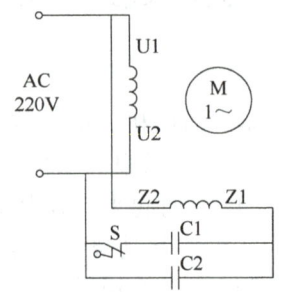

图 2-8　双电容单相异步电动机

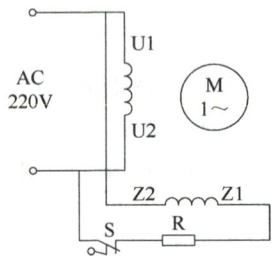

图 2-9　电阻起动式单相异步电动机

5. 单相异步电动机的调速

容量较小的风机类负载（如电风扇等）一般采用电容运行式单相异步电动机，其调速方法大多采用改变定子绕组电压来实现，主要有以下几种。

（1）串电抗器调压调速　图 2-10 所示为串电抗器调压调速电路，调速开关 S 在 5 档时，转速最低；在 1 档时，转速最高。这种调速属于有级调速。

（2）晶闸管调压调速　采用晶闸管调压可实现无级调速，如图 2-11 所示。

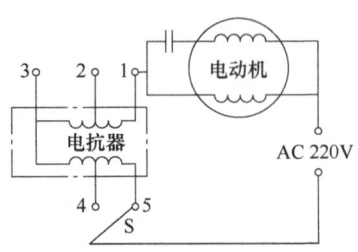

图 2-10　串电抗器调压调速电路

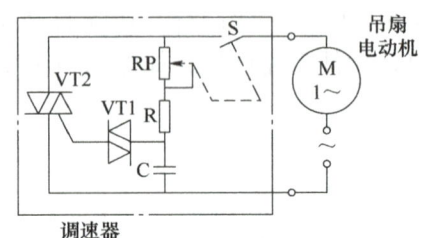

图 2-11　晶闸管调压调速电路

（3）电动机绕组内部抽头调速　图 2-12 所示为转页式电风扇（鸿运扇）广泛采用的电动机绕组内部抽头调速电路。它的定子铁心嵌放了工作绕组 U1U2、起动绕组 Z1Z2 和中间绕组 L1L2，通过转换开关改变中间绕组与其他两套绕组的接法来改变工作绕组的电压，从而改变转速。这种电动机的出线头较多，容易接错线。

6. 单相异步电动机的反转

单相异步电动机的转向与旋转磁场的转向相同。因此，要使单相异步电动机反转，就必须改变其旋转磁场的转向。只要改变起动绕组（或工作绕组）中任意一套绕组的首、末端与电源的连接关系，即使其中一套绕组的电流相位改变 180°，即可改变旋转磁场的转向，从而实现电动机反转。

（1）起动绕组与工作绕组互换　家用洗衣机频繁地正、反转正是利用起动绕组与工作绕组互换实现的反转控制。如图2-13所示，当定时器开关处于图示位置时，电容器串联在起动绕组LZ上，经过定时器的设定时间后，定时器开关切换到另一位置，将电容器从LZ绕组所在电路中切除，然后串联到LU绕组上，这样LZ绕组上的电流相位就改变了180°，实现了电动机的反转。从控制过程可以看出，它是通过改变电容器的接法来改变绕组的工作性质而完成反转。因此，起动绕组与工作绕组互换只适用于起动绕组与工作绕组的技术参数（即线圈匝数、粗细、所占槽数）都相同的电动机。

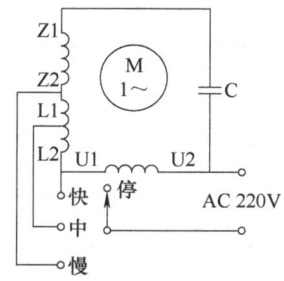
图2-12　电动机绕组内部抽头调速电路

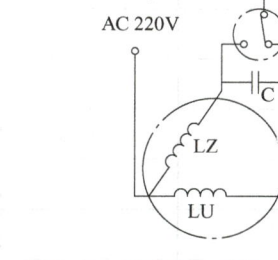
图2-13　洗衣机电动机正反转控制电路

（2）工作绕组或起动绕组任一组的首端与末端对调　这种方法实质是将其中的一套绕组反接，使其电流相位改变180°。它需要将电动机两套绕组的首、末端都引出机壳并标记区分，在控制接线上较麻烦，主要适用于起动绕组与工作绕组技术参数不相同的电容（或电阻）起动式单相异步电动机。出厂时，为了方便用户接线，生产企业用统一标准的接线板规范电动机绕组的引出线，如图2-14a所示，U1U2、V1V2分别为工作绕组和起动绕组，C为外接起动电容器，S为电动机内部的离心开关。电动机起动后，当转速达到80%左右的额定值时，S断开，切除V1V2，工作绕组拖动负载运行。图2-14b、c为单相异步电动机正、反转接线图。如果是双电容单相异步电动机，运行电容器C2接在V1与Z1之间。

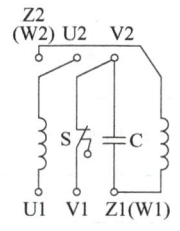
a) 绕组接线桩排列

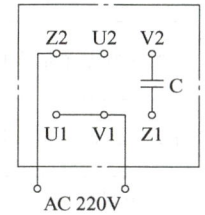
b) 单相异步电动机正转接线图

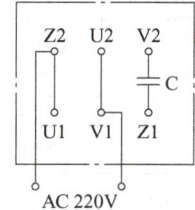
c) 单相异步电动机反转接线图

图2-14　单相异步电动机接线板标识图

1. 器材准备

按表2-1准备单相异步电动机、仪器仪表、电工工具等器材。

表 2-1 实训器材明细表

序号	名称	型号	规格	数量
1	剩余电流断路器	DZ47-60	220V、额定电流为 15A	1 个
2	双电容单相异步电动机		1.8kW、220V、1440r/min	1 台
3	洗衣机电动机		600W、220V	1 台
4	抽油烟机电动机		或转页风扇电动机	1 台
5	电容器	CBB60	450V、3μF 及 25μF	各 1 个
6	橡胶槌		1kg	1 把
7	铁锤		1kg	1 把
8	活扳手		150mm、200mm	1 套
9	套筒扳手	Y 型套筒	内径为 ϕ6mm、ϕ8mm、ϕ10mm	1 套
10	纯铜棒		长度为 50～60cm	1 根
11	双联开关		10A、250V	1 个
12	导线	塑料硬铜线	BV1.5mm^2（黄、绿、红三色或自定）	各 2m
13	仪表		500V 绝缘电阻表、UT200B 型钳形电流表、MF47 型万用表、转速表	各 1 个
14	电工通用工具		验电笔、螺钉旋具、尖嘴钳、剥线钳、电工刀等	1 套

2. 单相异步电动机的检测

认真观察双电容单相异步电动机铭牌上的接线方式，拆开电源接线盒，拆下正（反）转连接片，拆下电容器连线。检测绕组直流电阻、离心开关及电容器的好坏，检测电动机的绝缘电阻，将结果填入表 2-2 中。

表 2-2 单相异步电动机的检测

检测内容		电阻 /Ω	备注
绕组直流电阻	U1U2 绕组		1.2～2kW 单相异步电动机工作绕组电阻一般为 2.0Ω 左右
	V1V2 绕组		1.2～2kW 单相异步电动机起动绕组电阻一般为 3.0Ω 左右
离心开关			接近 0 最好
电容器			数字式万用表可直接测量出电容量，指针式万用表须估算电容量
绝缘电阻	U1U2 与 V1V2		不小于 0.5MΩ
	U1U2 对地		
	V1V2 对地		

工作绕组电阻检测如图 2-15 所示，电容起动式单相异步电动机的起动绕组线径一般较工作绕组细，匝数多，电阻稍大些。离心开关检测如图 2-16 所示。

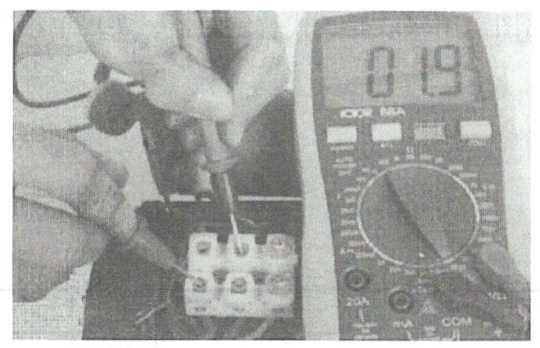
图 2-15 工作绕组电阻检测

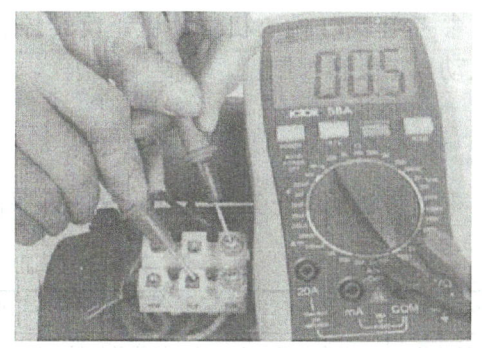
图 2-16 离心开关检测

> **微思考**
>
> 电容的检测方法是什么？

3. 观察离心开关在单相异步电动机内部的安装情况

拆卸单相异步电动机的前端盖，观察离心开关在单相异步电动机内部的安装与接线情况。前端盖拆卸方法与三相异步电动机相同，离心开关在电动机内部安装与接线情况如图 2-17 所示。

a) 安装与接线情况

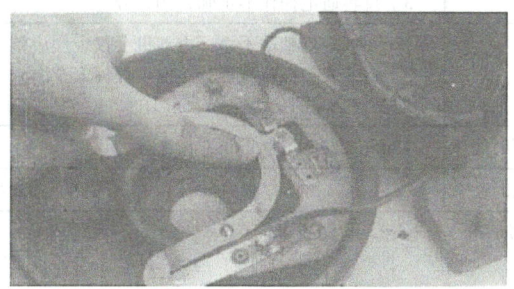
b) 研究离心开关的工作原理

图 2-17 离心开关在电动机内部的安装与接线情况

4. 接线与试运行

1）YL 型双电容单相异步电动机正反转控制。检测、装配完毕双电容单相异步电动机后，按铭牌要求给电动机接线上电。待电动机运行正常后断电，改变电动机接线板上的连接片，使电动机反转。

2）洗衣机电动机正反转控制。洗衣机电动机的两套绕组电阻相同，有三个引出线，须找出它们的公共点引出线。测量两两引出线的电阻值，电阻值最大的两条线不是公共引出线，另一条线是公共引出线。分别测量公共引出线与另两条线之间的电阻值，应相等且二者之和等于最大值。

参考图 2-13 洗衣机电动机正反转控制电路图，用双联开关代替定时器，实现单相异步电动机正反转控制。

任务评价

根据表 2-3 对任务的完成情况进行评价。

表 2-3 任务评价表

评价内容	评价标准	配分	扣分
材料准备	未准备好所需工具、仪器及材料，扣 5 分	5 分	
测量绕组直流电阻	1）测试点连接错误，扣 10 分 2）仪表档位、量程选择错误，扣 5 分 3）各相绕组的直流电阻测试错误，扣 10 分 4）数据记录错误，扣 5 分	20 分	
测量绝缘电阻	1）仪表选择错误，扣 5 分 2）测试接线错误，扣 15 分 3）绕组对地绝缘电阻测试错误，扣 15 分 4）绕组与绕组间绝缘电阻测试错误，扣 15 分	20 分	
检测离心开关	1）测试点连接错误，扣 10 分 2）测试错误，扣 10 分	10 分	
检测电容器	1）检测方法错误，扣 10 分 2）检测电容器未放电，扣 5 分	10 分	
接线与试车	1）正反转接线不正确，扣 15 分 2）接线不熟练，扣 5 分 3）反转通电操作不正确，扣 5 分	35 分	
安全文明生产	1）要求现场整洁干净，电动机、仪表摆放整齐 2）遵守安全操作规程，不发生任何安全事故 违反安全文明生产规程，扣 10~40 分，发生人身和设备安全事故，直接记为不合格		
定额时间	180min，每超时 5min，扣 5 分		
开始时间		结束时间		实际时间		成绩	

学习笔记（无笔记，扣 10 分）

任务 2　单相异步电动机的维护与常见故障排除

相关知识

1. 单相异步电动机的维护

单相异步电动机的维护与三相异步电动机相同，但要注意以下几点。

1）单相异步电动机接线时，须正确区分工作绕组和起动绕组，注意它们的首、尾端，如果出现标识脱落，则绕组直流电阻值大者为起动绕组。

2）更换电容器时，电容器的容量、额定电压必须与原规格相同。起动用的电容器应选用专用的电解电容器，其通电时间一般不得超过3s。

3）电容（电阻）起动式单相异步电动机只有在电动机静止或转速降低到离心开关闭合时，才能切换开关，对其进行改变方向的接线。

4）额定频率为60Hz的电动机不得接入50Hz电源，否则将引起电流增加，导致电动机过热甚至烧毁。

2. 单相异步电动机常见故障排除

单相异步电动机的机械故障和绕组断线、短路、接地等电气故障的处理方法与三相异步电动机相同。但由于单相异步电动机结构上的特殊性，如起动装置、起动绕组、起动与运行电容器等，其故障与三相异步电动机有所不同。例如，单相异步电动机接通电源后无法起动、起动迟缓且转向不定或起动转矩小，往往是起动绕组、起动电容器或离心开关的故障。单相异步电动机常见故障排除方法见表2-4。

表2-4 单相异步电动机常见故障排除方法

故障现象	故障原因	排除方法
无法起动并有异声	1）工作绕组或起动绕组开路 2）离心开关触点未闭合 3）电容器开路或短路 4）轴承卡住 5）定子与转子相碰	1）绕组开路可用万用表查找并修复 2）检查离心开关触点、弹簧等，调整或修理 3）更换电容器 4）清洗或更换轴承 5）矫正转轴或更换轴承
电动机接通电源后熔丝熔断	1）定子绕组对地短路 2）电源电压不正常 3）熔丝选择不当	1）用绝缘电阻表测量绕组对地绝缘电阻 2）用万用表测量电源电压 3）更换合适的熔丝
电动机过热	1）电容起动式单相异步电动机离心开关触点无法断开，使起动绕组长期运行 2）电容起动式单相异步电动机起动绕组与工作绕组接错 3）电容器质量变差或损坏 4）轴承不良	1）检查离心开关触点、弹簧等，调整或修理 2）测量两组绕组直流电阻，电阻大者为起动绕组 3）更换电容器 4）清洗或更换轴承
电动机运行时噪声大或振动过大	1）定子与转子相碰 2）轴承故障或缺少润滑油 3）风叶与风罩间有杂物 4）电动机装配不良	1）矫正转轴或更换轴承 2）清洗或更换轴承，加润滑油 3）拆开风罩，清除杂物 4）重新装配
电动机外壳带电	1）槽口处的定子绕组绝缘损坏 2）定子绕组端部与端盖相碰 3）引出线或接线处绝缘损坏，与外壳相碰 4）定子绕组槽内绝缘损坏	1）寻找1）、2）、3）绝缘损坏处，用绝缘材料修复，用绝缘漆加强绝缘 2）定子绕组重新嵌线
电动机绝缘电阻过低	1）电动机受潮或灰尘较多 2）电动机过热后绝缘老化	1）拆开后清扫并进行烘干处理 2）重新浸漆处理
起动转矩小或起动迟缓且转向不定	1）起动绕组断路 2）电容器开路 3）离心开关触点合不上	1）用万用表查找，修复断路点 2）更换电容器 3）检查、调整或修理离心开关触点、弹簧等

（续）

故障现象	故障原因	排除方法
电动机转速低于正常转速	1）电源电压偏低 2）绕组有损伤 3）离心开关触点未断开，未切除起动绕组 4）电容器失效 5）电动机负载过重	1）用万用表测量电源电压，查找电压偏低的原因 2）拆开电动机检查 3）检查、调整或修理离心开关触点、弹簧等 4）更换电容器 5）减轻负载或更换电动机

1. 材料准备

按表2-5准备单相异步电动机、仪器仪表、电工工具等器材。

表2-5 实训器材明细表

序号	名称	型号	规格	数量
1	断路器	DZ47-60	220V、额定电流为15A	1个
2	单相异步电动机	YY型	自定	1台
3	洗衣机电动机		或风扇电动机	1台
4	电容器	CBB60	450V、3μF及15μF	各1个
5	导线	塑料硬铜线	BV1.5mm²（黄、绿、红三色或自定）	各2m
6	仪表		500V绝缘电阻表、UT200B型钳形电流表、MF47型万用表、转速表	各1个
7	电工通用工具		验电笔、螺钉旋具、尖嘴钳、剥线钳、电工刀等	1套

2. 单相异步电动机故障分析与排除

1）YY型单相异步电动机通电后不转，发出"嗡嗡"声，用外力推动或旋转转子后可正常转动。分析、查找故障并排除，将结果填入表2-6中。

表2-6 故障分析与排除

故障分析与查找	故障排除	说明
		故障原因一般是起动绕组与起动装置故障；可能是起动绕组断开、电容器失效或离心开关触点未闭合

2）单相异步电动机通电后不转，发出"嗡嗡"声，用外力旋转转子也不能使之转动。分析、查找故障并排除，将结果填入表2-7中。

项目二　单相异步电动机的使用与维护

表 2-7　故障分析与排除

分析与查找故障	排除故障	说明
		故障原因可能是轴承卡阻、定子与转子铁心相擦、工作绕组与起动绕组间绝缘不良、存在短路

3）电动机通电后不转，没有"嗡嗡"声，用外力能转动转子。分析、查找故障并排除，将结果填入表 2-8 中。

表 2-8　故障分析与排除

分析与查找故障	排除故障	说明
		故障原因可能是电源无电或电源进线接头松动、工作绕组断路

任务评价

根据表 2-9 对任务的完成情况进行评价。

表 2-9　任务评价表

评价内容	评价标准	配分	扣分
材料准备	未准备好所需工具、仪器及材料，扣 5 分	10 分	
故障分析与查找	1）故障分析思路不清晰，扣 15 分 2）不能确定最小故障范围，每个故障点扣 10 分 3）查找故障方法不正确，扣 10 分	55 分	
故障排除	1）不会排除故障，扣 15 分 2）排除故障方法不正确，扣 10 分 3）排除故障后不会进行电气试验，扣 15 分	35 分	
定额时间	120min，每超时 5min，扣 5 分		
开始时间	结束时间　　　　实际时间　　　　成绩		

学习笔记（无笔记，扣 10 分）

项目二习题

项目三　三相异步电动机单向运行控制电路的安装与调试

项目描述

生产中许多机械设备的拖动电动机通常需要连续运行，如水泵电动机、车床主轴电动机等，这就需要对电动机进行连续运行控制；也有生产机械的某些运动部件不需要电动机连续拖动，如电动葫芦的起重电动机、车床拖板箱快速移动电动机及机械设备的调试等，只需电动机短时、断续工作，这就需要对电动机进行点动控制。

本项目由三个任务组成：常用低压电器的认识与检测、电动机点动控制电路的安装与调试、电动机连续运行过载保护控制电路的安装与调试。

职业岗位应知应会目标

1. 掌握常用低压电器的结构、工作原理、符号、用途，了解其型号含义。
2. 会用万用表检测常用低压电器的好坏。
3. 会分析点动控制、连续运行控制电路的工作原理，了解它们在生产中的典型应用。
4. 能按工艺要求安装、检测点动控制、连续运行控制电路。
5. 在教师的指导下能用万用表查找、分析、排除电路故障。

任务1　常用低压电器的认识与检测

相关知识

低压电器是指工作在交流电压小于1200V、直流电压小于1500V的电路中，起接通、断开、控制、保护或调节作用的电器元件。

常用的低压电器主要有刀开关、转换开关、低压断路器、熔断器、接触器、继电器和主令电器等。

低压电器种类繁多,是如何分类的?

1. 按钮

按钮是一种手动操作并具有自动复位功能的控制开关,其触点允许通过的电流较小,一般不超过5A。按钮连接在控制电路中"发号施令"(称为主令电器),发出控制接触器、继电器等线圈回路的"指令",再由它们去控制主电路的通断,实现功能转换或电气联锁。

常用按钮的外形如图3-1所示。

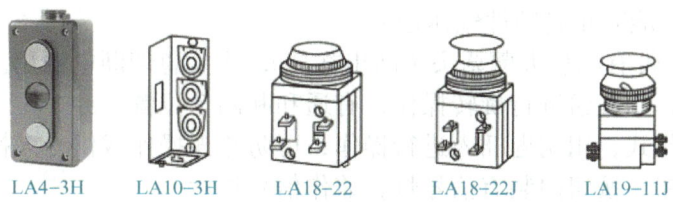

图 3-1 常用按钮的外形

(1) 按钮的结构　图3-2所示是LA38系列按钮的外形、结构原理与符号。当按下按钮帽时,桥式动触点向下运动,先分断常闭静触点,再接通常开静触点;松开按钮帽,在复位弹簧的作用下,桥式动触点向上运动,先分断常开静触点,再接通常闭静触点。

按钮的常开触点和常闭触点是联动的,它们的分断与闭合有先后顺序,在分析控制电路时应引起注意。

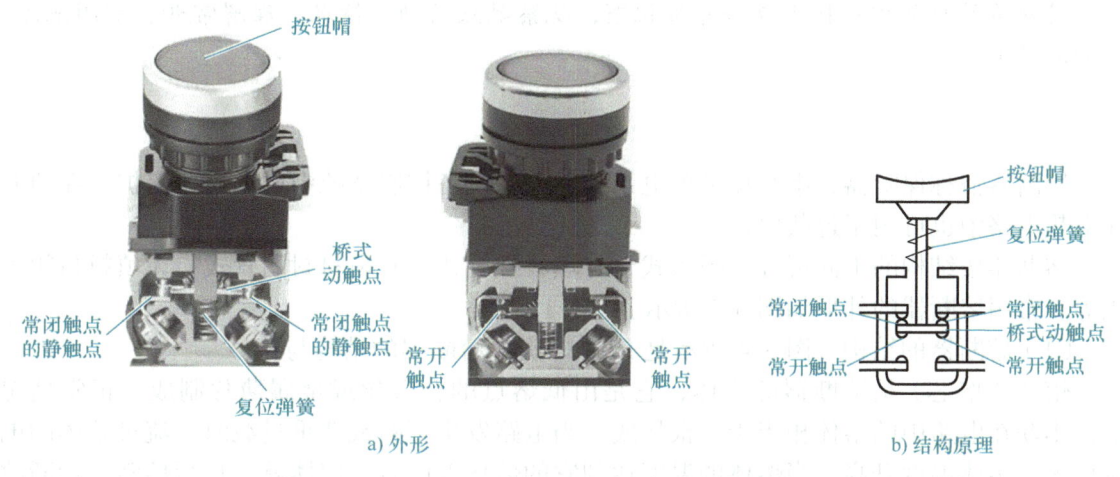

图 3-2 LA38系列按钮的外形、结构原理与符号

c）符号

图 3-2　LA38 系列按钮的外形、结构原理与符号（续）

（2）按钮型号的含义　按钮的型号构成如下。

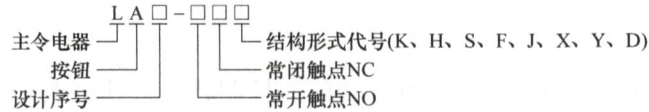

按钮上标注 NC 表示常闭触点，标注 NO 表示常开触点。结构形式代号的含义如下：

K——开启式，适用于嵌装在操作面板上。

H——保护式，带保护外壳，可防止内部零件受机械损伤或人偶然触及带电部分。

S——防水式，具有密封外壳，可防止雨水侵入。

F——防腐式，能防止腐蚀性气体进入。

J——紧急式，带有红色大蘑菇头（凸出在外），作紧急切断电源用。

X——旋钮式，用旋钮进行旋转操作，有通和断两个位置。

Y——钥匙操作式，用钥匙插入进行操作，可防止误操作或供专人操作。

D——光标按钮，按钮内装有信号灯，兼作信号指示。

生产中为了防止误操作，常用不同的颜色和符号标志区分按钮的功能和作用。因此，按钮帽常做成红、绿、黄、蓝、黑、白等颜色。急停按钮和停止按钮一般选用红色，起动按钮一般选用绿色或黑色。

> **拆一拆　认一认**
>
> 取几个不同系列的按钮，拆开，仔细观察其内部结构，指出常开触点、常闭触点及其对应的接线端；按下或松开按钮帽，观察触点的动作情况，理解常开、常闭触点的联动关系。

2. 熔断器

熔断器俗称保险器，串联在供配电系统和电气设备控制系统中用于短路保护，在照明和电热电路中也可用于过载保护。

熔断器按结构的不同可分为插入式、有填料螺旋式、有填料封闭管式、无填料封闭管式等。常用熔断器的外形如图 3-3 所示。

（1）熔断器的结构　图 3-4 所示是 RL1 螺旋式熔断器的结构与符号。

熔体（熔芯）是熔断器的主体，它是由低熔点的合金丝或金属薄片制成。正常情况下，串联在电路中的熔体相当于一根导线。当电路发生短路或严重过载时，流过熔体的电流增大，熔体温度升高，当熔体的温度达到它的熔化温度时，熔体就会自行熔断，切断故障电路，起到保护电路的作用。

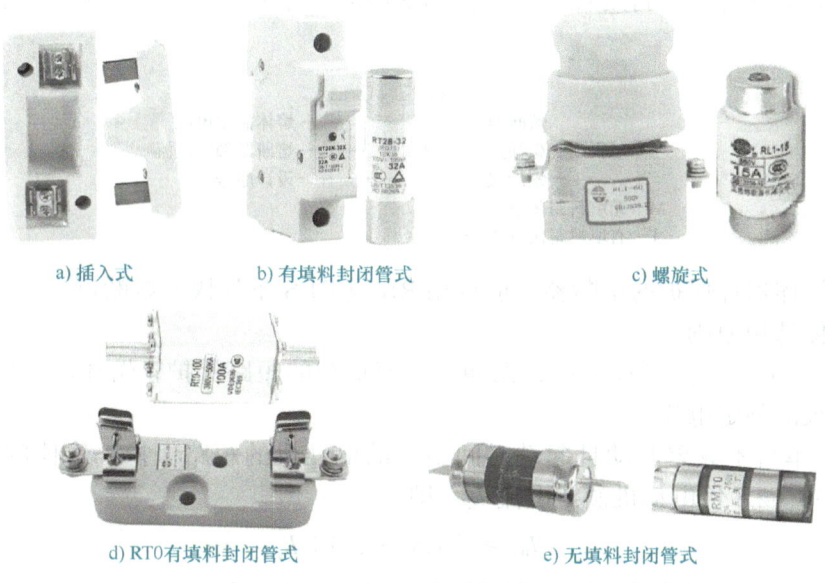

图 3-3　常用熔断器的外形

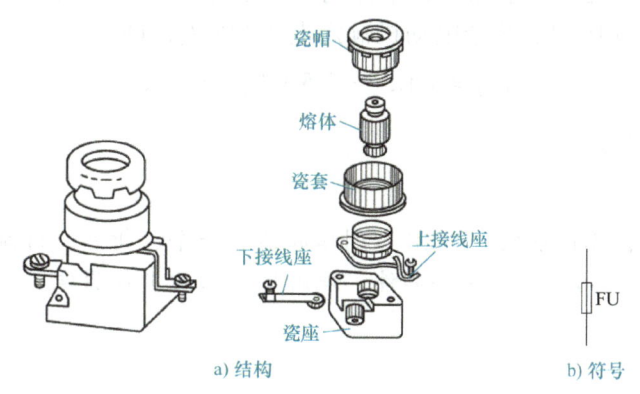

图 3-4　RL1 螺旋式熔断器的结构与符号

RT28 系列导轨安装式熔断器带有熔芯熔断信号灯（氖灯和电阻组成）装置，熔芯熔断时，信号灯熄灭。RL 系列螺旋式熔断器是有填料封闭管式熔断器，当熔体熔断时，石英砂填料起熄灭电弧的作用，同时可以透过瓷帽上的玻璃窗口看到指示件弹出，表示熔断器已经熔断。

螺旋式熔断器安装时须使电源进线接在下接线座上，负载线接在上接线座上。

 微思考

为什么螺旋式熔断器的电源进线必须接在下接线座上？

（2）熔断器的型号含义　常用的熔断器有 RC1A 系列插入式熔断器、RL1 系列螺旋式熔断器、RT0 系列有填料封闭管式熔断器和 RT28 系列导轨安装式熔断器。熔断器的型号含义如下。

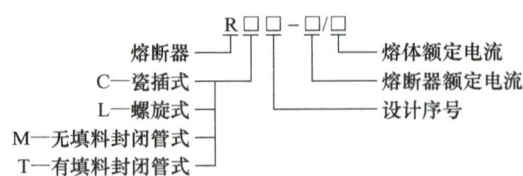

用于半导体器件保护的熔断器，应选用 RS 或 RLS 系列快速熔断器。

（3）熔体选用原则

1）对于照明、电热等较平稳、无冲击电流负载的短路保护，熔体的额定电流应等于或稍大于负载的额定电流。

2）对于单台不频繁起动且起动时间不长的电动机的短路保护，熔体的额定电流 I_{RN} 应不小于 1.5～2.5 倍电动机额定电流 I_N，即

$$I_{RN} \geq (1.5 \sim 2.5) I_N$$

对于频繁起动或起动时间较长的电动机，上式的系数应修改为 3～3.5。

3）对于多台电动机的短路保护，熔体的额定电流应不小于其中最大容量电动机额定电流 I_{Nmax} 的 1.5～2.5 倍加上其余电动机额定电流和 $\sum I_N$，即

$$I_{RN} \geq (1.5 \sim 2.5) I_{Nmax} + \sum I_N$$

拆一拆　认一认

取 RC1A 系列、RL 系列、RT28 系列熔断器各一个，拆开，仔细观察它们的结构，找出接线座、熔体（熔芯）等主要部件，理解熔断器的工作原理。

3. 热继电器

热继电器是利用电流的热效应推动动作机构断开常闭触点的保护电器。它主要用于电动机的过载保护、断相保护和电流不平衡运行保护，也用于其他电气设备发热状态的控制。

生产实践中应用最多的是双金属片式热继电器。用于电动机保护的主要是三相热继电器，分为带断相保护装置和不带断相保护装置两种。常用热继电器的外形如图 3-5 所示。

（1）热继电器的结构　JR16 系列热继电器的外形、结构原理与符号如图 3-6 所示。使用时，根据电动机的工作状态和额定电流的大小调节整定电流调节旋钮到适当的位置。热继电器的电流整定原则如下。

1）一般情况下，热元件的整定电流为电动机额定电流的 0.95～1.05 倍。

2）如果电动机拖动的是冲击性负载或起动时间较长，热继电器的整定电流值可取电动机额定电流的 1.1～1.5 倍。

3）如果电动机的过载能力较差，其整定电流可取电动机额定电流的 0.6～0.8 倍。

项目三　三相异步电动机单向运行控制电路的安装与调试

a) JR16系列

b) JRS1系列

c) JRS2系列

图 3-5　常用热继电器的外形

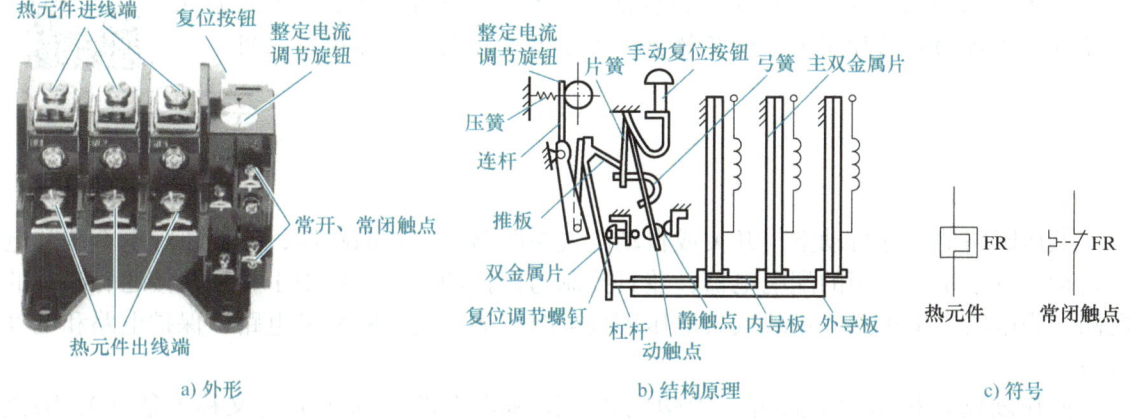

图 3-6　JR16系列热继电器的外形、结构原理与符号

图 3-6b 所示是热继电器的结构原理。将三相热元件分别与电动机的三相定子绕组串联，常闭触点串接在控制电路的接触器线圈回路中。当电动机正常工作时，通过热元件的电流小于动作电流，双金属片弯曲的位移不能使热继电器动作。当电动机过载时，通过热元件的电流增大，超过热继电器的整定电流（动作电流）时，双金属片弯曲的位移足够大，推动导板使触点动作，即常闭触点断开，使接触器线圈断电，切断电源起到保护作用。

当双金属片热元件冷却恢复原位时，常闭触点有的可自动复位，有的需要按下复位按钮手动复位。

热继电器的双金属片受热弯曲变形产生足够大的位移后，才能推动导板使触点动作，这需要经过一段时间，实践中把这一情形称为热惯性。因此，热继电器不能作短路保护。正是热继电器的热惯性，才保证了热继电器在电动机起动或短时过载时不会动作，从而满足了电动机的运行要求。

（2）热继电器的型号含义

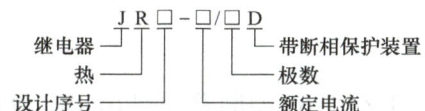

生产中常用的热继电器主要有 JR16 系列、JRS1 系列和 JRS2 系列。

> **拆一拆 认一认**
>
> 拆下 JR16 系列热继电器的后绝缘盖板，仔细观察热继电器的结构，找出热元件、常开触点、常闭触点、接线端子及整定电流调节旋钮，推动导板及复位按钮，观察触点的动作情况；理解热继电器的工作原理。

> **微思考**
>
> 利用双金属片受热弯曲变形的特性，可做成温度控制器，它广泛应用于电热设备的自动控制中，请了解更多关于温度控制器的原理与应用。

4. 低压断路器

低压断路器俗称自动空气开关或自动空气断路器，简称断路器，是低压配电系统和电气自动控制系统中常用的配电电器，兼具控制与保护功能，一般用于不频繁接通和断开的电路。当电路发生短路、过载或失电压等故障时，能自动切断故障电路，保护电路和电气设备。

低压断路器按结构形式可分为塑壳式（又称装置式）、框架式（又称万能式）、限流式、直流快速式、灭磁式和漏电保护式 6 类。自动控制系统中常用的低压断路器是塑壳式断路器，它结构紧凑、体积小，所有零部件都安装在一个绝缘外壳中，使用安全，适于独立安装。图 3-7 所示为常用低压断路器外形。

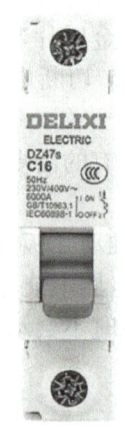
a) DZ47S型

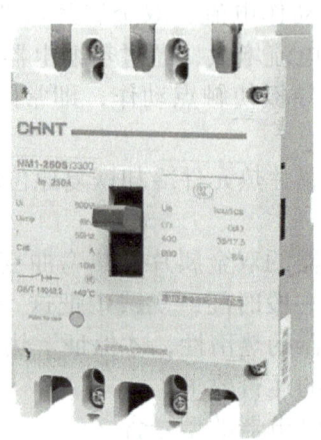
b) DZ47S LE型　　c) NM1-250S型

图 3-7 常用的低压断路器外形

（1）断路器的铭牌含义　DZ47-63 型断路器可用于交流保护、配电电路中，其额定工作电压为 400V，额定电流为 32A，额定短路分断能力不超过 6000A。低压断路器铭牌的含义如图 3-8 所示。

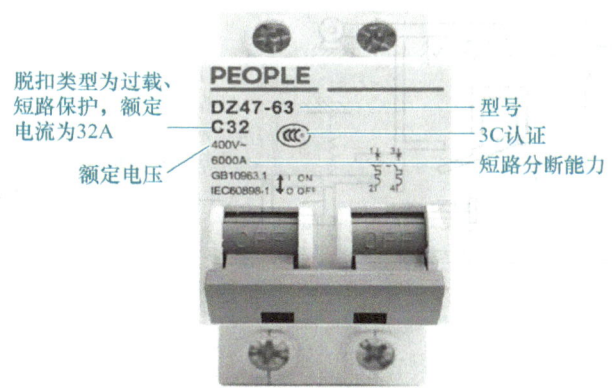

图 3-8 低压断路器铭牌的含义

（2）低压断路器的结构及工作原理　DZ 系列塑壳式断路器的结构如图 3-9 所示。它主要由动触点、静触点、灭弧装置、操作手柄与锁定机构、热脱扣器、电磁脱扣器及外壳等部分组成。灭弧装置为栅片结构，能较好地熄灭主电路接通和分断时大电流产生的电弧。

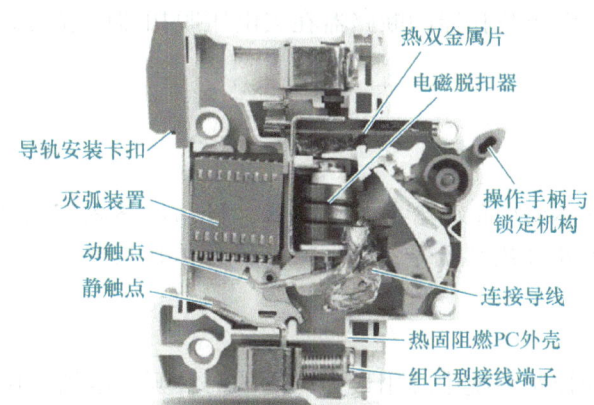

图 3-9 DZ 系列塑壳式断路器结构

图 3-10 所示为断路器的工作原理简图与符号。断路器的三副主触点串联在被控制的三相电路中，合上开关，在反作用弹簧、锁扣和搭钩的共同作用下，动、静触点闭合，电路接通。

当电路发生过载时，过载电流流过热元件产生一定的热量，使双金属片受热向上弯曲，通过杠杆推动搭钩与锁扣脱开，在反作用弹簧的推动下，动、静触点分开，切断电路，使用电设备不致因过载而烧毁。

当电路发生短路故障时，短路电流超过电磁脱扣器瞬时脱扣整定电流，电磁脱扣器产生足够大的吸力将衔铁吸合，通过杠杆推动搭钩与锁扣分开，切断电路，实现短路保护。低压断路器出厂时，电磁脱扣器瞬时脱扣整定电流一般为 $10I_N$（I_N 为断路器的额定电流）。

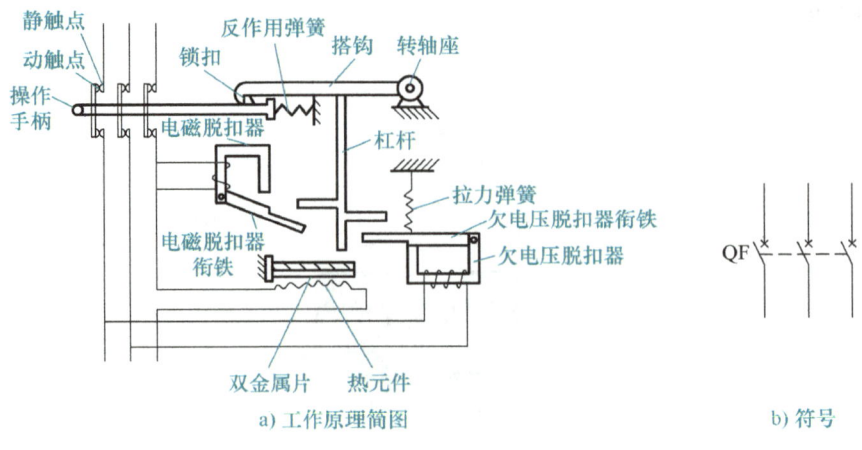

a) 工作原理简图　　　　　　b) 符号

图 3-10　断路器的工作原理简图与符号

有的断路器还有欠电压保护功能，欠电压脱扣器的动作过程与电磁脱扣器恰好相反。当电路电压正常时，欠电压脱扣器的衔铁被吸合，衔铁与杠杆脱离，断路器的主触点能够闭合；当电路上的电压消失或下降到某一数值时，欠电压脱扣器的吸力消失或减小到不足以克服拉力弹簧的拉力，衔铁在拉力弹簧的作用下撞击杠杆，将搭钩顶开，使触点分断。由此也可看出，具有欠电压脱扣器的断路器在欠电压脱扣器两端无电压或电压过低时不能接通电路。

> **拆一拆　认一认**
>
> 　　拆开 DZ 系列或 NM1 系列塑壳式断路器，仔细观察内部结构，找出其触点、电磁脱扣器、热脱扣器及接线端子等；理解断路器的工作原理。

5. 交流接触器

接触器是电气自动控制系统中应用最为广泛的一种开关电器，用来频繁地通、断交直流主电路和大容量控制电路，实现远距离自动控制，具有失电压（零电压）和欠电压保护功能，主要用于控制电动机和电热设备等。常用电磁式交流接触器外形如图 3-11 所示。

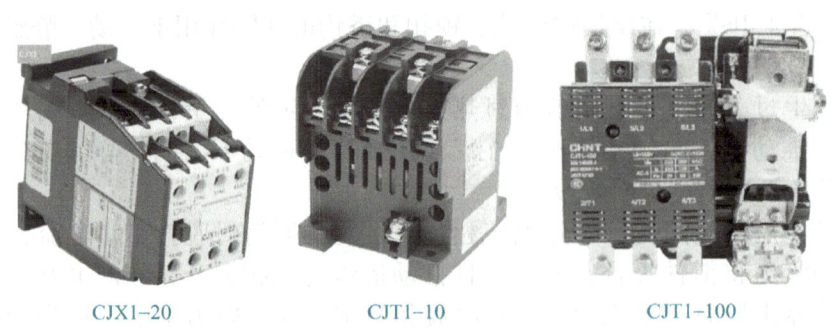

CJX1-20　　　　　　CJT1-10　　　　　　CJT1-100

图 3-11　常用电磁式交流接触器外形

（1）交流接触器的结构

图 3-12 所示为电磁式交流接触器的结构与符号。它主要由电磁系统、触点系统、灭弧装置及辅助部件等组成。

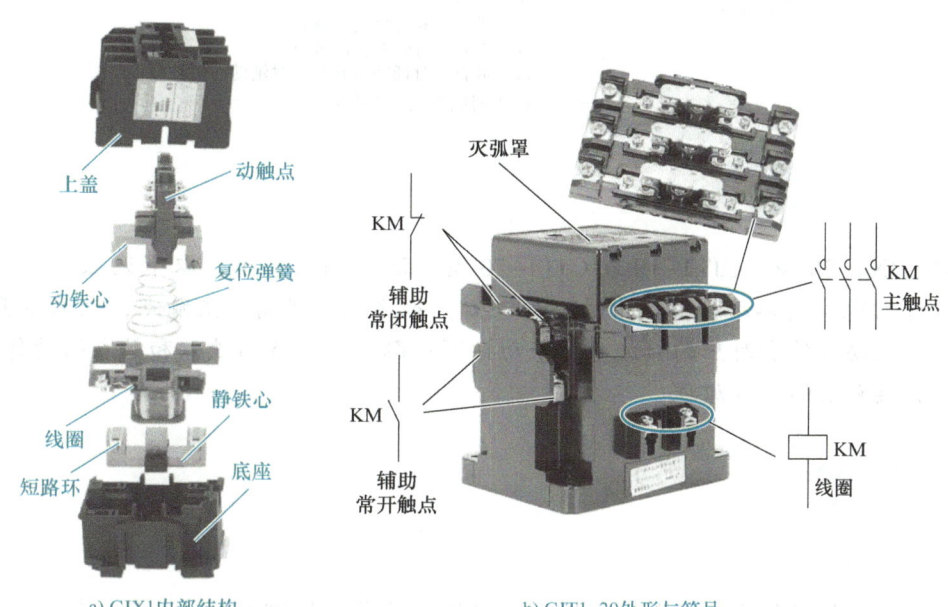

a) CJX1 内部结构　　　　b) CJT1-20 外形与符号

图 3-12　电磁式交流接触器的结构与符号

1）电磁系统。主要由线圈和铁心（包括静铁心和动铁心）组成。其作用是利用电磁线圈的通电或断电使动铁心被吸合或被释放，带动动触点与静触点闭合或分断。交流接触器的铁心一般采用 E 形硅钢片叠压而成，同时装有起减振和降噪作用的短路环。

2）触点系统。交流接触器的触点普遍采用桥式触点，按通断能力分为主触点和辅助触点。主触点用于通断电流较大的主电路，一般由三对接触面较大的常开触点组成；辅助触点用于通断电流较小的控制电路，一般有两对常开触点和两对常闭触点。

3）灭弧装置。大容量的接触器常采用窄缝灭弧及栅片灭弧；小容量的接触器采用电动力吹弧、灭弧罩等。

4）辅助部件。包括复位弹簧、缓冲弹簧、触点压力弹簧、传动机构、支架、底座及接线柱等。

（2）交流接触器的工作原理　由图 3-12a 可知，当接触器的线圈通电时，线圈中流过的电流产生磁场，使静铁心产生足够大的吸力，克服弹簧的反作用力，将动铁心吸合，通过传动机构使触点动作，即常开触点闭合，常闭触点断开，也就是主触点和辅助常开触点闭合，辅助常闭触点断开。当线圈断电或电压显著下降时，静铁心电磁吸力消失或减小，动铁心在复位弹簧的作用下带动各触点恢复到原始状态，即复位。

交流接触器的线圈可在额定电压的 0.85～1.05 倍范围内正常吸合和释放动铁心。电压过高时，磁路趋于饱和，线圈电流增大，严重时会烧毁线圈；电压过低时，电磁吸力不足，动铁心吸合不上或时吸时放，线圈电流会增大，造成线圈过热而烧毁。

（3）交流接触器的型号含义

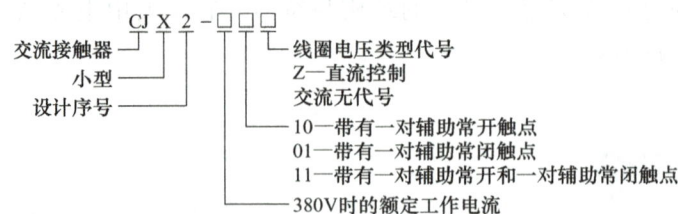

拆一拆　认一认

取 CJX1-20 型、CJT1-10 或 CJT1-20 型交流接触器若干，取下灭弧罩，拆开接触器，仔细观察内部结构，找出动、静铁心，短路环，线圈，主触点，辅助常开、常闭触点等主要部件和对应的接线端；手动按下接触器，观察动铁心和触点的动作情况；理解交流接触器的工作原理。

任务实施

1. 材料准备

常用电工工具及仪表，熔断器、按钮、低压断路器、热继电器、交流接触器等各种型号的低压电器若干个。

2. 低压电器的识别

识别所给的低压电器，记录型号，读出主要参数，将结果填入表 3-1 中。

表 3-1　低压电器的识别

序号	名称	型号	主要参数	图形与文字符号
1	按钮			
2	熔断器			
3	热继电器			
4	低压断路器			
5	交流接触器			

3. 低压电器的检测

（1）检测示范 检测安装有熔芯的熔断器好坏时，将万用表置于蜂鸣档，两表笔与接线柱连接，若无蜂鸣声且显示"1"，说明熔芯熔断或熔断器本体与熔芯接触不良，如图 3-13a 所示。拆下熔断器的瓷帽，取出熔芯进一步检测，若万用表发出蜂鸣声且显示"0"，表明熔芯是好的，如图 3-13b 所示。综合说明，熔芯与熔断器本体接触不良，这种情况一般是熔芯与瓷帽上的金属导电体接触不良，应更换。

按钮的安装与检测

断路器的检测

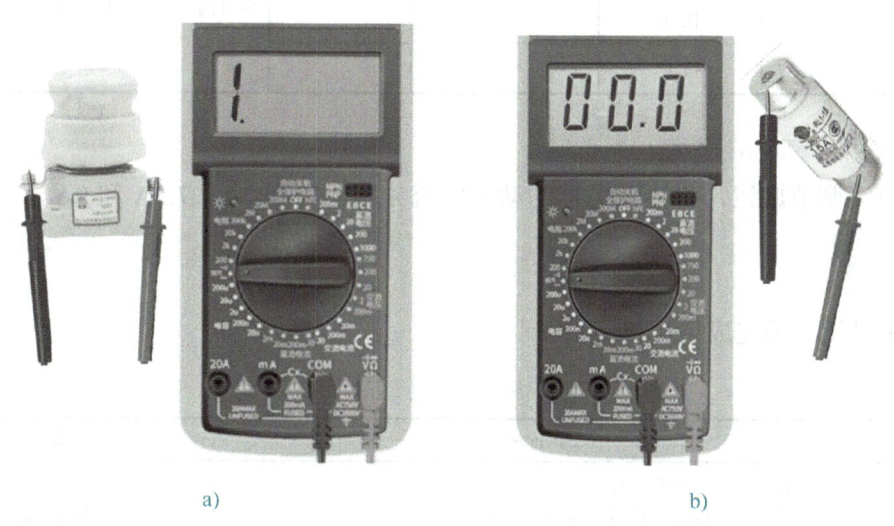

a) 　　　　　　　b)

图 3-13 熔断器的检测

熔断器的安装与检测

接触器的认识与检测

热继电器的检测

（2）动手检测 将万用表置于电阻档，逐一检测各个元器件触点、线圈及其他通电元器件的电阻，并通过电阻的大小判断电器的好坏，检测触点电阻可以用蜂鸣档检测其通断情况，将测量结果填入表 3-2 中。

表 3-2 低压电器检测

元器件名称	元器件状态		电阻/Ω	是否正常	参考数值
低压断路器触点	合闸				触点闭合时，两端电阻接近零；断开时，两端电阻为无穷大
	分闸				
接触器	主触点	常态			
		吸合			
	线圈				CJT1-20 型接触器线圈的电阻一般在 300～500Ω
	辅助常闭触点	常态			
		吸合			
	辅助常开触点	常态			
		吸合			

(续)

元器件名称	元器件状态		电阻 /Ω	是否正常	参考数值
热继电器	热元件				热继电器的热元件两端电阻接近零
	常闭触点				
	常开触点				
按钮	常开触点	松开			触点闭合时，两端电阻接近零；断开时，两端电阻为无穷大
		按下			
	常闭触点	松开			
		按下			

4. 热继电器动作电流的整定

调节整定电流调节旋钮，将热继电器的动作电流分别调整到 5A、7.5A 和 9A。

任务评价

根据表 3-3 对任务的完成情况进行评价。

表 3-3　任务评价表

评价内容	评价标准	配分	扣分
低压电器的识别	1）漏写或写错型号，每处扣 5 分 2）画错符号或错、漏标文字符号，每处扣 2 分 3）漏写或写错主要参数，每处扣 5 分	40 分	
低压电器的检测	1）工具、仪表使用不规范，扣 10 分 2）漏检或检测结果不正确，每处扣 10 分 3）检测数据分析错误，每处扣 10 分 4）损坏仪表或不会检测，该项不得分	45 分	
热继电器动作电流的整定	不会整定或不按要求整定，扣 5 分	5 分	
安全文明生产	1）要求现场整洁、干净 2）工具摆放整齐，废品清理分类符合要求 3）遵守安全操作规程，不发生任何安全事故 如违反安全文明生产要求，酌情扣 10～40 分，情节严重者，可判本次技能操作训练为 0 分或取消本次实训资格	10 分	
定额时间	180min，每超时 5min，扣 5 分		
开始时间	结束时间　　　　　实际时间　　　　　成绩		

学习笔记（无笔记，扣 10 分）

任务2 电动机点动控制电路的安装与调试

1. 电动机点动控制电路

电动机点动控制电路是用按钮、接触器控制电动机运转的简单控制电路,如图3-14所示。按照电路图的绘制原则,三相交流电源线L1、L2、L3依次水平地画在图的上方,断路器QF水平画出;由熔断器FU1、接触器KM的三对主触点和电动机M组成的主电路,垂直电源线画在图的左侧;由熔断器FU2、起动按钮SB、接触器KM的线圈组成的控制电路跨接在L1和L2两条电源线之间(电压380V),垂直画在主电路的右侧,耗能元件KM的线圈画在电路的下方。图中接触器KM采用分开表示法,其三对主触点画在主电路中,线圈画在控制电路中,并在它们符号旁边标注相同的文字符号KM,表示它们是同一电器。电路中若有多个相同的电器元件,须在文字符号后面标注数字加以区分,如SB1、SB2和KM1、KM2。

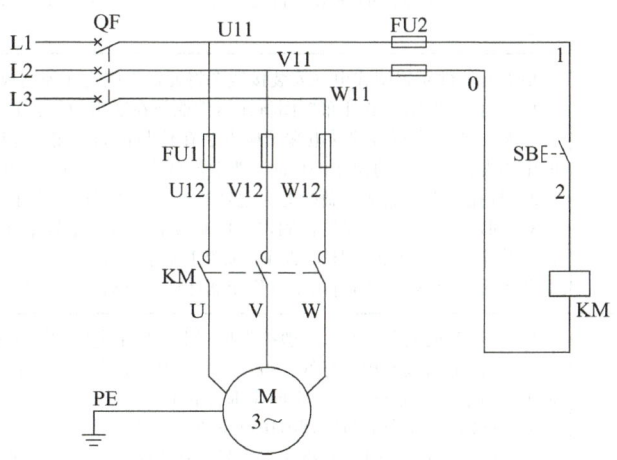

图3-14 电动机点动控制电路原理图

电路工作原理如下。

1)起动。合上断路器QF,电路接入三相电源。按下起动按钮SB,其常开触点闭合,接触器KM线圈得电,动铁心吸合,带动接触器KM的三对主触点闭合,电动机M接通电源起动运转。

2)松开起动按钮SB,接触器KM线圈失电,动铁心在复位弹簧的作用下复位,带动接触器KM的三对主触点恢复分断,电动机M失电停转。

熔断器FU1、FU2分别作主电路、控制电路的短路保护。

> **微思考**
>
> 电气原理图编号原则是什么?

2. 电动机基本控制电路的安装步骤及工艺要求

电动机基本控制电路的安装步骤及工艺要求见表3-4。

表3-4 电动机基本控制电路的安装步骤及工艺要求

步骤	安装内容	要求
1	识读电路图	明确电路所用电器元件及其作用,熟悉电路的工作原理
2	装前准备	对照电路图列出元器件明细表,配齐元器件、电工工具、仪表等,并对元器件进行检查。 1)检查元器件有无缺损,配件是否齐全完好,各接线端子及紧固件有无缺失等现象 2)检查电磁式电器的传动部件动作是否灵活;复位弹簧是否正常;检查元器件各类触点的闭合、分断动作是否良好 3)用万用表检查所有元器件的电磁线圈及电动机绕组的直流电阻是否正常 4)核对各元器件的规格是否与图样要求一致,检查接触器线圈电压是否与电源电压一致
3	安装元器件	根据元器件布置图或电气安装接线图将元器件固定在控制板上,步骤及工艺要求如下: 1)定位。根据元器件布置图将元器件摆放在适当的位置并标记。元器件布置应排列整齐。断路器、熔断器的受电端子应安装在控制板的外侧,螺旋式熔断器的受电端为底座的中心端;断路器的操作手柄向下为分断状态;按钮应安装在控制板的下方或外侧 2)打孔。用手电钻在做好的标记号处打孔,孔径应略大于固定螺钉的大径 3)固定。用螺钉将元器件固定在控制板上,固定元器件时,用力要适当,既要使元器件安装牢固,又不得损坏元器件;安装接触器等有四个安装孔及易碎裂元器件时,应按对角依次拧紧螺钉,同时用手按住元器件轻轻摇动,直到用手摇不动为止
4	连接导线	1)在控制板上布线时,一般按先控制电路后主电路的顺序进行 2)选择适当截面积的导线,按电气安装接线图规定的方位截取所需长度的导线,按照横平竖直、均匀分布、变换走向应垂直的工艺要求配线 3)导线端头应套上与原理图相对应的线号管 4)使用多股芯线时,要将线头绞紧,必要时,应上锡处理或压接线耳 5)走好的导线束用塑料扎带水平扎好 6)电动机和所有电器元件金属外壳的保护接地线应与电源PE线相连接 7)连接接线端子时,根据其情况将芯线做成压接圈或直接压进接线端子
5	自检	1)核对接线。对照电气原理图或电气安装接线图从电源侧开始逐段核对端子接线的线号,排除漏接、错接现象,重点检查控制电路中容易接错处的线号,还应核对同一根导线的两端线号是否一致 2)检查接线是否牢固。检查所有接线端子的接触情况,用手一一摇动、轻轻拉拔端子的接线,不得有松动与脱落现象,避免通电调试时因虚接造成电路状态的不稳定,将故障排除在通电之前 3)用万用表适当的电阻档检查电路的通断情况。检查控制电路时,可将表笔分别搭接在FU2受电端子上,读数应为"∞"。按下起动按钮时,读数应为线圈的电阻值。对于主电路,应主要检查其有无开路或短路现象,可用手将接触器的主触点按下进行检查

项目三　三相异步电动机单向运行控制电路的安装与调试

（续）

步骤	安装内容	要求
6	通电调试	通电调试必须在教师的指导、监护下进行。调试前，应清点工量具；清理控制板上的杂物、线头；安装好接触器的灭弧罩；分断各开关，使按钮、行程开关等处于未操作前的状态。然后按以下步骤通电调试： 1）空载试验。断开主电路熔断器，切除主电路，安装好控制电路熔断器，接通三相电源，试运行，检查控制电路工作是否正常。操作各按钮，检查它们对接触器、继电器的控制功能是否达到控制要求，如自锁、联锁等；用绝缘棒操作行程开关，检查它的行程控制或限位控制功能等；观察各操作电器动作是否灵活；细听电器工作时有无不正常的噪声或振动 2）带负载调试。控制电路调试成功后，接通主电路，带负载调试。如果发现电动机起动困难、有异常噪声、线圈过热等现象，应立即切断电源，停机检查 3）通电试车成功后，先按下停止按钮，再断开电源开关，拆除三相电源线和电动机接线

3. 板前明线布线工艺要求

板前明线布线是指在控制板正面明线敷设，是配线的基本方法之一。板前明线布线便于电路维护和查找故障，要求讲究整齐美观，因此，实际配线效率不高。

板前明线布线安装工艺要求如下：

1）按主、控制电路分类集中布线，单层密排，紧贴安装板面，布线通道应尽量少。

2）同一平面的导线应高低一致，导线间不交叉。当无法避免交叉时，导线应从接线端子（或接线柱）引出时就水平架空跨越，必须做到走线合理。

3）布线应做到横平竖直，分布均匀、美观，变换走向时应垂直。

4）布线时，不得损伤线芯和绝缘，接线端头应套上与原理图编号相同的线号管。

5）导线与接线端子连接时，如果是直压端子，必须用直压法，如果是用螺钉连接，必须做成压接圈连接，不可反圈压线；连线必须可靠，不松动，既不能压到绝缘皮上，又不能裸露线芯过多。

6）一个电器元件接线端子上连接的导线数量最多为两根，要避免"一点压三线"；同一接线端子内压接两根截面积不同的导线时，应将截面积大的放在下层，截面积小的放在上层。

7）控制板外电器（如按钮、行程开关）与控制板内元器件的连接导线必须经过接线端子，并加以编号，且每节接线端子板上一般只允许连接一根导线。

8）按钮连线必须用软导线。

9）电动机及按钮的金属外壳必须可靠接地。

任务实施

1. 识读电路原理图

分析图 3-14 所示电动机点动控制电路的工作原理，指出电路中各电器元件的作用，将结果填入表 3-5 中。

表 3-5　电器元件的作用与电路原理

符号	元器件名称	作用
QF		
FU1		
FU2		
KM		
SB		

工作原理：

2. 识读电路接线图

对照图 3-14 所示电动机点动控制电路原理图，识读图 3-15 所示的电动机点动控制电路安装接线图。

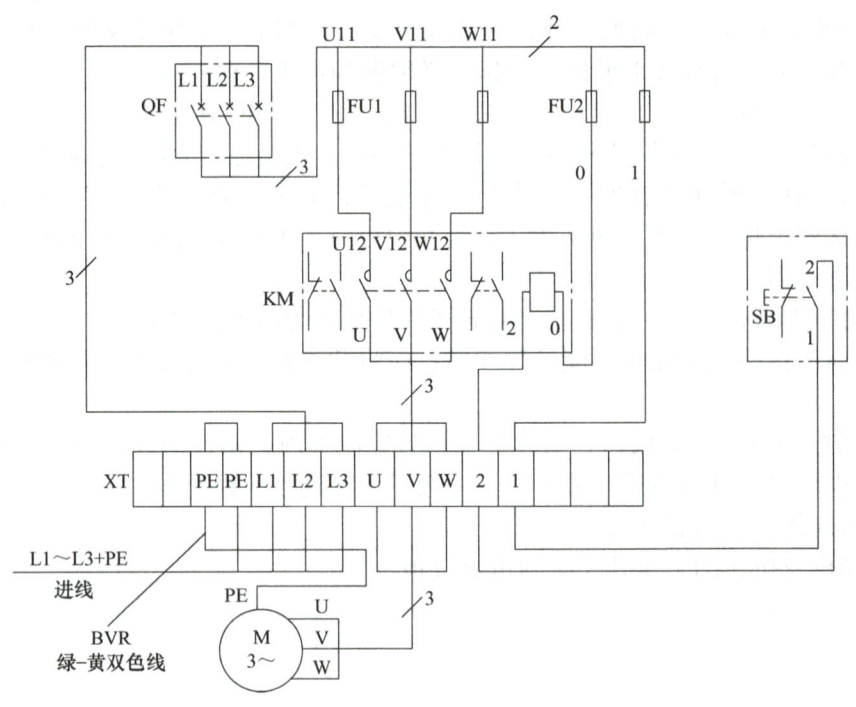

图 3-15　电动机点动控制电路安装接线图

3. 材料准备

按表 3-6 准备电路安装所需要的工具、仪表、电器元件等，并进行质量检测。

项目三　三相异步电动机单向运行控制电路的安装与调试

表 3-6　实训器材明细表

符号	名称	型号	规格	数量
M	三相交流电动机	Y112M-4	4kW、380V、△联结、7.8A、1440r/min	1台
QF	断路器	DZ47-63	380V、额定电流为25A	1个
FU1	螺旋式熔断器	RL1-60/25	500V、60A、配额定电流为25A的熔体	3个
FU2	螺旋式熔断器	RL1-15/2	500V、15A、配额定电流为2A的熔体	2个
KM	交流接触器	CJT1-20	20A、线圈额定电压为380V	1个
SB	按钮	LA4-3H	保护式三联按钮	1个
XT	端子排	JX2-1015	10A、15节、380V 或配套自定	1个
	控制板		500mm×450mm×20mm	1块
	仪表		500V绝缘电阻表、UT200B型钳形电流表、MF47型万用表、转速表	各1个
	电工通用工具		验电笔、螺钉旋具、尖嘴钳、斜口钳、剥线钳、电工刀等	1套
	主电路导线		塑料硬铜线BV1.5mm²（黄、绿、红三色或自定）	若干
	控制电路导线		塑料软铜线BV1.0mm²（黑色或自定）	若干
	按钮线		塑料软铜线BVR0.75mm²（黑色或自定）	若干
	接地线		塑料软铜线BVR1.5mm²（黄绿双色线）	若干
	其他辅材		各种规格紧固件、针形和叉形轧头、金属软管、线号套管、导轨线号管、固定螺钉等	若干

4. 安装元器件

根据图 3-15 所示电动机点动控制电路安装接线图在控制板上合理布置、安装元器件。

5. 接线

1）按板前明线布线工艺要求和安装接线图进行接线。
2）安装电动机，将定子绕组连接成丫联结。
3）连接电动机和所有电器元件金属外壳的保护接地线。
4）连接电源到端子排的导线和端子排到电动机的导线。

6. 自检

1）根据原理图或电气安装接线图从电源端开始，逐段检查导线及接线端子处线号是否正确，有无错接、漏接之处；检查导线压接是否牢固，是否有压绝缘层的现象。
2）断开断路器，用万用表电阻档对电路进行检查，将检测结果填入表 3-7 中。

表 3-7　电路检测

测量点	电阻/Ω	测量值与情况判断
测量U11与V11、V11与W11、U11与W11之间电阻		如电阻为无穷大，说明电源电路没有短路情况
按下KM主触点，测量U12与V12、V12与W12、U12与W12之间电阻		如电阻接近电动机一相绕组阻值，说明三相主电路没有短路和断路情况

(续)

测量点	电阻 /Ω	测量值与情况判断
按下 KM 主触点，测量 U12 与 U、V12 与 V、W12 与 W 之间电阻		如电阻接近于零，说明主电路导通
按下 SB，测量 0 与 1 之间电阻		电阻为 300Ω 左右，说明控制电路导通
松开 SB，测量 0 与 1 之间电阻		电阻为 ∞，说明控制电路没有短路情况

7. 通电调试

在教师的指导、监督下通电调试，记录调试过程中的现象，填入表 3-8 中。

1）接通三相电源，合上电源开关 QF，用万用表或验电笔检查电源进线接线柱和熔断器进、出线端子是否有电，电压是否正常。

2）断开主电路，空载试验。按下、松开按钮 SB，观察 KM 动作是否符合要求。

3）接通主电路，带负载试验。按下、松开 SB，观察电动机运行是否符合控制要求。

4）电动机运转平稳后，用钳形电流表检测电动机三相电流是否平衡。

5）通电试验完成后，松开按钮 SB，断开电源开关 QF，拆除电源线和电动机接线。

表 3-8　通电调试

操作	现象	是否正常
按下 SB		
松开 SB		

任务评价

根据表 3-9 对任务的完成情况进行评价。

表 3-9　任务评价表

评价内容	评价标准	配分	扣分
电路图的识读	1）不认识电器元件符号，每处扣 1 分 2）不知道电器元件功能，每处扣 1 分 3）电路工作原理分析不正确，每处扣 1 分	10 分	
材料准备	1）器材短缺，元器件型号、规格不符合要求，每件扣 1 分 2）漏检或错检，每处扣 1 分	10 分	
安装元器件	1）元器件布置不合理、不整齐，每个扣 2 分 2）元器件安装不牢固、不正确，每个扣 4 分 3）损坏元器件，该项不得分	10 分	
接线	1）没按安装接线图接线，扣 20 分 2）布线不符合工艺要求，每处扣 3 分 3）接点松动、露铜过长、反圈、压绝缘层、没套线号管、软线没压接线耳（螺杆连接除外），每处扣 2 分 4）损伤导线绝缘层或线芯，每根扣 5 分 5）漏接接地线，扣 10 分	40 分	

项目三　三相异步电动机单向运行控制电路的安装与调试

（续）

评价内容	评价标准	配分	扣分
通电调试	1）主电路、控制电路配错熔体，各扣 5 分 2）验电操作不规范，扣 10 分 3）一次试车不成功扣 10 分，二次试车不成功扣 15 分，三次试车不成功，该项不得分	20 分	
工具仪表使用	1）工具、仪表使用不规范，每次酌情扣 1~3 分 2）损坏工具、仪表，扣 5 分	10 分	
安全文明生产	1）无材料浪费，现场清理整洁、干净；工具摆放整齐，废品分类清理 2）遵守安全操作规程，无任何安全事故发生 如违反安全文明生产要求，酌情扣 5~40 分。情节严重者，本次操作记 0 分或取消本次实训资格		
定额时间	180min，每超时 5min，扣 5 分		
开始时间	结束时间　　　　　　实际时间　　　　　　成绩		

学习笔记（无笔记，扣 10 分）

任务 3　电动机连续运行过载保护控制电路的安装与调试

相关知识

1. 接触器自锁控制电路

在要求电动机起动后能连续运行，应采用图 3-16 所示的接触器自锁控制电路。它的主电路和电动机点动控制电路的主电路相同，不同的是在控制电路中，起动按钮 SB1 的两端并联了接触器 KM 的一对辅助常开触点，并串联了一个停止按钮 SB2。

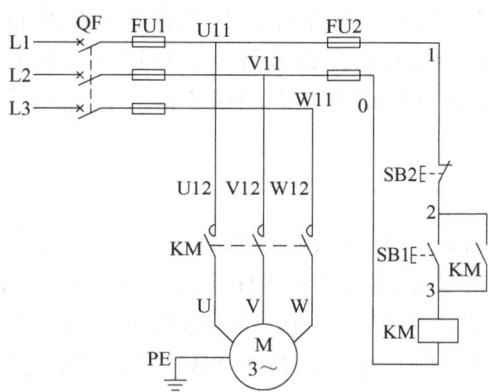

图 3-16　接触器自锁控制电路

接触器自锁控制电路工作原理如下。

1）起动。合上电源开关 QF，电路接入三相电源。

按下SB1→KM线圈得电→┬→KM主触点闭合─────────→电动机M起动连续运行
　　　　　　　　　　　└→KM辅助常开触点闭合(自锁)─┘

松开 SB1，其常开触点恢复分断，因接触器 KM 辅助常开触点处于闭合状态，控制电路仍保持接通，所以接触器 KM 线圈保持得电，电动机 M 实现连续运行。这种当松开起动按钮 SB1 后，接触器 KM 通过自身辅助常开触点使线圈保持得电的功能称为自锁。与起动按钮 SB1 并联起自锁作用的辅助常开触点称为自锁触点。

2）停止。

按下SB2→KM线圈失电→┬→KM主触点分断─────→电动机M失电停转
　　　　　　　　　　　└→KM自锁触点分断──┘

松开 SB2，其常闭触点恢复闭合，因接触器 KM 的自锁触点在切断控制电路时已分断，解除了自锁，所以接触器 KM 不能得电，电动机 M 也不会转动。

2. 电动机连续运行过载保护控制电路

在电动机控制电路中，熔断器 FU 只能做短路保护。实践中还必须对电动机进行过载保护，通常用热继电器来实现过载保护。图 3-17 所示为电动机连续运行过载保护控制电路，它是在图 3-16 的基础上增加了一个热继电器 FR，把热元件串接在主电路中，把常闭触点串接在控制电路中。当电动机过载或其他原因使电流超过额定值并经过一定时间后，串接在主电路中的热元件因受热发生弯曲，推动导板使串接在控制电路中的常闭触点分断，接触器 KM 线圈失电，切断主电路，电动机 M 停转，从而实现过载保护。

接触器自锁控制电路具有欠电压和失电压（或零电压）保护功能。

（1）欠电压保护　欠电压保护是指当电路电压下降到某一数值（一般指额定电压的 85%）时，接触器线圈的电磁吸力减小到小于复位弹簧的弹力，动铁心被迫释放，接触器的主触点、自锁触点同时分断，自动切断电路，电动机失电停转，起到保护作用。

（2）失电压（或零电压）保护　失电压保护是指电动机在正常运行中，由于外界某种原因引起突然断电时，KM 线圈失电，其主触点、自锁触点分断，切断电动机电源；当电源恢复供电时，KM 线圈不能自行得电，电动机不能自行起动运转，从而保证了人身和设备的安全。

3. 连续与点动混合控制单向运行电路

机床设备在正常工作时，一般需要电动机处于连续运行状态。但在试车或调整刀具与工件的相对位置时，又需要电动机能点动控制，连续与点动混合控制单向运行电路则能满足这种工艺要求，如图 3-18 所示。按下起动按钮 SB1，电动机连续运行。SB3 为复合按钮，它的常闭触点与自锁触点串联，按下 SB3，其常闭触点断开自锁电路，实现点动控制。

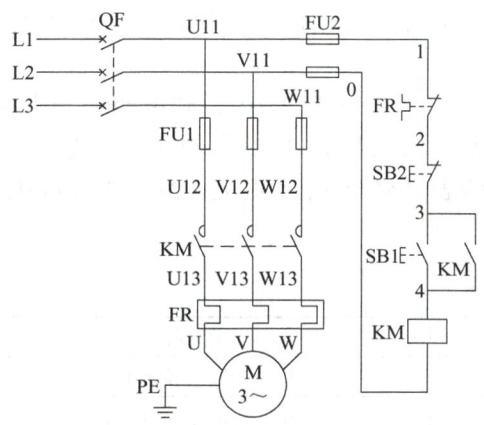
图 3-17 电动机连续运行过载保护控制电路

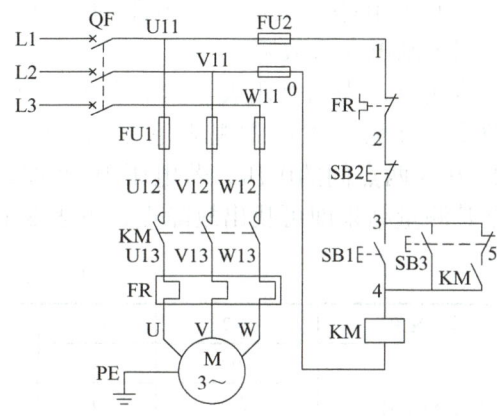
图 3-18 连续与点动混合控制单向运行电路

4. 电气控制电路故障检修的一般步骤和方法

1）用试验法观察故障现象，初步判定故障范围。试验法是在不扩大故障范围、不损坏电气设备和机械设备的前提下对电路进行通电试验，通过观察电气设备和电器元件的动作，判断其是否正常、各控制环节的动作程序是否符合要求，从而找出故障发生的部位或回路。

在生产实践中，维修人员在检修前可向设备使用人询问故障现象，查看故障痕迹，在断电情况下，摸一摸电器的线圈、电动机的外壳是否过热。通过问、看、摸等也可初步确定故障范围。

2）用逻辑分析法缩小故障范围。逻辑分析法是根据电气控制电路的工作原理、控制环节的动作程序及它们之间的联系，结合故障现象做具体的分析，迅速地缩小故障范围，从而判断出故障所在。这是一种以准为前提，以快为目的的检查方法，特别适用于复杂的控制电路故障检查。

3）用测量法确定故障点。测量法是利用电工工具和仪表（如测电笔、万用表、钳形电流表、绝缘电阻表等）对电路进行带电或断电测量，是查找故障点的有效方法。下面介绍电压测量法和电阻测量法。

① 电压测量法。测量检查时，首先把万用表的转换开关位置于交流电压 500V 的档位，然后按图 3-19 所示方法进行测量。

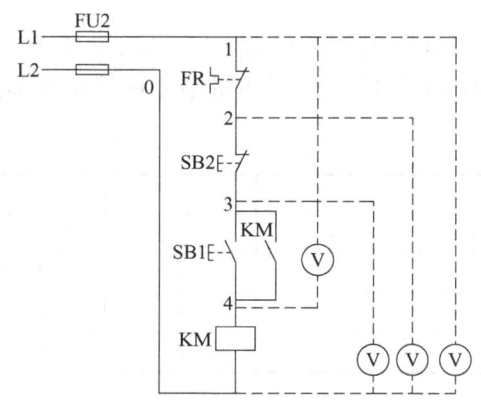
图 3-19 电压分阶测量法

断开主电路,接通控制电路的电源。若按下起动按钮 SB1 时,接触器 KM 不吸合,则说明控制电路有故障。

检测时,先用万用表测量 0 和 1 两点间的电压,若电压为 380V,则说明控制电路的电源电压正常。然后把黑表笔接到 0 点上,红表笔依次接到 2、3 各点上,分别测量出 0–2、0–3 两点间的电压,若电压为 380V,再把两表笔移至 1、4 点上,测量 1–4 间电压。根据其测量结果即可找出故障点,见表 3-10。

表 3-10 电压测量法查找故障点

故障现象	0–2	0–3	1–4	故障点
按下 SB1 时,KM 不吸合	0	×	×	FR 常闭触点接触不良
	380V	0	×	SB2 常闭触点接触不良
	380V	380V	0	KM 线圈断路
	380V	380V	380V	SB1 接触不良

注:表中"×"表示不需要再测量。

② 电阻测量法。测量检查时,首先把万用表的转换开关位置于 $R \times 100$ 或以上的电阻档,然后按图 3-20 所示方法进行测量。

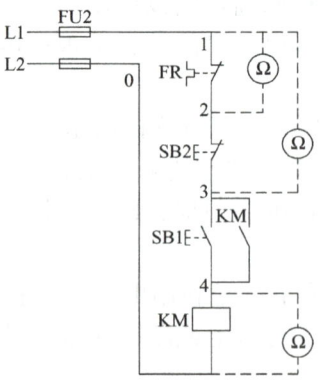

图 3-20 电阻测量法

断开主电路,接通控制电路电源。当按下起动按钮 SB1 时,接触器 KM 不吸合,则说明控制电路有故障。

检测时,首先切断控制电路电源(**注意**:电阻测量不能带电),用万用表依次测量 1–2、1–3、0–4 各两点之间的电阻值,根据测量结果可找出故障点,见表 3-11。

表 3-11 电阻测量法查找故障点

故障现象	1–2	1–3	0–4	故障点
按下 SB1 时,KM 不吸合	∞	×	×	FR 常闭触点接触不良
	0	∞	×	SB2 接触不良
	0	0	∞	KM 线圈断路
	0	0	R	SB1 接触不良

注:R 为 KM 线圈电阻值。

项目三 三相异步电动机单向运行控制电路的安装与调试

4）根据故障点的不同情况采取正确的维修方法排除故障。

5）检修完毕，进行通电空载校验或局部空载校验至合格。

在实际维修工作中，由于电动机控制电路的故障不是千篇一律的，即使是同一种故障现象，发生的故障部位也不一定相同。因此，排除故障时应灵活运用不同的方法准确地找出故障点，查明故障原因，排除故障。

6）故障检修注意事项。

① 在排除故障的过程中，故障分析、故障排除的思路和方法要正确。

② 用测电笔检测故障时，必须检查测电笔是否符合使用要求。

③ 不能随意更改电路和带电触摸电器元件。

④ 带电检修故障时，必须有教师在现场监护，并要确保用电安全。

任务实施

1. 识读电路原理图

分析图 3-17 所示电动机连续运行过载保护控制电路的工作原理，指出电路中相关电器元件的作用，填入表 3-12 中。

表 3-12　电器元件的作用与电路原理

符号	元器件名称	作用
KM		
FR		
SB1		
SB2		

工作原理：

2. 识读电路接线图

对照图 3-17 所示电动机连续运行过载保护控制电路，识读图 3-21 所示的安装接线图。

3. 材料准备

在点动控制电路的基础上增加 JR16-20/3D 型热继电器，其动作电流整定为电动机的额定电流 7.8A。起动按钮用 LA4-3H 型塑料外壳三联按钮中的绿色按钮，停止按钮用红色按钮。用万用表检测热继电器、按钮的相关触点是否正常。

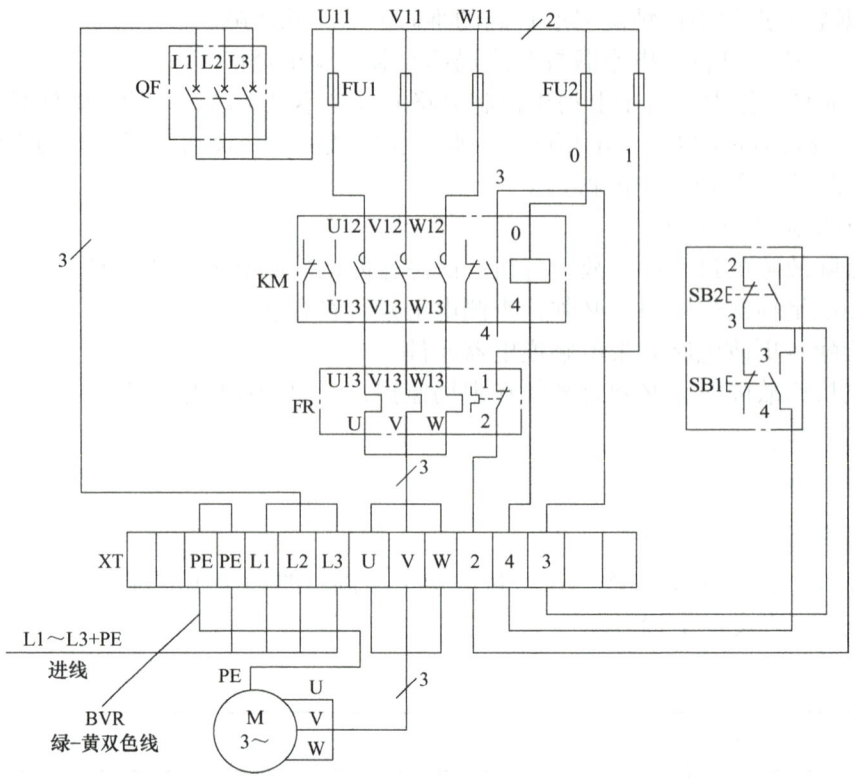

图 3-21　电动机连续运行过载保护控制电路安装接线图

4. 安装元器件

根据图 3-21 所示电动机连续运行过载保护控制电路安装接线图在控制板上合理布置、安装元器件。

5. 接线

1）按板前明线布线工艺要求和安装接线图进行接线。
2）安装电动机并接线，连接保护接地线等。

6. 自检

1）根据电路图或电气安装接线图从电源端开始，逐段检查接线情况。
2）断开断路器，用万用表电阻档对电路进行检测，将检测结果填入表 3-13 中。

电动机连续运行过载保护控制电路的接线

电动机连续运行过载保护控制电路的检查

表 3-13　电路检测

测量点	电阻 /Ω	测量值与情况判断
测量 U11 与 V11、V11 与 W11、U11 与 W11 之间的电阻		
按下 KM 主触点，测量 U12 与 V12、V12 与 W12、U12 与 W12 之间的电阻		
按下 KM 主触点，测量 U12 与 U、V12 与 V、W12 与 W 之间的电阻		

（续）

测量点	电阻 /Ω	测量值与情况判断
按下 SB1，测量 0 与 1 之间的电阻		
松开 SB1，测量 0 与 1 之间的电阻		
同时按下 SB1 和 SB2，测量 0 与 1 之间的电阻		

7. 通电调试

在教师的指导、监督下通电调试，记录调试过程中的现象，填入表 3-14 中。

1）空载试验。断开主电路，给控制电路上电并检测电源是否正常。按下、松开按钮 SB1，观察 KM 是否自锁；按下 SB2，观察 KM 是否断电复位。

2）带负载试验。接通主电路，按下、松开 SB1，观察电动机运行是否符合控制要求。按下 SB2，观察电动机是否停止运行。

3）电动机运行平稳后，用钳形电流表检测电动机三相电流是否平衡。

4）通电试验完成后，按下 SB2，电动机停止运行后再断开电源开关 QF，拆除电源线和电动机接线。

电动机连续运行过载保护控制电路的检修

表 3-14 通电调试

操作	现象	是否正常	分析原因	测量点	排除方法
按下 SB1					
松开 SB1					
按下 SB2					

任务评价

根据表 3-15 对任务的完成情况进行评价。

表 3-15 任务评价表

评价内容	评价标准	配分	扣分
电路图的识读	1）不认识电器元件符号，每处扣 1 分 2）不知道电器元件功能，每处扣 1 分 3）电路工作原理分析不正确，每处扣 1 分	10 分	
材料准备	1）器材短缺，元器件型号、规格不符合要求，每件扣 1 分 2）漏检或错检，每处扣 1 分	10 分	
安装元器件	1）元器件布置不合理、不整齐，每个扣 2 分 2）元器件安装不牢固、不正确，每个扣 4 分 3）损坏元器件，该项不得分	10 分	
接线	1）没按安装接线图接线，扣 20 分 2）布线不符合工艺要求，每处扣 3 分 3）接点松动、露铜过长、反圈、压绝缘层、没套线号管、软线没压接线耳（螺杆连接除外），每处扣 2 分 4）损伤导线绝缘层或线芯，每根扣 5 分 5）漏接接地线，扣 10 分	40 分	

（续）

评价内容	评价标准	配分	扣分
通电调试	1）主电路、控制电路配错熔体，各扣5分 2）验电操作不规范，扣10分 3）一次试车不成功扣10分，二次试车不成功扣15分，三次试车不成功，该项不得分	20分	
工具仪表使用	1）工具、仪表使用不规范，每次酌情扣1～3分 2）损坏工具、仪表，扣5分	10分	
故障检修	1）故障分析错误，从总分中扣3分 2）不会测量、查找故障点，从总分中扣3分 3）不会排除故障，从总分中扣3分		
安全文明生产	1）无材料浪费，现场清理整洁、干净；工具摆放整齐，废品分类清理 2）遵守安全操作规程，无任何安全事故发生 如违反安全文明生产要求，酌情扣5～40分。情节严重者，本次操作记0分或取消本次实训资格		
定额时间	180min，每超时5min，扣5分		
开始时间	结束时间　　　　　实际时间　　　　　成绩		

学习笔记（无笔记，扣10分）

项目三习题

项目四 三相异步电动机正反转控制电路的安装与调试

项目描述

生产中许多机械设备往往要求运动部件能做正反两个方向的运动,如机床工作台的前进与后退,万能铣床主轴的正转与反转,自动门的打开与关闭,起重机的上升与下降等,它们都是由电动机的正反转拖动实现的。

本项目利用低压电器完成三相异步电动机正反转控制电路的安装与调试,由三个任务组成:倒顺开关正反转控制电路的安装与调试,接触器联锁正反转控制电路的安装与调试,按钮、接触器双重联锁正反转控制电路的安装与调试。

职业岗位应知应会目标

1. 掌握常用负荷开关与组合开关的结构、符号、用途,了解其型号含义。
2. 会用万用表检测常用低压开关的好坏。
3. 会分析电动机正反转控制电路的工作原理。
4. 能按工艺要求正确安装、调试正反转控制电路。
5. 会分析、查找、排除电气故障。

任务1 倒顺开关正反转控制电路的安装与调试

相关知识

1. 开启式负荷开关

HK 系列开启式负荷开关由刀开关和熔断器组合而成。开启式负荷开关又称为瓷底胶盖刀开关,简称刀开关。生产中常用的 HK 系列开启式负荷开关适用于照明、电热设备及小容量电动机控制电路,供不频繁地手动接通和分断电路,且具有短路保护作用。

（1）结构与符号（见图 4-1）

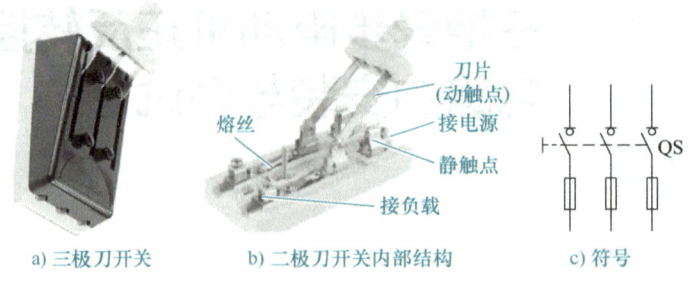

图 4-1　HK 系列开启式负荷开关结构与符号

（2）型号含义

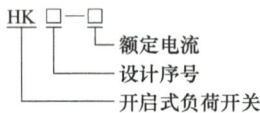

（3）安装与使用

1）必须垂直安装在控制板或开关板上，不允许倒装或平装，以防止发生误合闸事故。

2）在分断或接通电路时应迅速果断地拉合闸，以使电弧尽快熄灭。

3）由于开启式负荷开关没有灭弧装置，其分断电流只能达到额定电流的 1/3。

2. 组合开关

图 4-2 所示为 HZ 系列组合开关，又称为转换开关。它体积小、触点对数多、接线方式灵活、操作方便，常用于交流 380V 以下及直流 220V 以下的电气控制电路中，供不频繁地手动接通、断开电源和负载，以及控制 5kW 以下小容量异步电动机的起动、停止和正反转。

a) HZ10-10/3 板前安装型　　b) HZ10-10/3 板前、后安装型　　c) HZ5 系列组合开关

图 4-2　HZ 系列组合开关

（1）组合开关的型号含义

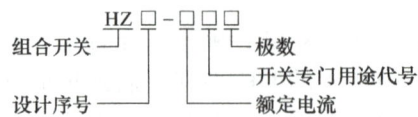

（2）组合开关的结构　图 4-3 所示为 HZ10 系列组合开关的外形、结构与符号。它的三个静触点与电源及用电设备相接。动触点和灭弧性能良好的绝缘钢纸板铆合而成，并和绝缘垫板一起套在附有手柄的方形转轴上。手柄带动转轴沿顺时针或逆时针方向转动 90°，带动三个动触点分别与三个静触点接通或分断电路。操作机构采用储能扭簧，使触点快速闭合或分断，提高了开关的通断能力。

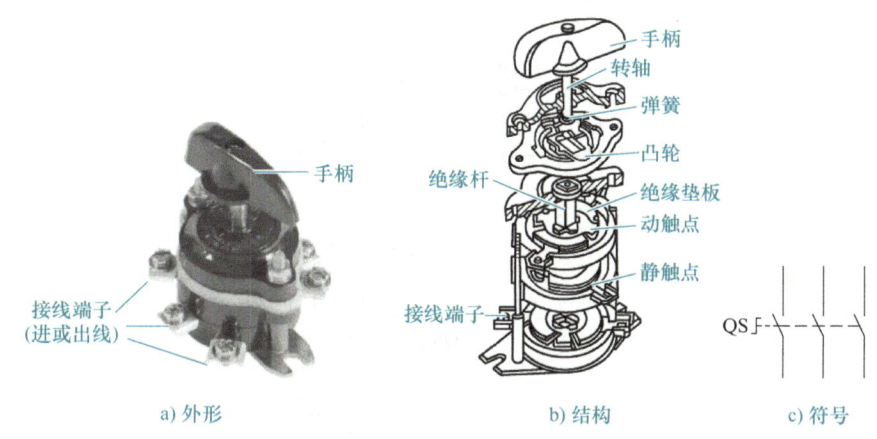

图 4-3　HZ10 系列组合开关的外形、结构与符号

3. 倒顺开关

组合开关中有一类专为控制小容量三相异步电动机正反转而设计生产的，如早期的 HZ3-133 型组合开关，现在改进型产品为 HY2 系列、HZ5D 系列及 KO3 系列等，这类开关俗称倒顺开关或可逆转换开关。KO3 系列倒顺开关的外形、结构和符号如图 4-4 所示。

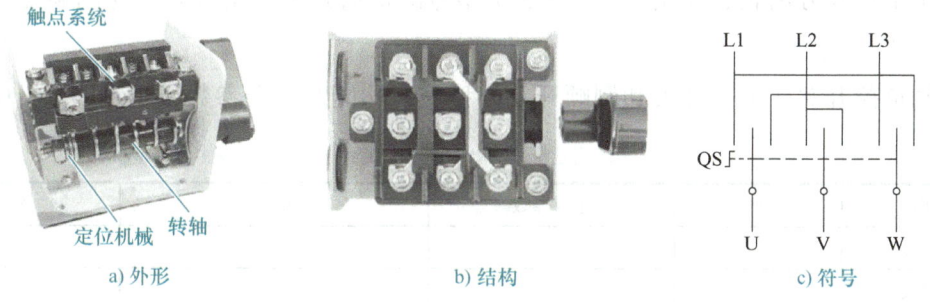

图 4-4　KO3 系列倒顺开关的外形、结构和符号

KO3 系列倒顺开关触点为双断点形式，操作手柄时，转轴使触点迅速分断或闭合，并定位在操作位置上。开关一边的触点标有 L1、L2、L3，另一边标有 U、V、W。开关的手柄可置于"倒""停""顺"三个位置，手柄只能从"停"位置左转 45° 或右转 45°，实现电动机正转或反转。当手柄位于"停"位置时，触点系统处于分断状态。

4. 倒顺开关正反转控制电路

当改变通入电动机定子绕组三相电源的相序，即对调接入电动机三相电源进线中的任意两相接线时，电动机就可以反转。

图 4-5 所示为倒顺开关正反转控制电路，当手柄处于"停"位置时，QS 的动、静触点分断，电路处于断开状态，电动机不转；当手柄扳至"顺"位置时，QS 的动触点和左边的静触点接触，即 L1-U、L2-V、L3-W 接通，电动机正转；当手柄扳至"倒"位置时，QS 的动触点和右边的静触点接触，即 L1-W、L2-V、L3-U 接通，输入电动机定子绕组的电源相序发生改变，电动机反转。

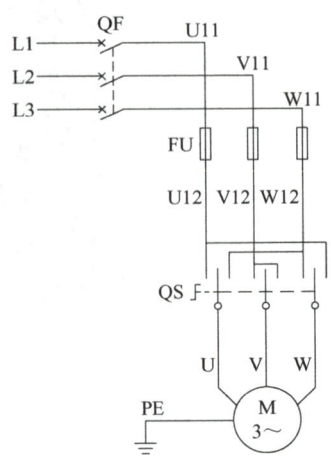

图 4-5 倒顺开关正反转控制电路

任务实施

1. 材料准备

电工工具及万用表、控制板、2～3 个型号的负荷开关、组合开关与倒顺开关若干。

2. 刀开关的识别

识别负荷开关、组合开关和倒顺开关的型号、功能及主要参数，填入表 4-1 中。

表 4-1 负荷开关、组合开关和倒顺开关的型号、功能及主要参数

名称	型号	主要参数	功能	符号
负荷开关				
组合开关 1				
组合开关 2				
倒顺开关 1				
倒顺开关 2				

3. 刀开关的检测

分别拆开负荷开关、组合开关和倒顺开关的外壳，观察它们的内部结构和触点动作情况，用万用表检测刀开关的好坏，填入表 4-2 中。

项目四 三相异步电动机正反转控制电路的安装与调试

表 4-2 负荷开关、组合开关和倒顺开关的检测

器件名称	状态		电源接线柱与负载接线柱间电阻 /Ω	是否正常
负荷开关	合闸			
	分闸			
组合开关	L1 相	常态		
		动作		
	L2 相	常态		
		动作		
	L3 相	常态		
		动作		
倒顺开关	倒	L1 与 W		
		L2 与 V		
		L3 与 U		
	停	L1 与 U		
		L2 与 V		
		L3 与 W		
		L1 与 U		
		L3 与 U		
	顺	L1 与 U		
		L2 与 V		
		L3 与 W		

4. 安装元器件与接线

在控制板上固定倒顺开关,按图 4-5 所示倒顺开关正反转控制电路接线。

5. 自检

断开断路器 QF,用万用表电阻档对电路进行检查,将检测结果填入表 4-3 中。

表 4-3 电路检测

手柄状态	测量点	电阻 /Ω	测量值与情况判断
顺	测量 L1 与 U、L2 与 V、L3 与 W 之间电阻		
倒	测量 L1 与 W、L2 与 V、L3 与 U 之间电阻		

6. 通电调试

在教师的指导、监督下通电调试,记录调试过程中的现象,填入表 4-4 中。

表 4-4 通电调试

操作	现象	是否正常	分析原因	测量点	排除方法
手柄置"顺"位					
手柄置"停"位					
手柄置"倒"位					

注意：电动机正反转切换时，由"顺"至"倒"经过"停"时，应待电动机停转后再切换。如果电动机还在转动就立即反转，会产生较大的冲击电流，易使电动机绕组过热受损。

任务评价

根据表 4-5 对任务的完成情况进行评价。

表 4-5 任务评价表

评价内容	评价标准	配分	扣分
识别刀开关	1）错写或漏写名称、型号，每只扣 5 分 2）错写或漏写主要参数，每处扣 5 分 3）画错或标错文字符号，每只扣 2 分 4）不能识别主要结构，每处扣 5 分	20 分	
检测刀开关	1）仪表使用不规范，扣 5 分 2）漏检或错检，每处扣 5 分 3）检测数据分析错误，每处扣 5 分 4）损坏仪表或不会检测，该项不得分	30 分	
材料准备	1）器材短缺，元器件型号、规格不符合要求，每件扣 1 分 2）漏检或错检，每处扣 1 分	10 分	
电器安装	1）元器件安装不牢固、不正确，每个扣 4 分 2）损坏元器件，该项不得分	10 分	
通电调试	1）主电路、控制电路配错熔体，各扣 5 分 2）验电操作不规范，扣 10 分 3）一次试车不成功扣 10 分，二次试车不成功扣 15 分，三次试车不成功，该项不得分	20 分	
工具仪表使用	1）工具、仪表使用不规范，每次酌情扣 1~3 分 2）损坏工具、仪表，扣 5 分	10 分	
故障检修	1）故障分析错误，从总分中扣 3 分 2）不会测量、查找故障点，从总分中扣 3 分 3）不会排除故障，从总分中扣 3 分		
安全文明生产	1）无材料浪费，现场清理整洁、干净；工具摆放整齐，废品分类清理 2）遵守安全操作规程，无任何安全事故发生 如违反安全文明生产要求，酌情扣 5~40 分。情节严重者，本次操作记 0 分或取消本次实训资格		
定额时间	180min，每超时 5min，扣 5 分		
开始时间	结束时间	实际时间	成绩

学习笔记（无笔记，扣 10 分）

任务2　接触器联锁正反转控制电路的安装与调试

相关知识

1. 接触器控制的基本正反转电路

倒顺开关控制电动机的正反转所用电器少、线路简单，但它是一种手动控制电路，不适合频繁换向和远距离控制。生产实践中常用接触器完成电动机的正反转控制。

图4-6a所示是接触器控制的基本正反转电路。其中，KM1为正转接触器，KM2为反转接触器，它们的主触点所接通的电源相序不同。KM1按L1-U、L2-V、L3-W相序接通电动机的绕组；KM2按L1-W、L2-V、L3-U相序接通电动机的绕组，实现换相以完成电动机反转控制。控制电路由两条起动电路并联，一条是由按钮SB1控制KM1线圈组成的正转起动控制电路；另一条是由按钮SB2控制KM2线圈组成的反转起动控制电路，这两条起动电路共用停止按钮等。

2. 接触器联锁正反转控制电路

接触器控制的基本正反转电路应按"起动–停止–反转"操作，如操作失误将使KM1和KM2的主触点同时闭合，将造成两相电源（如L1相和L3相）短路事故。为了避免KM1和KM2同时得电动作，在正、反转起动控制电路中分别串接对方接触器的辅助常闭触点，构成接触器联锁正反转控制电路，如图4-6b所示。这样，当一个接触器得电动作时，它的辅助常闭触点使另一个接触器无法得电动作，接触器间这种相互制约的作用称为联锁（或互锁），实现联锁作用的辅助常闭触点称为联锁触点（或互锁触点），联锁符号用"▽"表示。

接触器联锁正反转控制电路的工作原理如下：

合上电源开关QF，接通电源。

1）正转起动控制。

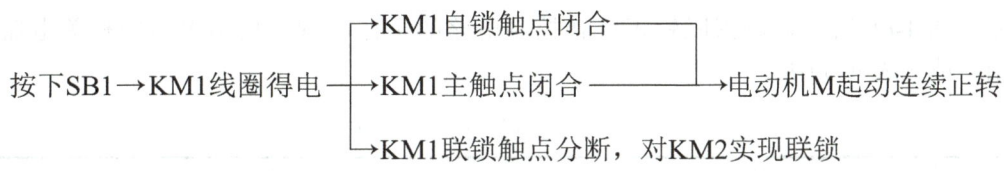

2）反转控制。

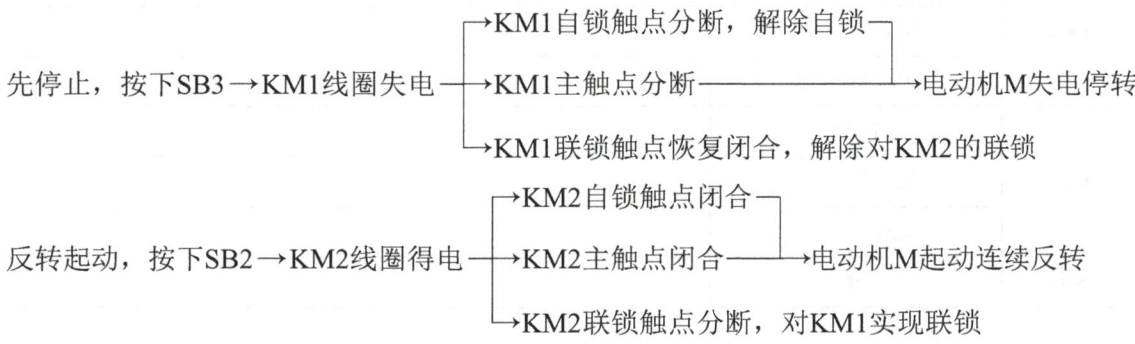

3）停止。

停止时，按下 SB3→控制电路失电→KM1（或 KM2）主触点分断→电动机 M 失电停转

由上述分析可知，电动机从正转变为反转时，必须先按下停止按钮，再按反转起动按钮，否则由于接触器的联锁作用，不能实现反转。该电路工作安全可靠，但操作不便，为克服此电路的不足，可采用按钮联锁或按钮、接触器双重联锁的正反转控制电路。

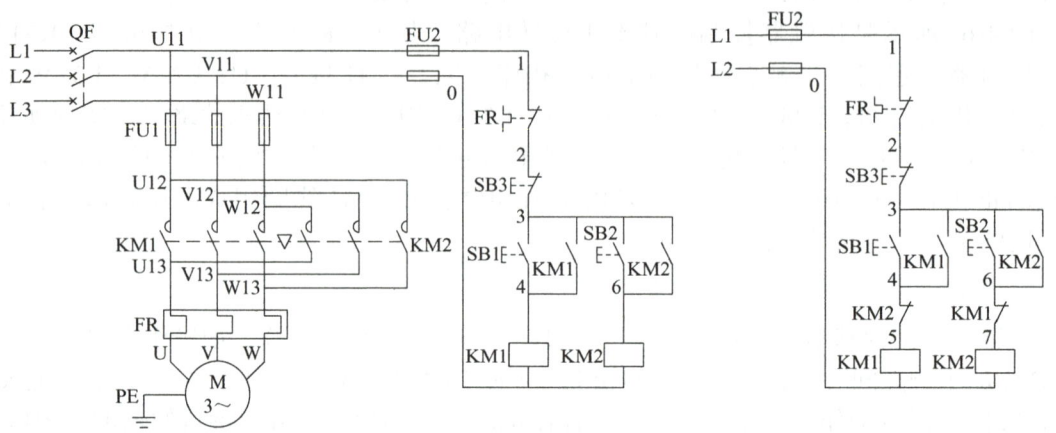

a) 接触器控制的基本正反转电路　　　　b) 接触器联锁正反转控制电路

图 4-6　接触器控制的正反转电路

任务实施

1. 识读电路原理图

分析图 4-6b 所示接触器联锁正反转控制电路的工作原理，指出电路中相关电器元件的作用，填入表 4-6 中。

表 4-6　电器元件的作用与工作原理

符号	元器件名称	作用
KM1	主触点	
	辅助常开触点	
	辅助常闭触点	
KM2	主触点	
	辅助常开触点	
	辅助常闭触点	
SB1	常开触点	

（续）

符号	元器件名称	作用
SB2	常开触点	
SB3	常闭触点	

简述工作原理：1）正转，按下 SB1，KM1 线圈得电，

2）停止，

3）反转，按下 SB2，KM2 线圈得电，

2. 识读电路接线图

对照图 4-6b 所示接触器联锁正反转控制电路，识读图 4-7 所示的安装接线图。

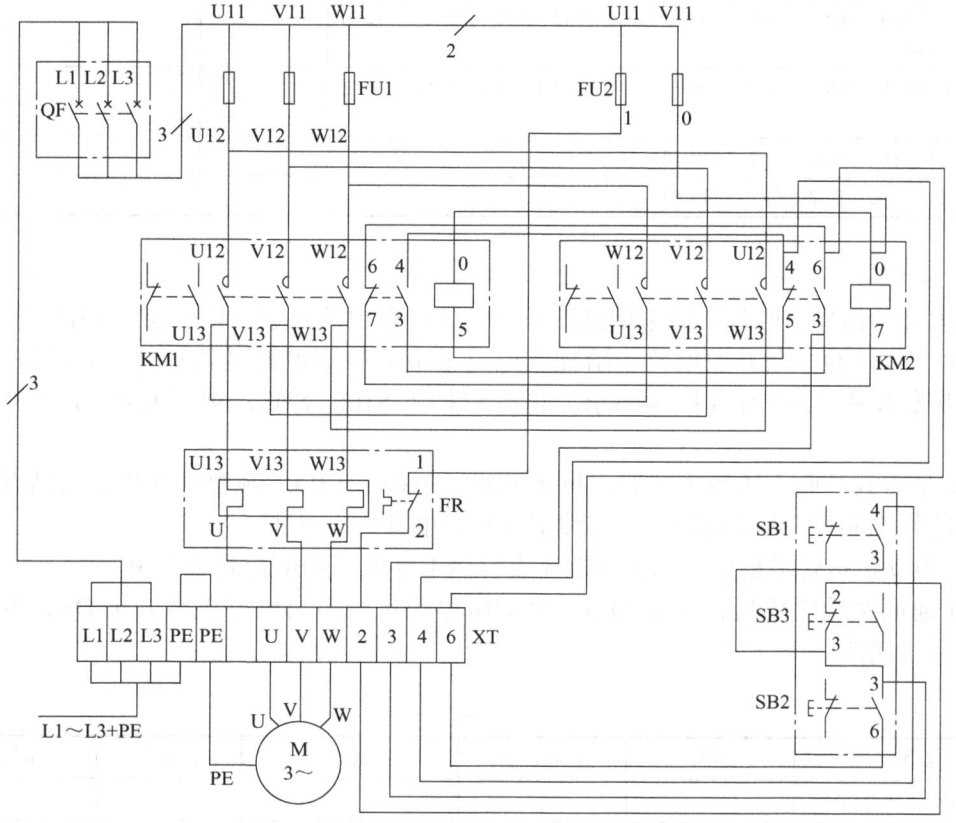

图 4-7　接触器联锁正反转控制电路安装接线图

3. 材料准备

在三相异步电动机单向运行控制电路的基础上增加一个型号相同的交流接触器。反转起动按钮用 LA4-3H 型塑料外壳三联按钮中的黑色按钮，停止用红色按钮。用万用表检测各电器元件是否正常。

4. 安装元器件

根据图 4-7 所示接触器联锁正反转控制电路安装接线图在控制板上合理布置、安装元器件。

5. 接线

1）按板前明线布线工艺要求和安装接线图进行接线。
2）安装电动机并接线，连接保护接地线等。

6. 自检

1）根据电路图或电气安装接线图从电源端开始逐段检查接线情况。
2）断开断路器，用万用表电阻档对电路进行检查，将检测结果填入表 4-7 中。

表 4-7 电路检测

测量点	电阻 /Ω	测量值与情况判断
测量 U11 与 V11、V11 与 W11、U11 与 W11 之间电阻		
分别按下 KM1、KM2 主触点，测量 U12 与 V12、V12 与 W12、U12 与 W12 之间电阻		
分别按下 KM1、KM2 主触点，测量 U12 与 U、V12 与 V、W12 与 W 之间电阻		
按下、松开 SB1，测量 0 与 1 之间电阻		
按下、松开 SB2，测量 0 与 1 之间电阻		

7. 通电调试

在教师的指导、监督下通电调试，记录调试过程中的现象，填入表 4-8 中。

1）空载试验。断开主电路，给控制电路上电并检测电源是否正常。先后按下 SB1、SB3，观察 KM1 是否符合控制要求；再先后按下 SB2、SB3，观察 KM2 是否符合控制要求。

2）带负载试验。接通主电路，按下 SB1，再按下 SB3，观察电动机运行情况；按下 SB2，观察电动机是否反向运行，再按下 SB3，电动机应停止。

3）电动机运转平稳后，用钳形电流表检测电动机三相电流是否平衡。

4）通电试验完成后，按下 SB3，电动机停止运行后再断开电源开关 QF，拆除电源线和电动机接线。

表 4-8 通电调试

操作	现象	是否正常	分析原因	测量点	排除方法
按下 SB1，再按 SB3					
按下 SB2，再按 SB3					

项目四　三相异步电动机正反转控制电路的安装与调试

任务评价

根据表 4-9 对任务的完成情况进行评价。

表 4-9　任务评价表

评价内容	评价标准	配分	扣分
电路图的识读	1）不认识电器元件符号，每处扣 1 分 2）不知道电器元件功能，每处扣 1 分 3）电路工作原理分析不正确，每处扣 1 分	10 分	
材料准备	1）器材短缺，元器件型号、规格不符合要求，每件扣 1 分 2）漏检或错检，每处扣 1 分	10 分	
安装元器件	1）元器件布置不合理、不整齐，每个扣 2 分 2）元器件安装不牢固、不正确，每个扣 4 分 3）损坏元器件，该项不得分	10 分	
接线	1）没按安装接线图接线，扣 20 分 2）布线不符合工艺要求，每处扣 3 分 3）接点松动、露铜过长、反圈、压绝缘层、没套线号管、软线没压接线耳（螺杆连接除外），每处扣 2 分 4）损伤导线绝缘层或线芯，每根扣 5 分 5）漏接接地线，扣 10 分	40 分	
通电调试	1）主电路、控制电路配错熔体，各扣 5 分 2）热继电器未整定或整定值错误，扣 5 分 3）验电操作不规范，扣 10 分 4）一次试车不成功扣 10 分，二次试车不成功扣 15 分，三次试车不成功，该项不得分	20 分	
工具仪表使用	1）工具、仪表使用不规范，每次酌情扣 1～3 分 2）损坏工具、仪表，扣 5 分	10 分	
故障检修	1）故障分析错误，从总分中扣 3 分 2）不会测量、查找故障点，从总分中扣 3 分 3）不会排除故障，从总分中扣 3 分		
安全文明生产	1）无材料浪费，现场清理整洁、干净；工具摆放整齐，废品分类清理 2）遵守安全操作规程，无任何安全事故发生 如违反安全文明生产要求，酌情扣 5～40 分。情节严重者，本次操作记 0 分或取消本次实训资格		
定额时间	180min，每超时 5min，扣 5 分		
开始时间		结束时间		实际时间		成绩	

学习笔记（无笔记，扣 10 分）

任务3 按钮、接触器双重联锁正反转控制电路的安装与调试

相关知识

1. 按钮联锁正反转控制电路

接触器联锁正反转控制电路广泛应用于各类机床等电气设备中控制电动机的正反向运行。它工作安全可靠,但电动机在换向时,必须先按下停止按钮,再按下反向起动按钮,电路才能执行反向运行指令,操作效率较低。对此,可采用复合起动按钮 SB1、SB2 的常闭触点代替 KM1、KM2 的辅助常闭触点,构成按钮联锁正反转控制电路,如图 4-8 所示。

电路工作原理:当 KM1 正在运行时,按下反向起动按钮 SB2,其常闭触点先断开,KM1 线圈失电,KM1 主触点断开。之后,SB2 常开触点闭合,KM2 线圈得电,反向运行电路工作,电动机反转。同理,再按下按钮 SB1,电动机再次换向运行。

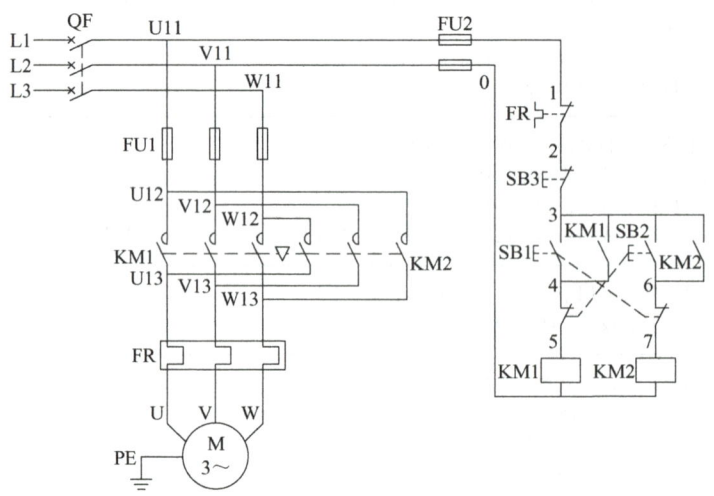

图 4-8 按钮联锁正反转控制电路

按钮联锁正反转控制电路可进行电动机快速换向操作,但有一个缺点:如果运行中的 KM 主触点出现熔焊故障,此时若直接进行换向操作,将引起电源主电路短路。

2. 按钮、接触器双重联锁正反转控制电路

将按钮联锁与接触器联锁结合起来就构成了按钮、接触器双重联锁正反转控制电路,如图 4-9 所示。它兼具二者的优点,克服了缺点,因而被广泛应用。

电路工作原理如下:

合上电源开关 QF。

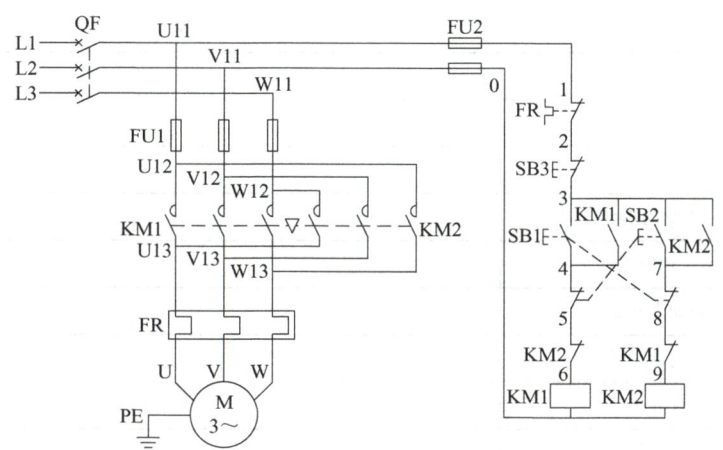

图 4-9 按钮、接触器双重联锁正反转控制电路

1)正转控制。

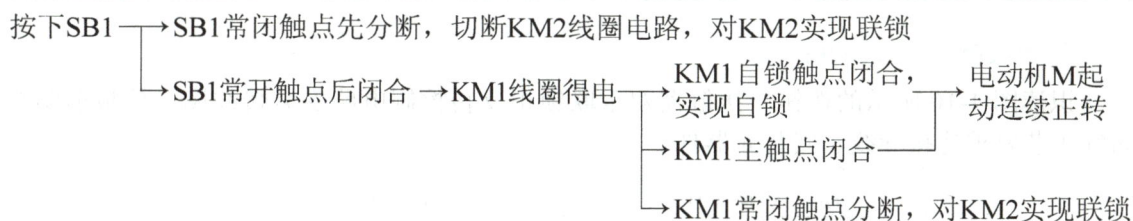

2)反转控制。

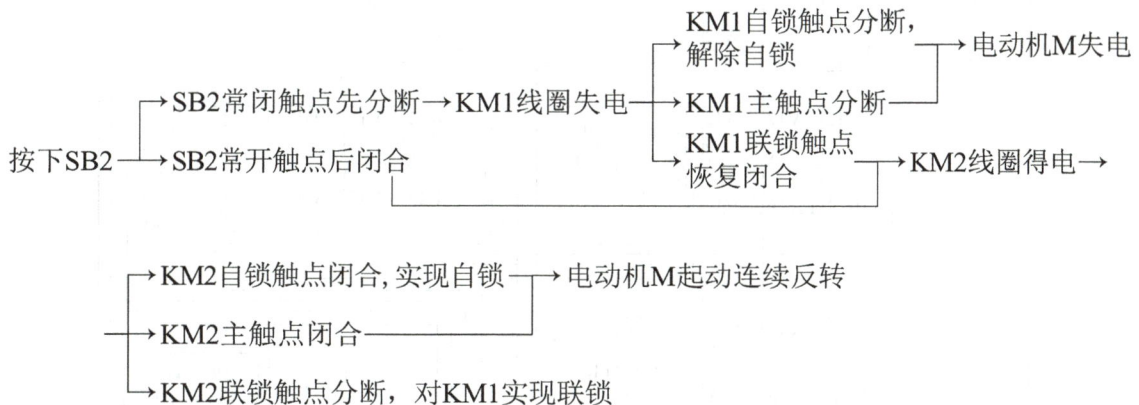

若要停止,按下 SB3,整个控制电路失电,主触点分断,电动机 M 失电停转。

任务实施

1. 识读电路原理图

分析图 4-9 所示的按钮、接触器双重联锁正反转控制电路的工作原理,指出电路中相关电器元件的作用,填入表 4-10 中。

表 4-10 电器元件的作用与工作原理

符号	元器件名称	作用
KM1	主触点	
	辅助常开触点	
	辅助常闭触点	
KM2	主触点	
	辅助常开触点	
	辅助常闭触点	
SB1	常开触点	
	常闭触点	
SB2	常开触点	
	常闭触点	

2. 识读电路接线图并接线

识读图 4-10 所示的按钮、接触器双重联锁正反转控制电路安装接线图，按板前明线布线工艺要求连接导线、安装元器件。

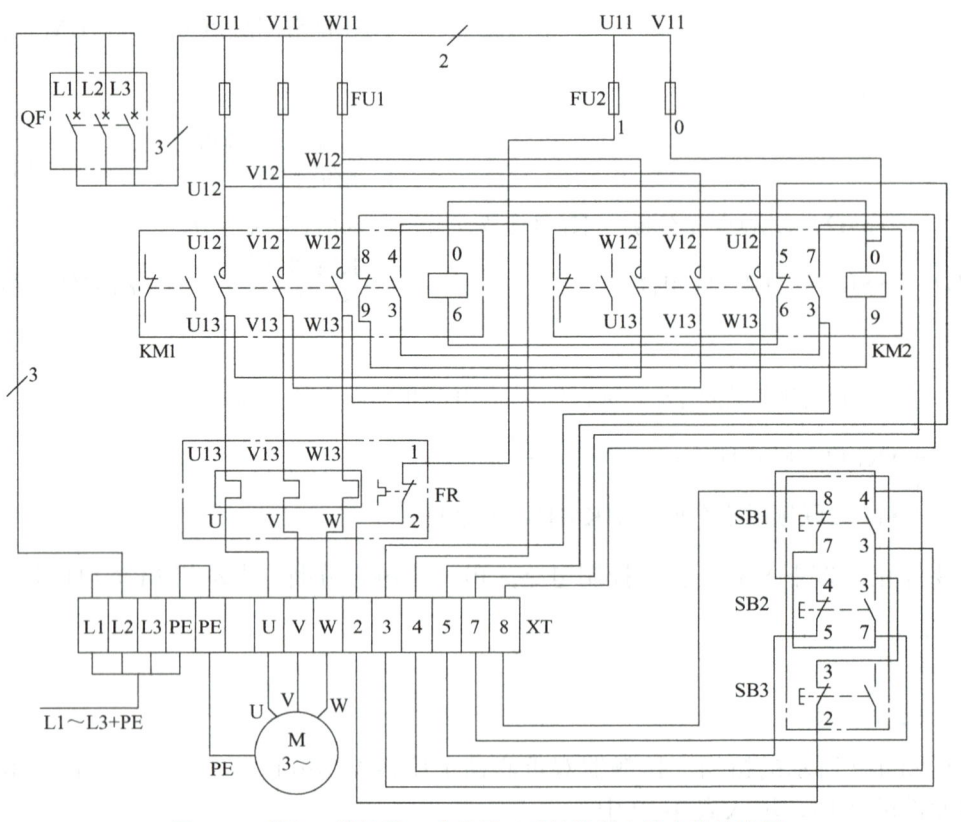

图 4-10 按钮、接触器双重联锁正反转控制电路安装接线图

3. 自检

参照任务 2,请自拟电路自检内容与方法。

4. 通电调试

在教师的指导、监督下通电调试,记录调试过程中的现象,填入表 4-11 中。

1)空载试验。断开主电路,给控制电路上电并检测电源是否正常。先后按下 SB1、SB3、SB2、SB3、SB1、SB2、SB3,观察 KM1、KM2 是否符合控制要求。

2)带负载试验。接通主电路,重复上述操作,观察电动机运行是否符合控制要求。

3)通电试验完成后,按下 SB3,电动机停止运行后再断开电源开关 QF,拆除电源和电动机接线。

表 4-11 通电调试

操作	现象	是否正常	分析原因	测量点	排除方法
按下 SB1,再按 SB3					
按下 SB2,再按 SB3					
先后按下 SB1、SB2 再按 SB3					

任务评价

根据表 4-12 对任务的完成情况进行评价。

表 4-12 任务评价表

评价内容	评价标准	配分	扣分
电路图的识读	1)不认识电器元件符号,每处扣 1 分 2)不知道电器元件功能,每处扣 1 分 3)电路工作原理分析不正确,每处扣 1 分	10 分	
材料准备	1)器材短缺,元器件型号、规格不符合要求,每件扣 1 分 2)漏检或错检,每处扣 1 分	10 分	
安装元器件	1)元器件布置不合理、不整齐,每个扣 2 分 2)元器件安装不牢固、不正确,每个扣 4 分 3)损坏元器件,该项不得分	10 分	
接线	1)没按安装接线图接线,扣 20 分 2)布线不符合工艺要求,每处扣 3 分 3)接点松动、露铜过长、反圈、压绝缘层、没套线号管、软线没压接线耳(螺杆连接除外),每处扣 2 分 4)损伤导线绝缘层或线芯,每根扣 5 分 5)漏接接地线,扣 10 分	40 分	
通电调试	1)主电路、控制电路配错熔体,各扣 5 分 2)热继电器未整定或整定值错误,扣 5 分 3)验电操作不规范,扣 10 分 4)一次试车不成功扣 10 分,二次试车不成功扣 15 分,三次试车不成功,该项不得分	20 分	
工具仪表使用	1)工具、仪表使用不规范,每次酌情扣 1~3 分 2)损坏工具、仪表,扣 5 分	10 分	

（续）

评价内容	评价标准	配分	扣分
故障检修	1）故障分析错误，从总分中扣 3 分 2）不会测量和查找故障点，从总分中扣 3 分 3）不会排除故障，从总分中扣 3 分		
安全文明生产	1）无材料浪费，现场清理整洁、干净；工具摆放整齐，废品分类清理 2）遵守安全操作规程，无任何安全事故发生 如违反安全文明生产要求，酌情扣 5～40 分。情节严重者，本次操作记 0 分或取消本次实训资格		
定额时间	180min，每超时 5min，扣 5 分		
开始时间		结束时间		实际时间		成绩	

学习笔记（无笔记，扣 10 分）

项目四习题

项目五 位置控制与自动往返控制电路的安装与调试

项目描述

生产中许多机械运动部件的行程或位置必须受到限制，或需要运动部件在一定的行程内自动往返，从而实现工件的连续加工，提高生产效率，如摇臂钻床、磨床、电动葫芦、桥式起重机等机械设备的运动部件都需要这种控制。这就要求电气控制电路能对电动机实现自动起停及正反转自动切换控制。

本项目主要利用行程开关等低压电器完成位置控制和自动往返控制电路的安装与调试。具体由两个任务组成：位置控制电路的安装与调试和自动往返控制电路的安装与调试。

职业岗位应知应会目标

1. 掌握行程开关的结构、工作原理、用途、符号，了解其型号含义。
2. 会用万用表检测行程开关好坏。
3. 知道位置控制与自动往返控制电路在生产中的典型应用。
4. 会分析位置控制与自动往返控制电路的工作原理。
5. 能按工艺要求安装、调试位置控制与自动往返控制电路。
6. 会分析电气故障，能用仪表查找、排除故障。

任务 1　位置控制电路的安装与调试

相关知识

行程开关是利用生产机械运动部件的碰撞来出控制指令的主令电器，用于控制生产机械的运动方向、行程大小和位置，因此，又称为限位开关或位置开关，是一种自动控制电器。常用行程开关的外形如图 5-1 所示。

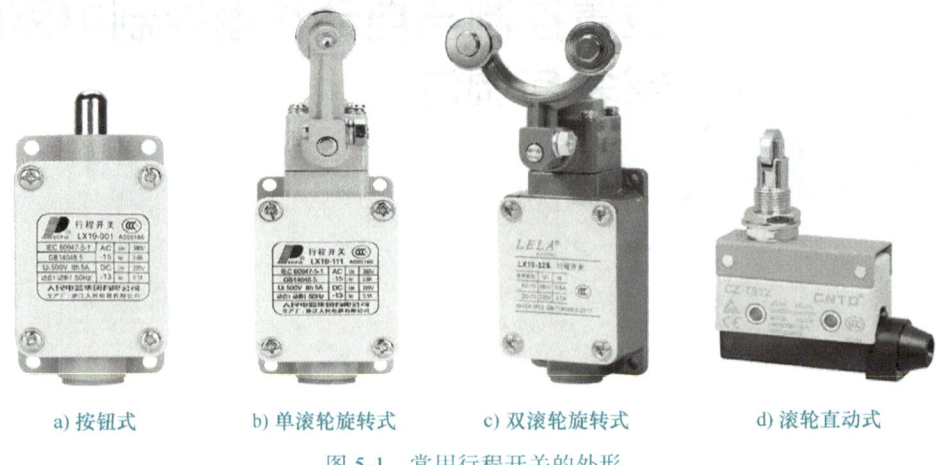

a) 按钮式　　b) 单滚轮旋转式　　c) 双滚轮旋转式　　d) 滚轮直动式

图 5-1　常用行程开关的外形

> **微思考**
>
> 行程开关种类很多，生产中常用的有哪些形式？

1. 常用行程开关型号的含义

常用 LX 系列行程开关的型号含义如下：

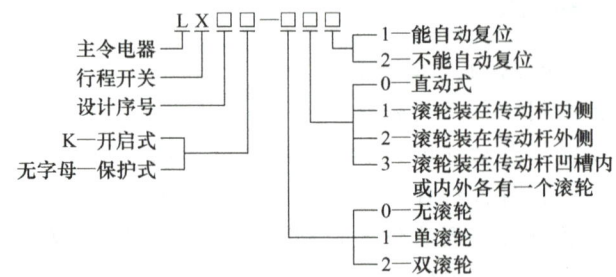

2. 行程开关的结构、原理与符号

各系列行程开关的基本结构大体相同，都是由触点系统、操作机构和外壳组成。图 5-2 所示为行程开关的结构、原理与符号。

行程开关的作用原理与按钮相同，区别在于它不是靠手指的按压，而是利用生产机械运动部件的碰压使其触点动作，将电路接通或断开，实现运动机械按一定的位置或行程自动停止、反向或自动往返运动等。

项目五　位置控制与自动往返控制电路的安装与调试

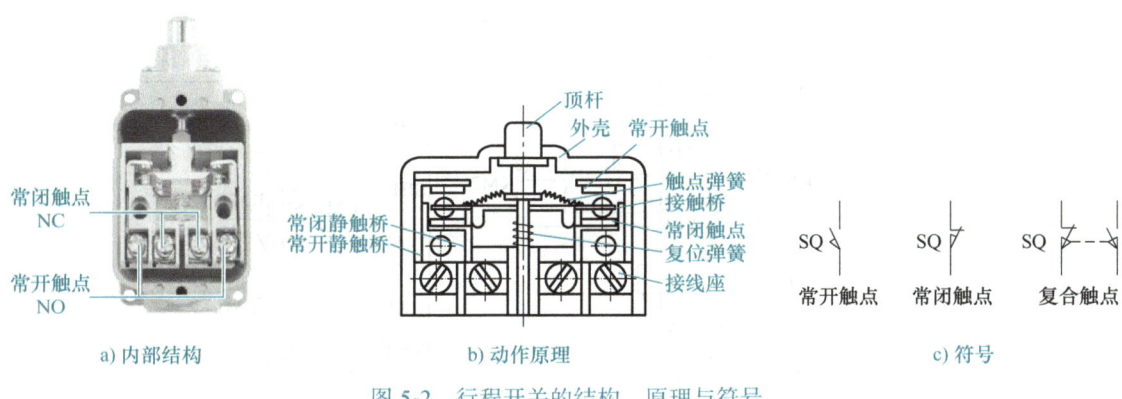

图 5-2　行程开关的结构、原理与符号

> **拆一拆　认一认**
>
> 选择几个不同系列的行程开关，拆开，仔细观察内部结构，指出常开触点、常闭触点及其对应的接线端；操作行程开关，观察触点的动作情况；理解常开触点、常闭触点联动关系。

> **微思考**
>
> 有触点机械式行程开关工作时须与机械的运动部件碰撞，这样会降低它的使用寿命并产生一定的噪声。现代生产中广泛采用接近开关代替机械式行程开关。

3. 位置控制电路

在生产过程中，一些生产机械运动部件的行程或位置要受到限制，例如，工厂车间里的行车、电动葫芦、升降机等必须采取限位控制或位置控制。

位置控制电路如图 5-3 所示，在工作台轨道两终点处各安装一个行程开关 SQ1 和 SQ2，如图 5-3b 所示，将这两个行程开关的常闭触点分别串接在正转和反转控制电路中，如图 5-3a 所示。当工作台上的挡铁碰撞行程开关时，其常闭触点断开，切断电动机正转或反转电路，使行车停止运行。

像这种利用生产机械运动部件上的挡铁与行程开关碰撞，使其触点动作，从而接通或断开电路，以实现对生产机械运动部件位置或行程自动控制的方法称为位置控制，又称为行程控制或限位控制。

79

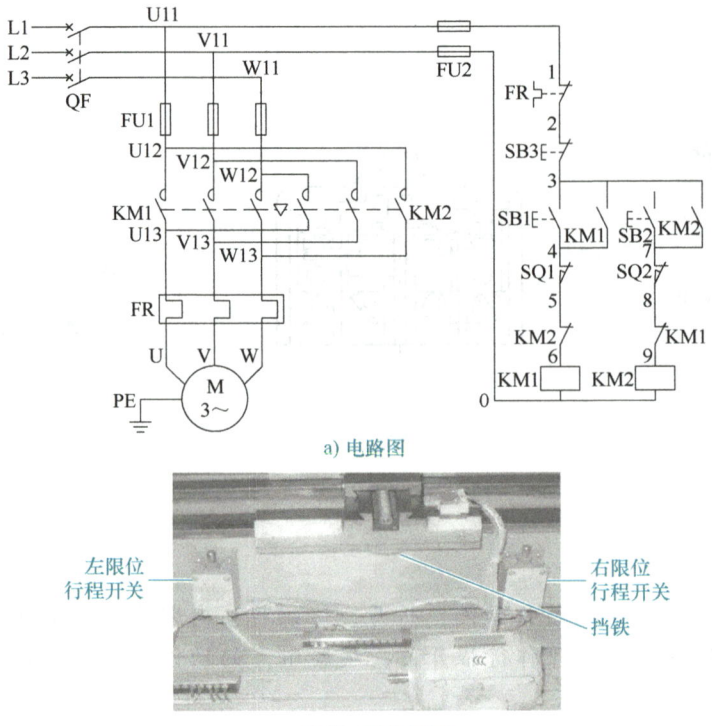

a) 电路图

b) 行程开关位置图

图 5-3　位置控制电路

4. 线槽配线工艺要求

1）凡是截面积在 0.5mm² 以上的导线，必须采用软线。控制箱外导线截面积不小于 1mm²，控制箱内不小于 0.75mm²，电子电路除外。

2）从各电器元件的接线端子引出的导线顺势分别进入元器件上面与下面的走线槽，任何导线都不允许从水平方向进入走线槽。

3）各电器元件接线端子上的连接导线除间距很小或元器件机械强度很差允许直接架空敷设外，其他必须经过线槽进行连接。

4）进入线槽内的导线要完全置于线槽内，并避免交叉；线槽内导线不超过线槽容量的 70%，以便于盖上线槽盖及以后的装配、检修。

5）各电器元件与线槽间的外露导线应走线合理，并做到横平竖直，变换走向要垂直。端子一致的连接导线应敷设在同一平面上，做到高低一致或前后一致，不得交叉。

6）导线端头应冷压接线头，套上与电路图上线号一致的编码套管，按线号连接。导线连接必须牢固，不得松动，不得损伤线芯和绝缘。

7）接线端子必须与导线截面积和材料性质相适应。当接线端子不适合连接软线或较小截面积的导线时，应在导线端头穿上针形或叉形轧头，并压紧。

8）一个接线端子一般只能连接一根导线，如果采用专门设计的端子，可以连接两根或多根导线，导线的连接方式必须是公认的，如夹紧、压接、焊接、绕接等，并严格按照连接工艺的工序要求进行。

线槽配线工艺示例如图 5-4 所示。

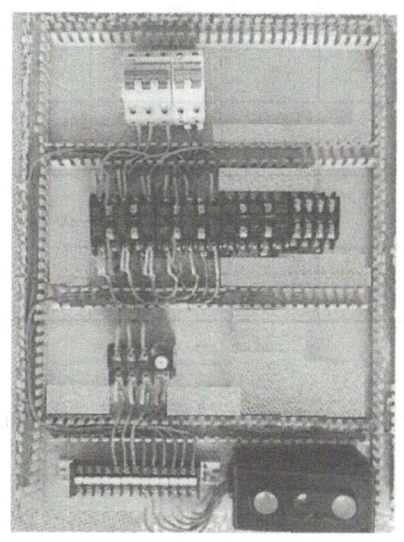

图 5-4　线槽配线工艺示例

1. 材料准备

按表 5-1 配齐安装电路所需器材，用万用表检测元器件的好坏。行程开关要根据动作要求、安装位置和触点的数目来选择，本任务可选择 LX19-001 按钮式行程开关。

本任务采用线槽布线，配备线槽和截面积 $0.75mm^2$ 以上软线若干。

表 5-1　实训器材明细表

符号	名称	型号	规格	数量
M	三相交流电动机	Y112M-4	4kW、380V、△联结、8A、1440r/min	1 台
QF	低压断路器	DZ47-63	380V、额定电流为 25A	1 个
FU1	螺旋式熔断器	RL1-60/25	500V、60A、配额定电流为 25A 的熔体	3 个
FU2	螺旋式熔断器	RL1-15/2	500V、15A、配额定电流为 2A 的熔体	2 个
KM	交流接触器	CJT1-20	20A、线圈电压为 380V	2 个
FR	热继电器	JR16-20/3D	三极、20A、整定电流为 8A	1 个
SB1～SB3	按钮	LA4-3H	保护式	3 只
SQ1、SQ2	行程开关	LX19-001	交流 380V/5A、按钮式	2 只
SQ	单滚轮旋转式、双滚轮旋转式、滚轮直动式行程开关等，用于行程开关识别			若干

2. 行程开关的识别与检测

取按钮式、单滚轮旋转式、双滚轮旋转式、滚轮直动式等行程开关若干，识读主要参数。拆开，观察内部结构，找出常开、常闭触点，检测触点好坏，将结果填入表 5-2 中。

表 5-2　行程开关的识别与检测

行程开关类型	型号	主要参数	触点检测	是否正常
按钮式				
单滚轮旋转式				
双滚轮旋转式				
滚轮直动式				

3. 识读电路图

理解、分析图 5-3 所示位置控制电路的工作原理，并说明 SQ1、SQ2 的作用。

SQ1、SQ2 的作用：_____。

4. 安装电器元件

按图 5-5 所示位置控制电路电器元件布置图安装电器元件、线槽和端子排，线槽安装应做到横平竖直、排列整齐匀称、安装牢固。生产中，行程开关必须牢固安装在合适的位置上并反复调试，以满足运动部件的控制要求。本任务训练中若无条件进行实际机械安装试验，可将行程开关安装在控制板外合适的位置，手控模拟操作试验。

5. 接线与自检

可参照项目四的任务 2，画出安装接线图并连接导线，拟出电路自检内容与方法。

6. 通电调试

在教师的指导、监督下通电调试，方法与接触器联锁正反转控制电路类似，不同点在于重点调试 SQ1、SQ2 的功能。

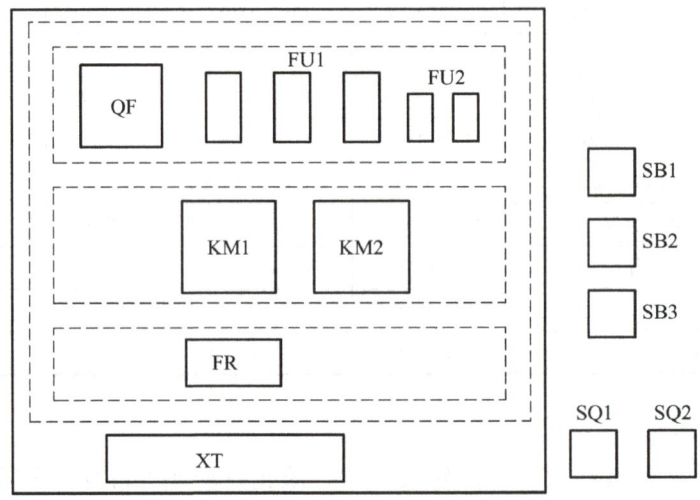

图 5-5　位置控制电路电器元件布置图

项目五　位置控制与自动往返控制电路的安装与调试

任务评价

根据表 5-3 对任务的完成情况进行评价。

表 5-3　任务评价表

评价内容	评价标准	配分	扣分
行程开关的识别与检测	1）错写或漏写型号、主要参数，每只扣 5 分 2）漏检或检测结果不正确，每处扣 5 分	20 分	
电路图识读	1）不认识电器元件符号，每处扣 1 分 2）不知道电器元件功能，每处扣 1 分 3）电路工作原理分析不正确，每处扣 1 分	10 分	
材料准备	1）器材短缺，元器件型号、规格不符合要求，每件扣 1 分 2）漏检或错检，每处扣 1 分	10 分	
安装元器件	1）元器件布置不合理、不整齐，每个扣 2 分 2）元器件安装不牢固、不正确，每个扣 4 分 3）损坏元器件，该项不得分	10 分	
接线	1）没按安装接线图接线，扣 20 分 2）布线不符合工艺要求，每处扣 3 分 3）接点松动、露铜过长、反圈、压绝缘层、没套线号管、软线没压接线耳（螺杆连接除外），每处扣 2 分 4）损伤导线绝缘层或线芯，每根扣 5 分 5）漏接接地线，扣 10 分	20 分	
通电调试	1）主电路、控制电路配错熔体，各扣 5 分 2）热继电器未整定或整定值错误，扣 5 分 3）验电操作不规范，扣 10 分 4）一次试车不成功扣 10 分，二次试车不成功扣 15 分，三次试车不成功，该项不得分	20 分	
工具仪表使用	1）工具、仪表使用不规范，每次酌情扣 1～3 分 2）损坏工具、仪表，扣 5 分	10 分	
故障检修	1）故障分析错误，从总分中扣 3 分 2）不会测量和查找故障点，从总分中扣 3 分 3）不会排除故障，从总分中扣 3 分		
安全文明生产	1）无材料浪费，现场清理整洁、干净；工具摆放整齐，废品分类清理 2）遵守安全操作规程，无任何安全事故发生 如违反安全文明生产要求，酌情扣 5～40 分。情节严重者，本次操作记 0 分或取消本次实训资格		
定额时间	180min，每超时 5min，扣 5 分		
开始时间	结束时间　　　　　实际时间　　　　　成绩		

学习笔记（无笔记，扣 10 分）

任务 2　自动往返控制电路的安装与调试

相关知识

生产机械的运动部件碰撞工作台轨道两终点处安装的行程开关 SQ 可自动切换正、反转控制电路，从而实现工作台自动往返运动，如图 5-6 所示。图中 SQ3、SQ4 用来做终端保护，防止 SQ1、SQ2 失灵时工作台越过限定位置造成事故，它的工作原理与按钮、接触器双重联锁正反转控制电路相同，区别在于它不是人工操作按钮进行正反转控制，而是利用生产机械的运动部件碰撞行程开关 SQ1、SQ2 完成自动正反转切换控制。SB1、SB2 起正反向起动的作用。

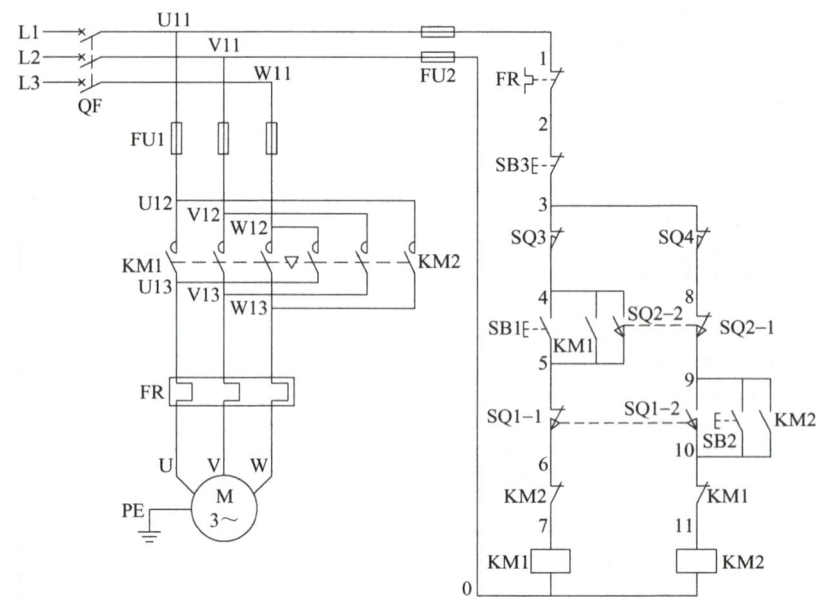

a) 电路图

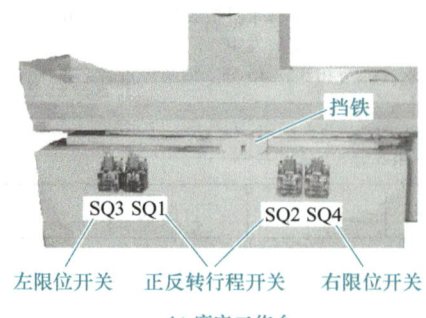

b) 磨床工作台

图 5-6　自动往返控制电路

项目五 位置控制与自动往返控制电路的安装与调试

 任务实施

1. 识读电路图

分析图 5-6 所示自动往返控制电路的工作原理，说明各行程开关的作用，填入表 5-4 中。

表 5-4 电路图识读

符号	器件名称	作用
SQ1	常闭触点	
	常开触点	
SQ2	常闭触点	
	常开触点	
SQ3	常闭触点	
SQ4	常闭触点	

工作原理：

2. 材料准备与元器件安装

在位置控制电路的基础上增加两个同型号的行程开关，按图 5-6b 的情形在控制板外下方合适位置安装（实训时可放置）SQ1～SQ4，并用万用表检测元器件的好坏。

3. 接线与自检

根据原理图画出安装接线图并接线，拟出电路自检内容与方法，交给教师检查确认。

4. 通电调试

在教师的指导、监督下通电调试，方法与按钮、接触器双重联锁正反转控制电路相同，不同点在于重点调试 SQ1～SQ4 的功能，检查 SB1～SB3 的功能。

任务评价

根据表 5-5 对任务的完成情况进行评价。

表 5-5 任务评价表

评价内容	评价标准	配分	扣分
电路图的识读	1）不认识电器元件符号，每处扣1分 2）不知道电器元件功能，每处扣1分 3）电路工作原理分析不正确，每处扣1分	10分	
材料准备	1）器材短缺，元器件型号、规格不符合要求，每件扣1分 2）漏检或错检，每处扣1分	10分	

（续）

评价内容	评价标准	配分	扣分
安装元器件	1）元器件布置不合理、不整齐，每个扣 2 分 2）元器件安装不牢固、不正确，每个扣 4 分 3）损坏元器件，该项不得分	10 分	
接线	1）没按安装接线图接线，扣 20 分 2）布线不符合工艺要求，每处扣 3 分 3）接点松动、露铜过长、反圈、压绝缘层、没套线号管、软线没压接线耳（螺杆连接除外），每处扣 2 分 4）损伤导线绝缘层或线芯，每根扣 5 分 5）漏接接地线，扣 10 分	40 分	
通电调试	1）主电路、控制电路配错熔体，各扣 5 分 2）热继电器未整定或整定值错误，扣 5 分 3）验电操作不规范，扣 10 分 4）一次试车不成功扣 10 分，二次试车不成功扣 15 分，三次试车不成功，该项不得分	20 分	
工具仪表使用	1）工具、仪表使用不规范，每次酌情扣 1～3 分 2）损坏工具、仪表，扣 5 分	10 分	
故障检修	1）故障分析错误，从总分中扣 3 分 2）不会测量和查找故障点，从总分中扣 3 分 3）不会排除故障，从总分中扣 3 分		
安全文明生产	1）无材料浪费，现场清理整洁、干净；工具摆放整齐，废品分类清理 2）遵守安全操作规程，无任何安全事故发生 如违反安全文明生产要求，酌情扣 5～40 分。情节严重者，本次操作记 0 分或取消本次实训资格		
定额时间	180min，每超时 5min，扣 5 分		
开始时间	结束时间　　　　　　　实际时间　　　　　　　成绩		

学习笔记（无笔记，扣 10 分）

项目五习题

项目六　顺序控制电路的安装与调试

项目描述

在由多台电动机拖动的机械设备上，各电动机的作用是不一样的，它们有时须按一定的顺序起动或停止，才能保证设备安全可靠的运行。例如，平面磨床要求砂轮电动机起动后才能起动冷却泵电动机；带输送机要求先停止下料电动机后才能依次停止传输带电动机，防止货物在传输带上堆积。

像这种要求几台电动机起动或停止必须按一定的先后顺序来完成的控制方式，称为电动机的顺序控制。

本项目采用低压电器完成两台三相异步电动机按一定顺序起动与停止控制电路的安装与调试。具体由两个任务组成：顺序起动、逆序停止控制电路的安装与调试和按时间原则控制的顺序起动电路的安装与调试。

职业岗位应知应会目标

1. 知道顺序控制电路的典型应用，会分析顺序控制电路的工作原理。
2. 掌握时间继电器的结构、原理、符号及型号含义，会用万用表检测其好坏。
3. 会画顺序控制电路的安装接线图。
4. 能按工艺要求正确安装、调试顺序控制电路。
5. 会分析电气故障，并能用万用表查找、排除故障。

任务1　顺序起动、逆序停止控制电路的安装与调试

相关知识

1. 主电路顺序控制

生产中由多台电动机构成的机械设备中，主电路常采用顺序控制，如铣床上要求主轴

电动机起动后,进给电动机才能起动。图 6-1 所示为两台电动机顺序起动控制电路。它的特点是电动机 M2 的主电路接在控制电动机 M1 的接触器 KM1 主触点之下,这样即保证了当 KM1 主触点闭合、M1 起动运行后,M2 才可能接通电源运行。操作停止按钮 SB3,两台电动机同时停止。

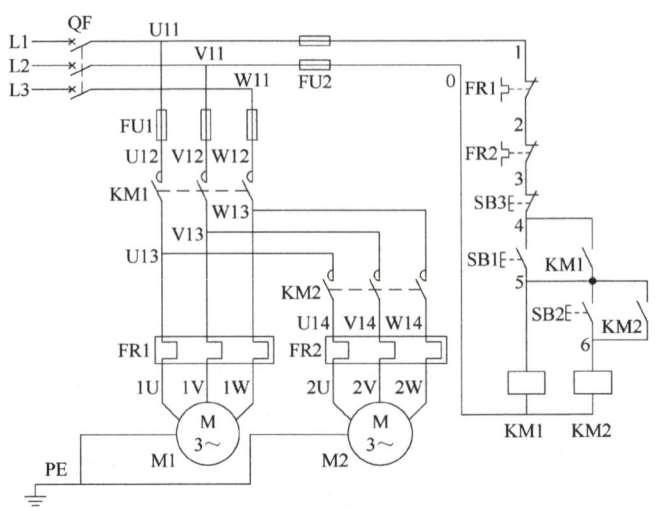

图 6-1　两台电动机顺序起动控制电路

电动机 M2 的主电路也可以通过插接器或刀开关接在接触器 KM1 主触点的下方实现主电路顺序起动控制。

2. 两台电动机顺序起动、逆序停止控制电路

两台电动机顺序起动、逆序停止控制电路如图 6-2 所示。SB1、SB2 分别为电动机 M1、M2 的起动按钮;SB3、SB4 分别为它们的停止按钮;FR1、FR2 分别对电动机 M1、M2 做过载保护,将它们的常闭触点串联在一起,只要有一台电动机出现过载故障,两台电动机都会停止运行。

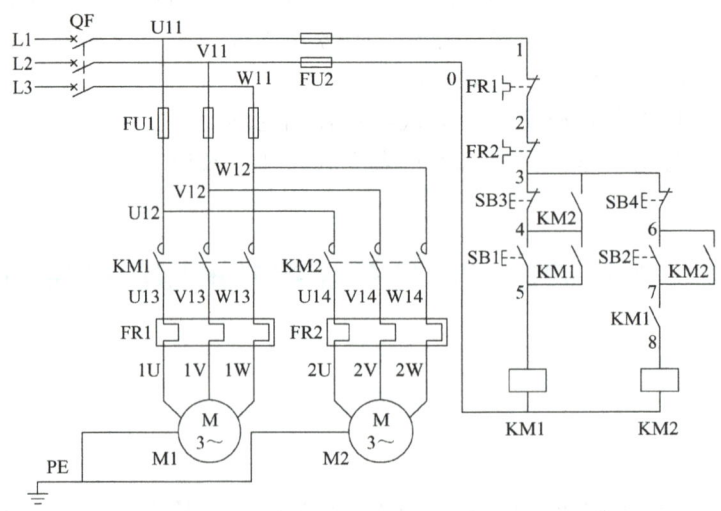

图 6-2　两台电动机顺序起动、逆序停止控制电路

电路的特点如下：

1）KM1 辅助常开触点（7-8）串联在 KM2 线圈电路中，只有它闭合，KM2 线圈才有得电的可能，这样就保证了 M1 起动后 M2 才能起动。

2）在 M1 的停止按钮 SB3 两端并联了 KM2 的辅助常开触点（3-4），目的是只有 M2 停止后，KM2 的辅助常开触点（3-4）恢复断开，解除对 SB3 的锁定，之后按下 SB3，M1 才能停止。

> **微思考**
>
> 如何实现两台电动机 M1 和 M2 顺序起动、顺序停止？

任务实施

1. 识读电路图

简要分析图 6-2 所示两台电动机顺序起动、逆序停止控制电路的工作原理，指出电路中相关电器元件的作用，填入表 6-1 中。

表 6-1 电路识读

KM1	辅助常开触点（4-5）	
	辅助常开触点（7-8）	
KM2	辅助常开触点（3-4）	
	辅助常开触点（6-7）	
FR1/FR2		

工作原理：

2. 材料准备

按表 6-2 配齐电动机及电路所需器材，并用万用表检测质量好坏。

表 6-2 实训器材明细表

符号	名称	型号	规格	数量
M1、M2	三相交流电动机	Y112M-4	4kW、380V、△联结、8.0A、1440r/min	2 台
QF	低压断路器	DZ47-63	380V、额定电流为 25A	1 个
FU1	螺旋式熔断器	RL1-60/25	500V、60A、配额定电流为 25A 的熔体	3 个
FU2	螺旋式熔断器	RL1-15/2	500V、15A、配额定电流为 2A 的熔体	2 个

（续）

符号	名称	型号	规格	数量
KM1、KM2	交流接触器	CJT1-20	20A、线圈电压为380V	2个
FR1、FR2	热继电器	JR16-20/3D	三极、20A、热元件额定电流为11A、整定电流为8.0A	2个
SB1～SB4	按钮	LA4-3H	（实训时若按钮不够，可用行程开关代替）	2个

3. 固定元器件

在项目五的基础上保持线槽和端子排不变，按图 6-3 所示安装、固定两台电动机顺序起动、逆序停止控制电路的电器元件。

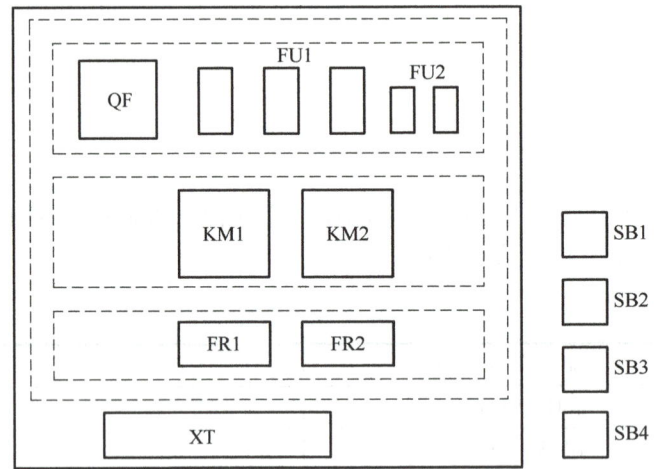

图 6-3 两台电动机顺序起动、逆序停止控制电路电器元件布置图

4. 接线与自检

根据原理图接线，拟出电路自检内容与方法，交给教师检查确认。

5. 通电调试

在教师的指导、监督下通电调试，重点调试 SB1～SB4 的功能，见表 6-3。

表 6-3 通电调试

操作	现象	是否正常	分析原因	查找过程	处理方法
先按下 SB1，后按下 SB2					
在 M1 和 M2 都运行的情况下，先按下 SB4、再按下 SB3					
在 M1 和 M2 都停止的情况下，按下 SB2					
在 M1 和 M2 运行的情况下，按下 SB3					

项目六 顺序控制电路的安装与调试

任务评价

根据表 6-4 对任务的完成情况进行评价。

表 6-4 任务评价表

评价内容	评价标准	配分	扣分
电路图的识读	1）不认识电器元件符号，每处扣 1 分 2）不知道电器元件功能，每处扣 1 分 3）电路工作原理分析不正确，每处扣 1 分	10 分	
材料准备	1）器材短缺，元器件型号、规格不符合要求，每件扣 1 分 2）漏检或错检，每处扣 1 分	10 分	
安装元器件	1）元器件布置不合理、不整齐，每个扣 2 分 2）元器件安装不牢固、不正确，每个扣 4 分 3）损坏元器件，该项不得分	10 分	
接线	1）没按安装接线图接线，扣 20 分 2）布线不符合工艺要求，每处扣 3 分 3）接点松动、露铜过长、反圈、压绝缘层、没套线号管、软线没压接线耳（螺杆连接除外），每处扣 2 分 4）损伤导线绝缘层或线芯，每根扣 5 分 5）漏接接地线，扣 10 分	40 分	
通电调试	1）主电路、控制电路配错熔体，各扣 5 分 2）热继电器未整定或整定值错误，扣 5 分 3）验电操作不规范，扣 10 分 4）一次试车不成功扣 10 分，二次试车不成功扣 15 分，三次试车不成功，该项不得分	20 分	
工具仪表使用	1）工具、仪表使用不规范，每次酌情扣 1～3 分 2）损坏工具、仪表，扣 5 分	10 分	
故障检修	1）故障分析错误，从总分中扣 3 分 2）不会测量和查找故障点，从总分中扣 3 分 3）不会排除故障，从总分中扣 3 分		
安全文明生产	1）无材料浪费，现场清理整洁、干净；工具摆放整齐，废品分类清理 2）遵守安全操作规程，无任何安全事故发生 如违反安全文明生产要求，酌情扣 5～40 分。情节严重者，本次操作记 0 分或取消本次实训资格		
定额时间	180min，每超时 5min，扣 5 分		
开始时间	结束时间	实际时间	成绩

学习笔记（无笔记，扣 10 分）

任务2　按时间原则顺序起动控制电路的安装与调试

相关知识

1. 时间继电器

从接收到外界动作信号到输出触点动作有一定延时时间的控制电器，称为时间继电器。它广泛应用于按时间顺序控制的电气控制电路中。常用的时间继电器按工作原理可分为电磁式、电动式、空气阻尼式、晶体管式等；按延时方式可分为通电延时动作型和断电延时复位型两种。

目前，电气自动控制电路中应用较多的是空气阻尼式时间继电器和晶体管式时间继电器。

常用时间继电器外形如图 6-4 所示。

 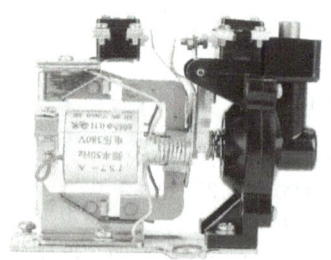 

a) 空气阻尼式断电延时型时间继电器　　b) 空气阻尼式通电延时型时间继电器　　c) 晶体管式时间继电器

图 6-4　常用时间继电器外形

（1）常用时间继电器型号含义　常用时间继电器主要有 JS7-A 系列和 JS20 系列，其型号含义如下：

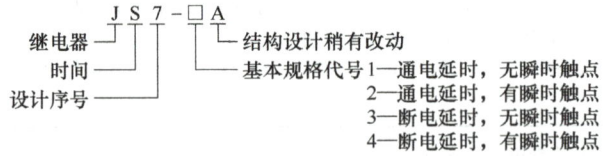

（2）空气阻尼式时间继电器的结构、工作原理与符号　空气阻尼式时间继电器主要由电磁系统、触点系统、气室、传动机构和基座组成。图 6-5 所示为 JS7-A 系列时间继电器的结构、工作原理与符号，它是利用气室中的空气通过小孔节流原理获得延时动作的。

图 6-5c 所示为通电延时型时间继电器原理图，当线圈通电时，铁心产生吸力，衔铁克服反力弹簧的阻力与铁心吸合，带动推板使瞬时动作触点 SQ2 动作。同时，活塞

杆在宝塔形弹簧的作用下移动，带动与活塞相连的橡皮膜慢速移动（移动速度受进气口进气速度限制），经过一定的时间后，活塞完成全部行程而压动微动开关SQ1，延时触点动作，即常闭触点断开，常开触点闭合。当线圈断电时，SQ1、SQ2的触点均瞬时复位。

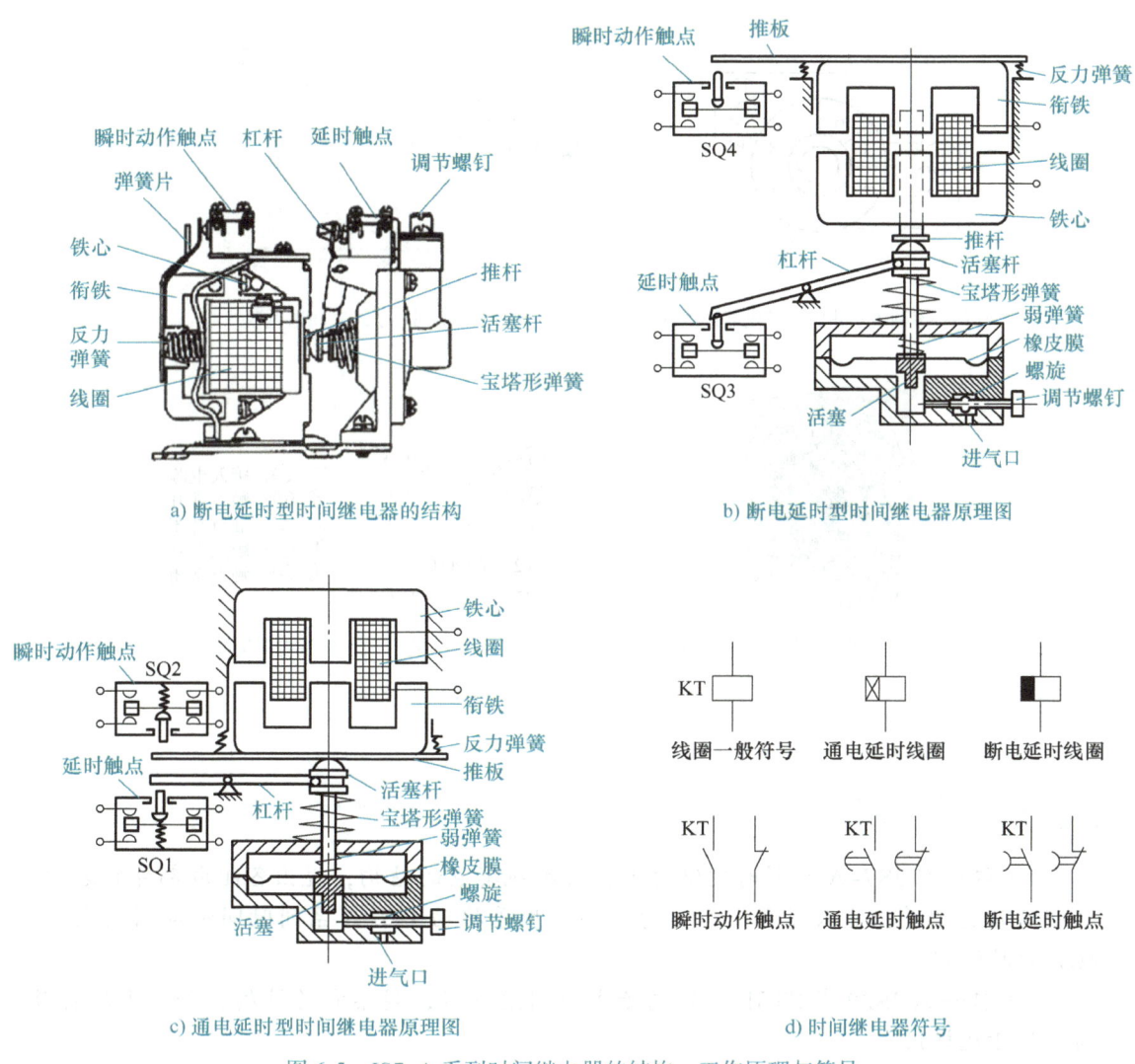

图 6-5　JS7-A 系列时间继电器的结构、工作原理与符号

JS7-A 系列断电延时型和通电延时型时间继电器的组成元件是通用的，如果将图 6-5a 中断电延时型时间继电器的电磁机构旋转 180° 安装，即可构成通电延时型时间继电器。

（3）电子式时间继电器　电子式时间继电器也称为半导体时间继电器或晶体管式时间继电器，它具有延时范围广、精度高、功耗小、寿命长和调节方便等特点。电子式时间继电器按延时方式的不同分为通电延时型和断电延时型。常用的有 JS20 系列和 ST3 系列电子式时间继电器，它们的安装和接线均采用专用插座，并配有带插脚标记的标牌，其时间整定用旋钮来调节，面板上发光二极管为动作指示。图 6-6a 所示为 JS20 系列电子式时间继电器接线图，图 6-6b ~ d 分别为 ST3P 系列电子式时间继电器外形、插脚板和接线图，其中②、⑦脚接电源。

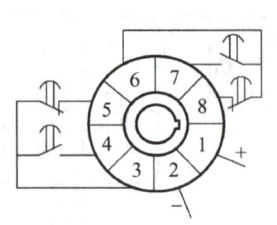

a) JS20系列电子式时间继电器接线图

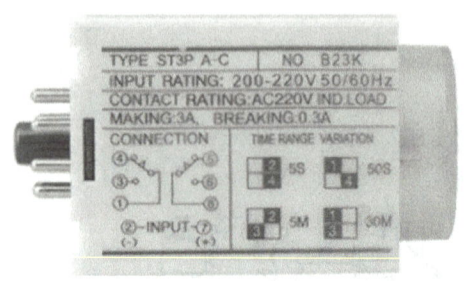

b) ST3P系列电子式时间继电器外形

c) ST3P系列电子式时间继电器插脚板

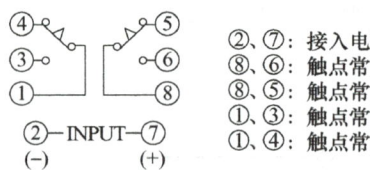

d) ST3P系列电子式时间继电器接线图

图 6-6 电子式时间继电器接线图

拆一拆 认一认

1）取一只 JS7-A 系列时间继电器，仔细观察它的结构，说出各组成部件的名称，说明延时类型并把它改成另一种延时类型。用手推动 JS7-A 系列时间继电器的衔铁，观察延时过程。

2）取一只 JS20 或 ST3P 系列电子式时间继电器，观察它的结构、外壳上的符号与专用插座标记。

2. 按时间原则顺序起动控制电路

图 6-7 所示为按时间原则顺序起动控制电路，M1 起动后，时间继电器 KT 线圈得电，开始延时。达到整定时间后，KT 延时闭合常开触点闭合，KM2 线圈得电，KM2 主触点闭合，M2 起动；KM2 辅助常开触点闭合，实现自锁；同时，KM2 辅助常闭触点断开，KT 线圈断电。按下停止按钮 SB2，KM1 和 KM2 线圈同时失电，M1 和 M2 同时停止。

项目六　顺序控制电路的安装与调试

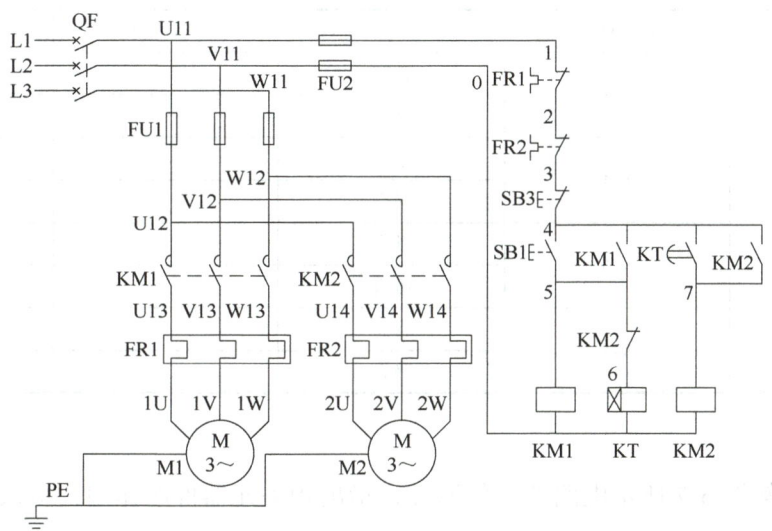

图 6-7　按时间原则顺序起动控制电路

任务实施

1. 整定时间继电器的动作时间并检测时间继电器

1）将 JS7-A 系列时间继电器的动作时间整定为 10s，用手推动 JS7-A 系列时间继电器的衔铁，观察延时过程并检测它的触点和线圈电阻，填入表 6-5 中。

2）将 JS20 或 ST3P 系列时间继电器的动作时间整定为 30s，按图 6-6 接线，在教师的指导、监督下通电，观察延时过程并检测它的触点电阻，填入表 6-5 中。

时间继电器的检测

表 6-5　时间继电器的检测

	元器件名称与状态		电阻 /Ω	是否正常
JS7-A 系列时间继电器	线圈			
	瞬时动作常开触点	常态		
		吸合		
	瞬时动作常闭触点	常态		
		吸合		
	延时常开触点	常态		
		吸合		
	延时常闭触点	常态		
		吸合		

（续）

元器件名称与状态		电阻/Ω	是否正常
ST3P型时间继电器	1-3 常态		
	1-3 吸合		
	1-4 常态		
	1-4 吸合		
	8-6 常态		
	8-6 吸合		
	8-5 常态		
	8-5 吸合		

2. 识读电路图

分析、理解图 6-7 所示电路的工作原理，指出相关元器件的作用并填入表 6-6 中。

表 6-6　识读电路图

符号	元器件名称	作用
KT	线圈	
	常开触点	

工作原理：

3. 材料准备与元器件安装

在顺序起动、逆序停止控制电路的基础上增加 JS20–D/T 或 ST3P–A 型时间继电器，并检测其好坏。按图 6-8 布置、固定元器件。

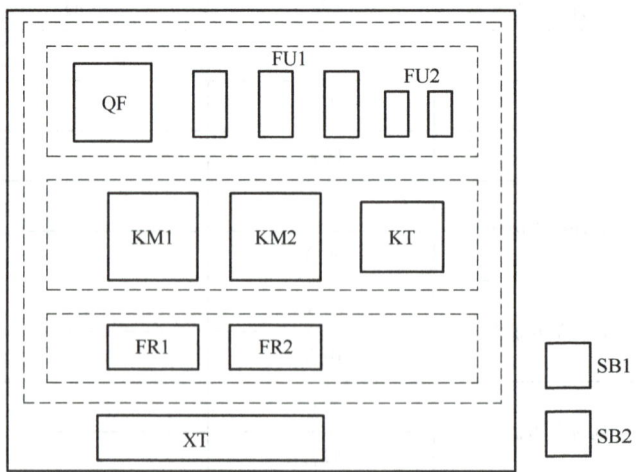

图 6-8　元器件布置图

项目六　顺序控制电路的安装与调试

4. 接线与自检

根据原理图接线，拟出电路自检内容与方法，交给教师检查确认。

5. 通电调试

在教师的指导、监督下通电调试，重点观察、调试内容如下：按下 SB1，M1 是否按要求运行，KT 是否吸合；KT 达到整定时间后，M2 是否起动运行；M2 起动后，KT 是否断电；按下 SB2，两台电动机是否停止。将通电调试情况填入表 6-7 中。

表 6-7　通电调试

操作	现象	是否正常	分析原因	查找过程	处理方法
按下 SB1					
KT 达到整定时间					
M1、M2 都运行					

任务评价

对任务完成情况进行评价，见表 6-8。

表 6-8　任务评价表

评价内容	评价标准	配分	扣分
时间继电器的识别与检测	1）错写或漏写型号及型号含义，每只扣 5 分 2）画错符号或不能说明含义，每只扣 5 分 3）漏检或检测结果不正确，每处扣 5 分	30 分	
KT 时间整定	不会整定或整定错误，扣 5 分	5 分	
电路图识读	1）不认识电器元件符号，每处扣 2 分 2）不知道电器元件功能，每处扣 2 分 3）电路工作原理分析不正确，扣 5 分	10 分	
材料准备	1）器材短缺，元器件型号、规格不符合要求，每件扣 1 分 2）漏检或错检，每处扣 1 分	5 分	
安装元器件	1）元器件布置不合理、不整齐，每个扣 2 分 2）元器件安装不牢固、不正确，每个扣 4 分 3）损坏元器件，该项不得分	5 分	
接线	1）没按安装接线图接线，扣 20 分 2）布线不符合工艺要求，每处扣 3 分 3）接点松动、露铜过长、反圈、压绝缘层，没套线号管，软线没压接线耳（螺杆连接除外），每处扣 2 分 4）损伤导线绝缘层或线芯，每根扣 5 分 5）漏接接地线，扣 10 分	20 分	
通电调试	1）主电路、控制电路配错熔体，各扣 5 分 2）热继电器未整定或整定值错误，扣 5 分 3）验电操作不规范，扣 10 分 4）一次试车不成功扣 10 分，二次试车不成功扣 15 分，三次试车不成功，该项不得分	20 分	

（续）

评价内容	评价标准	配分	扣分
工具仪表使用	1）工具、仪表使用不规范，每次酌情扣 1～3 分 2）损坏工具、仪表，扣 5 分	5 分	
故障检修	1）故障分析错误，从总分中扣 3 分 2）不会测量和查找故障点，从总分中扣 3 分 3）不会排除故障，从总分中扣 3 分		
安全文明生产	1）无材料浪费，现场清理整洁、干净；工具摆放整齐，废品分类清理 2）遵守安全操作规程，无任何安全事故发生 如违反安全文明生产要求，酌情扣 5～40 分。情节严重者，本次操作记 0 分或取消本次实训资格		
定额时间	180min，每超时 5min，扣 5 分		
开始时间	结束时间　　　　　　实际时间　　　　　　成绩		

学习笔记（无笔记，扣 10 分）

项目六习题

项目七 减压起动控制电路的安装与调试

项目描述

电动机通电后转速从零开始逐渐加速到正常运转的过程称为起动。三相笼型异步电动机有全压起动（直接起动）和减压起动两种方式。

起动时，加在电动机定子绕组上的电压为电动机的额定电压，称为全电压起动，又称为直接起动。直接起动设备少，但起动电流较大，一般为额定电流的 4～7 倍。因此，大容量的电动机在工业现场一般采用减压起动。

减压起动就是利用起动设备将电压适当降低后再加到电动机定子绕组上进行起动，待电动机转速达到一定值后，再使电动机上的电压恢复到额定电压正常运转。减压起动只能在电动机空载或轻载下使用。

实践中通常规定：电源容量在 180kV·A 以上，电动机容量在 7kW 以下的三相异步电动机可采用直接起动，否则均采用减压起动。常用的减压起动方式有定子串电阻减压起动、星形–三角形（丫–△）减压起动、自耦变压器（补偿器）减压起动。近年来，软起动器减压起动已被迅速推广使用，它可根据负载类型进行调节，具有起动电流小、起动转矩大而平稳等优点，在自动化程度比较高的场合常采用软起动器减压起动。

本项目采用时间继电器等低压电器元件完成笼型异步电动机丫–△减压起动自动控制电路的安装与调试。

职业岗位应知应会目标

1. 会分析常用减压起动控制电路的工作原理及典型应用。
2. 会识读丫–△减压起动控制电路并绘制电气安装接线图。
3. 能按工艺要求正确安装、调试丫–△减压起动控制电路。
4. 会分析电气故障，会用万用表查找故障，会排除故障。

> **相关知识**

1. 定子串电阻减压起动控制电路

电动机起动时,在定子绕组与电源之间串入合适的电阻,利用电阻的分压作用降低定子绕组上的起动电压;当电动机起动结束后切除定子绕组中串接的电阻,使电动机在额定电压下正常运行。这一起动过程称为定子串电阻减压起动。

图 7-1 所示为定子串电阻减压起动控制电路。接触器 KM1 控制电动机减压起动,KM2 控制电动机全电压运行,电阻 R 起分压作用。因为电动机要先减压起动,待电动机起动转速上升到一定值时,结束减压起动,KM2 闭合才能起动全电压运行。因此,在图 7-1a 所示定子串电阻减压起动手动控制电路中,KM2 线圈回路中串入 KM1 的辅助常开触点实现顺序控制。KM2 线圈得电后,KM1 线圈必须断电,所以,在 KM1 线圈回路中串入 KM2 的辅助常闭触点实现联锁控制。图 7-1b 所示为定子串电阻减压起动按时间原则的控制电路。

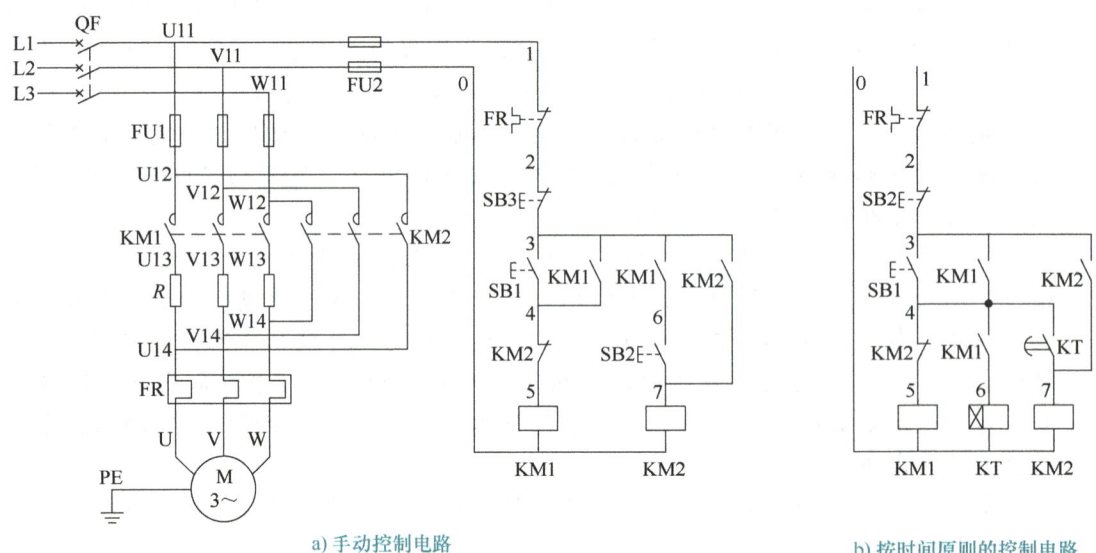

a) 手动控制电路　　　　　　　　　　　　b) 按时间原则的控制电路

图 7-1　定子串电阻减压起动控制电路

按下停止按钮 SB3,KM1 或 KM2 线圈失电,断开主触点,电动机停止运行。

定子串电阻减压起动不受电动机定子绕组连接方式的限制,可通过改变所串入电阻的大小改变起动时加在电动机上的电压,调整电动机的起动转矩。该起动方式具有起动平稳、工作可靠、起动时功率因数高等优点,但所需设备多,投资相应较大,电阻上有功率损耗,不适合频繁起动的场合。

2.丫–△减压起动控制电路

电动机定子绕组做星形(丫)联结时,加在每相定子绕组的电压是三角形(△)联结

时的 $1/\sqrt{3}$，起动电流是△联结时的 1/3，转矩也只有△联结时的 1/3（电动机转矩与电压的二次方成正比）。

电动机起动时，将定子绕组连接成星形，以降低起动电压，限制起动电流，待电动机转速上升到一定值时，将定子绕组连接成三角形，结束减压起动，使电动机在额定电压下正常运行。这一起动过程称为丫－△减压起动，凡是三相定子绕组的首末端都引出并在正常运行时作三角形联结的异步电动机均可采用这种减压起动方法。减压起动会使电动机的起动转矩大为降低，因此只适合在空载或轻载下使用。

（1）手动丫－△减压起动控制电路 手动丫－△减压起动就是电动机定子绕组做丫联结起动后，再用按钮手动换接到△联结全电压运行。图 7-2 所示为手动丫－△减压起动控制电路，KM 为电源引入接触器，KM丫和KM△分别为丫起动和△运行接触器，KM丫与KM△不能同时得电，必须联锁控制。SB1 为起动按钮，SB2 是丫－△切换按钮，SB3 是停止按钮。电路的工作原理如下：

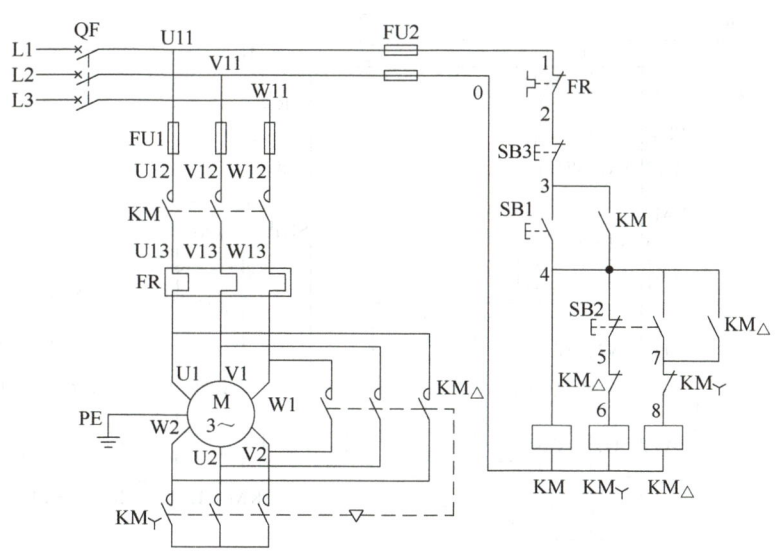

图 7-2　手动丫－△减压起动控制电路

1）合上电源开关 QF。
2）电动机丫联结减压起动。

3）当电动机转速上升到接近额定值时，电动机△联结全电压运行。

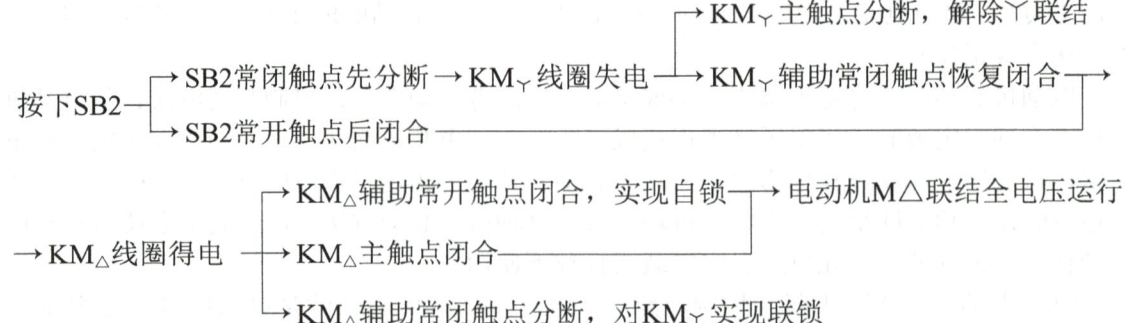

4）停止时，按下 SB2 即可。

（2）时间继电器控制的丫-△减压起动电路　时间继电器控制的丫-△减压起动电路如图 7-3 所示，时间继电器 KT 控制丫减压起动时间，并完成丫-△联结的自动切换。

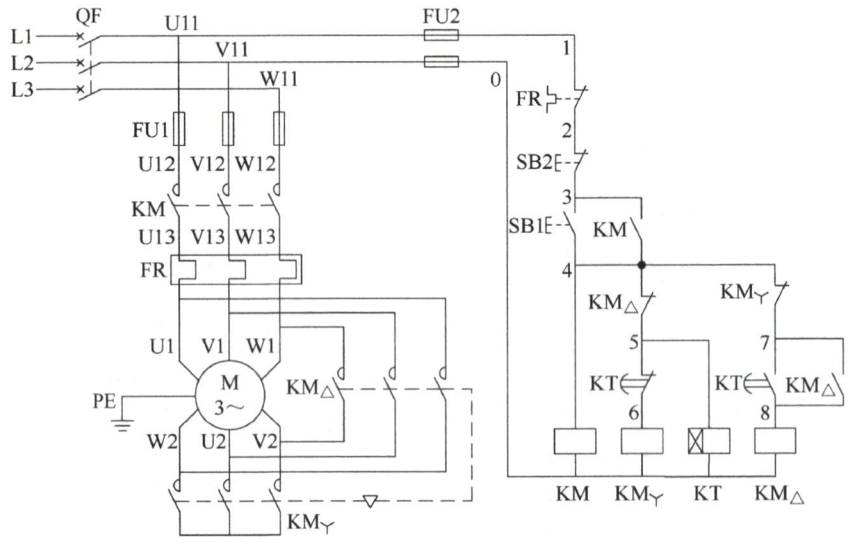

图 7-3　时间继电器控制的丫-△减压起动电路

1）减压起动控制。按下起动按钮 SB1，KM、KM丫、KT 线圈得电，KM、KM丫主触点闭合，KM 辅助常开触点闭合自锁，电动机定子绕组连接成丫减压起动。同时，时间继电器 KT 开始延时，KM丫常闭触点断开，对 KM△线圈回路实现联锁。

2）全电压运行控制。当时间继电器 KT 达到设定的延时时间时，KT 常闭触点先断开，KM丫线圈失电，KM丫主触点断开，解除定子绕组丫联结。接着，KT 常开触点闭合，KM△线圈得电，KM△主触点闭合，KM△辅助常开触点闭合自锁，定子绕组连接成△，电动机全电压运行。同时，KM△辅助常闭触点断开，KT 线圈失电，保证 KM丫不得电，实现联锁。

3）按下停止按钮 SB2，KM、KM△线圈失电，KM、KM△主触点断开，电动机定子绕组解除△联结，停止运行。

项目七 减压起动控制电路的安装与调试

1. 识读电路图

分析、理解图 7-3 所示时间继电器控制的 Y-△减压起动电路的工作原理，指出相关元器件的作用，并填入表 7-1 中。

表 7-1 识读电路图

符号	器件名称	作用
KM	主触点	
KM$_Y$	主触点	
	辅助常闭触点	
KM$_\triangle$	主触点	
	辅助常闭触点	
KT	延时断开常闭触点	
	延时闭合常开触点	

工作原理：

2. 材料准备与元器件安装

在按时间原则顺序起动控制电路的基础上增加一个 KM，减少一个 FR，并检测元器件的好坏。按图 7-4 布置、固定 Y-△减压起动控制电路的元器件，贴上醒目的符号标志。

3. 接线

1）根据时间继电器控制的 Y-△减压起动电路图和元器件布置图画出板前线槽布线图，交给教师检查确认。板前线槽布线可参考图 7-5。按工艺要求及参考图接线，导线要套线号管。

2）安装电动机，并将电动机定子绕组按图 7-5 连接，连接好电动机保护接地线。

3）连接电源线等控制板外部的导线。

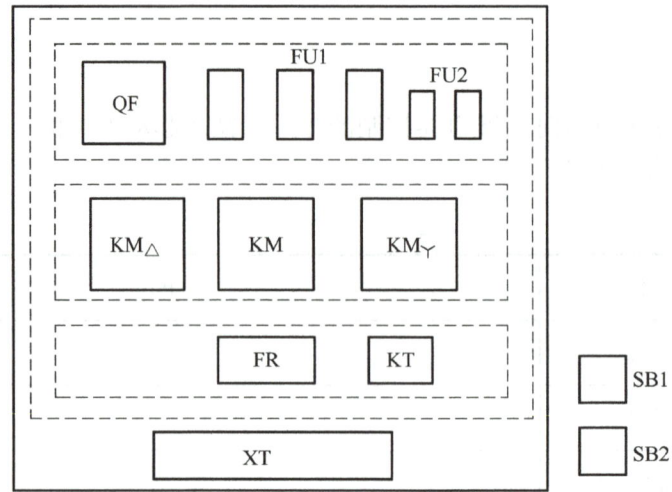

图 7-4 时间继电器控制的丫－△减压起动控制电路元器件布置图

4. 自检

1）根据电路图重点检查接触器 KM$_Y$ 主触点的进线是否从三相定子绕组末端 U2、V2、W2 引入，KM$_△$ 主触点的输出端和输入端的相序是否正确。其次，检查 KT 线圈和 KT 延时闭合常开触点、延时断开常闭触点接线是否正确。最后，检查 KM$_Y$ 与 KM$_△$ 的联锁触点和自锁触点接线是否正确，检查热继电器的动作电流和时间继电器的动作时间是否整定，检查导线压接是否牢固、接触是否良好等。

2）断开断路器，用万用表检查主电路和控制电路有无短路和断路情况。

5. 通电调试

在教师的指导、监督下进行通电调试，操作过程如下：

1）闭合电源开关 QF，用万用表或验电笔检查电源引入端、输出端电压是否正常。

2）空载调试。断开主电路，按下 SB1，观察接触器 KM、KM$_Y$、KT 动作是否符合要求；观察 KT 到达整定时间后，KM$_Y$ 与 KM$_△$ 的动作情况。

3）带负载调试。接通主电路，按下 SB1，观察电动机的运行是否符合控制要求。

4）通电试车完成后，按下 SB2，待电动机停转后，断开电源开关 QF，拆除电源线和电动机接线。

> 💡 **微思考**
>
> 龙门刨床、起重机等大型机械为了操作方便，常要求能在几个地点对同一台电动机进行控制，这种控制方式就是多地控制。多地控制有什么要求？

项目七 减压起动控制电路的安装与调试

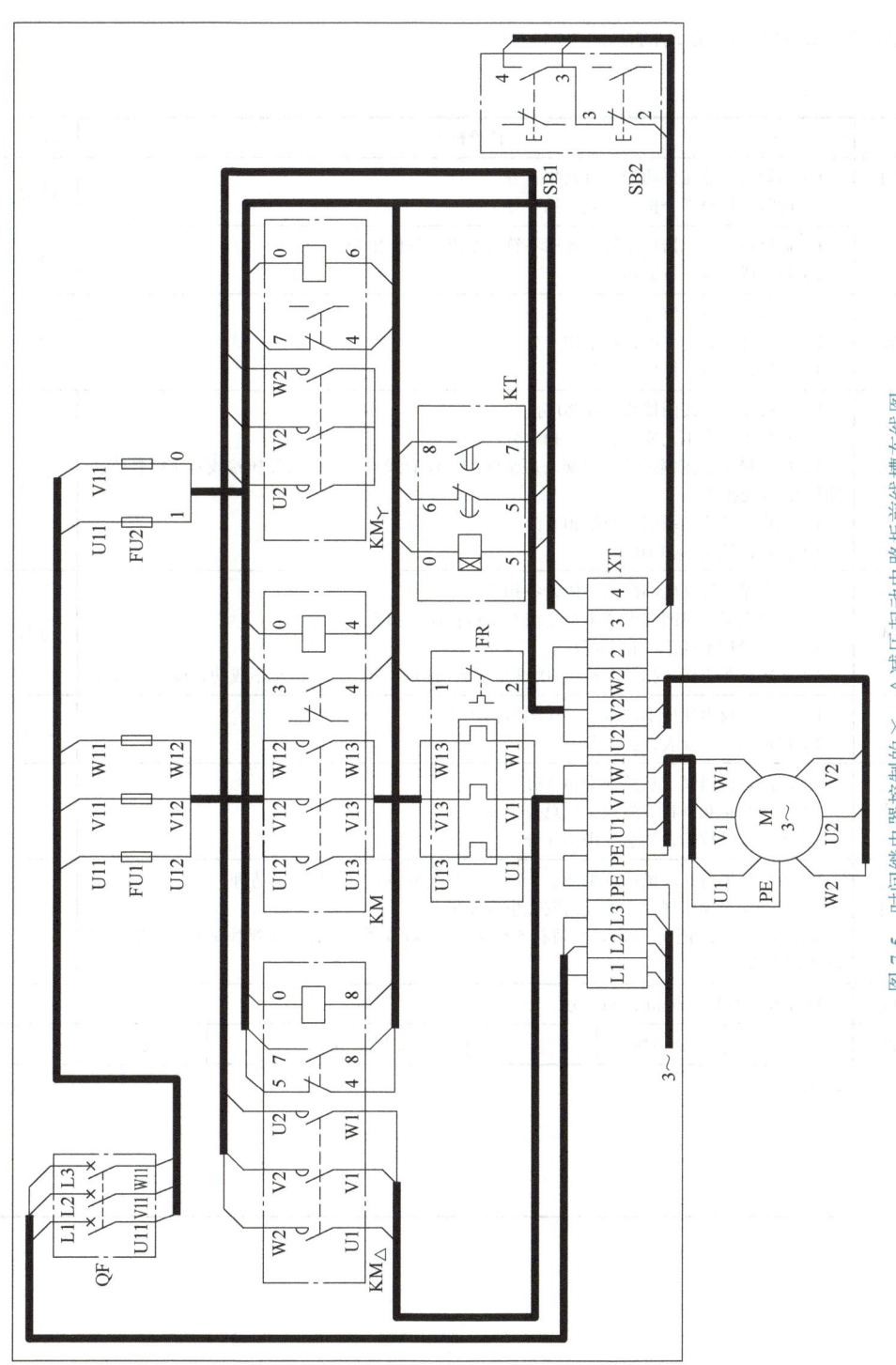

图 7-5 时间继电器控制的 Y-△ 减压起动电路板前线槽布线图

任务评价

根据表 7-2 对任务完成情况进行评价。

表 7-2 任务评价表

评价内容	评价标准	配分	扣分
电路图的识读	1）不知道电器元件功能，每处扣 4 分 2）电路工作原理分析不正确，扣 5 分	15 分	
材料准备	1）器材短缺，元器件型号、规格不符合要求，每件扣 1 分 2）漏检或错检，每处扣 1 分	10 分	
安装元器件	1）元器件布置不整齐，每个扣 2 分 2）元器件安装不牢固，每个扣 4 分 3）损坏元器件，该项不得分	10 分	
接线	1）没按安装接线图接线，扣 20 分 2）布线不符合工艺要求，每处扣 3 分 3）接点松动、露铜过长、反圈、压绝缘层，没套线号管，软线没压接线耳（螺杆连接除外），每处扣 2 分 4）损伤线芯或绝缘层，每根扣 5 分 5）漏接接地线，扣 10 分	40 分	
通电调试	1）主电路、控制电路配错熔体，各扣 5 分 2）热继电器、时间继电器未整定或整定值错误，扣 5 分 3）验电操作不规范，扣 10 分 4）一次试车不成功扣 10 分，二次试车不成功扣 15 分，三次试车不成功，该项不得分	20 分	
工具仪表使用	1）工具、仪表使用不规范，每次酌情扣 3 分 2）损坏工具、仪表，扣 5 分	5 分	
故障检修	1）故障分析错误，从总分中扣 3 分 2）不会测量和查找故障点，从总分中扣 3 分 3）不会排除故障，从总分中扣 3 分		
安全文明生产	1）无材料浪费，现场清理整洁、干净；工具摆放整齐，废品分类清理 2）遵守安全操作规程，无任何安全事故发生 如违反安全文明生产要求，酌情扣 5～40 分。情节严重者，本次操作记 0 分或取消本次实训资格		
定额时间	180min，每超时 5min，扣 5 分		
开始时间	结束时间　　　　　　实际时间　　　　　　成绩		

学习笔记（无笔记，扣 10 分）

项目七习题

项目八 双速异步电动机自动加速控制电路的安装与调试

  项目描述

生产中，为了提高生产效率或加工不同的光洁度，常需要机械设备能输出多种速度，例如，T68 镗床对电动机本身进行调速以满足生产要求。在电动机负载不变的情况下，改变电动机转速的方法称为调速。

根据三相异步电动机旋转磁场转速公式 $n_0=60f/p$ 及转差率公式 $s=(n_0-n)/n_0$ 可知，通过改变磁极对数 p、电源频率 f 及转差率 s 等方法可改变电动机的转速 n。

通过改变电动机的磁极对数 p 改变电动机转速的方法称为变极调速。变极调速是通过改变定子绕组的接法来改变磁极对数以实现调速，它是有级调速，只适用于笼型异步电动机。若绕组改变一次磁极对数，可获得两个不同转速，则称为双速电动机。若改变两次磁极对数，可获得三个转速，则称为三速电动机。

本项目的任务是能理解变极调速方法并能根据电路图完成双速异步电动机自动加速控制电路的安装与调试。

  职业岗位应知应会目标

1. 懂得双速电动机的工作原理。
2. 会分析双速电动机控制电路的工作原理。
3. 能按线槽配线工艺要求正确安装、调试双速电动机控制电路。
4. 会分析电气故障，会用万用表查找故障，会排除故障。

📝 **相关知识**

1. 双速电动机的工作原理

双速电动机在制造时把每相绕组分成两个相同的半绕组，使用时通过改变两个半绕组的连接方式（串联或并联）改变磁极对数，达到改变电动机转速的目的。生产中，双速电动机常用的连接方式有△/YY和Y/YY联结。

双速电动机三相定子绕组△/YY联结如图8-1所示。图中，三相定子绕组接成△联结，由三个连接点引出三个出线端1U、1V、1W，从每相绕组的中点各引出一个出线端2U、2V、2W，这样定子绕组共有6个出线端。通过改变这6个出线端与电源的连接方式，可得到两种不同的转速。

1）电动机低速运行。如图8-1a所示，将三相电源接到三个出线端1U、1V、1W上，其他三个出线端2U、2V、2W悬空。此时电动机磁极数为4极，同步转速为1500r/min。

2）电动机高速运行。如图8-1b所示，将电动机定子绕组三个出线端1U、1V、1W并接在一起，三相电源分别接到另外三个出线端2U、2V、2W上。此时，电动机定子绕组接成YY联结，磁极数为2，同步转速为3000r/min。所以，双速异步电动机高速运行是低速运行的2倍。

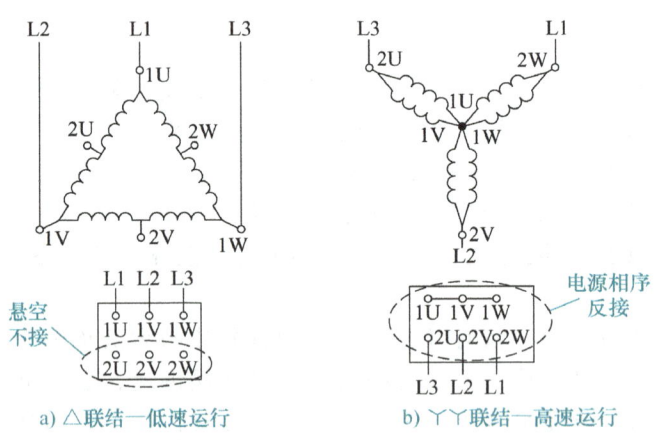

图 8-1 双速电动机三相定子绕组△/YY联结

注意：双速异步电动机定子绕组从一种接法切换为另一种接法时，必须改变电源相序，才能保证电动机的转向不变。

2. 双速电动机手动控制电路

双速电动机手动控制电路如图8-2所示。交流接触器KM1控制电动机低速运行，KM3闭合使定子绕组1U、1V、1W并联连接构成YY联结，KM2控制电动机高速运行。SB1和SB2采用复合按钮，切换电动机低速、高速运行。

为防止低速运行和高速运行主电路同时接通，电路采用复合按钮SB1、SB2和KM1、KM2、KM3辅助常闭触点进行双重联锁。双速电动机在高速、低速运行时额定电流不同，必须采用两个热继电器FR1、FR2分别做过载保护，并相应调整它们的整定值。

3. 双速电动机自动加速控制电路

双速电动机自动加速控制电路如图8-3所示。SB1为复合按钮，控制电动机低速起动，SB2为转换高速后自动加速控制按钮或高速运行起动按钮。时间继电器KT控制电动机由低速运行转换为高速运行的时间。电路保护环节与双速电动机手动控制电路相同。电路的工作原理如下：

合上电源开关 QF。

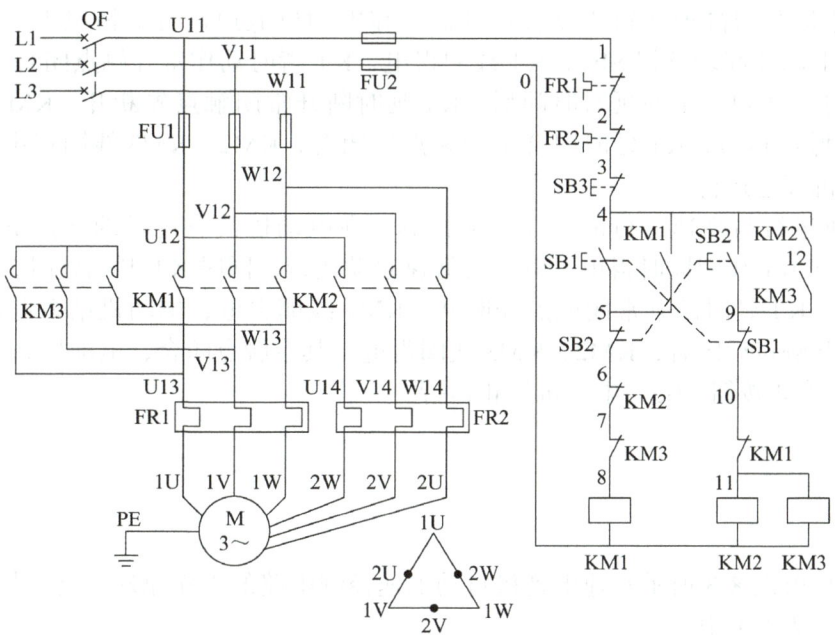

图 8-2　双速电动机手动控制电路

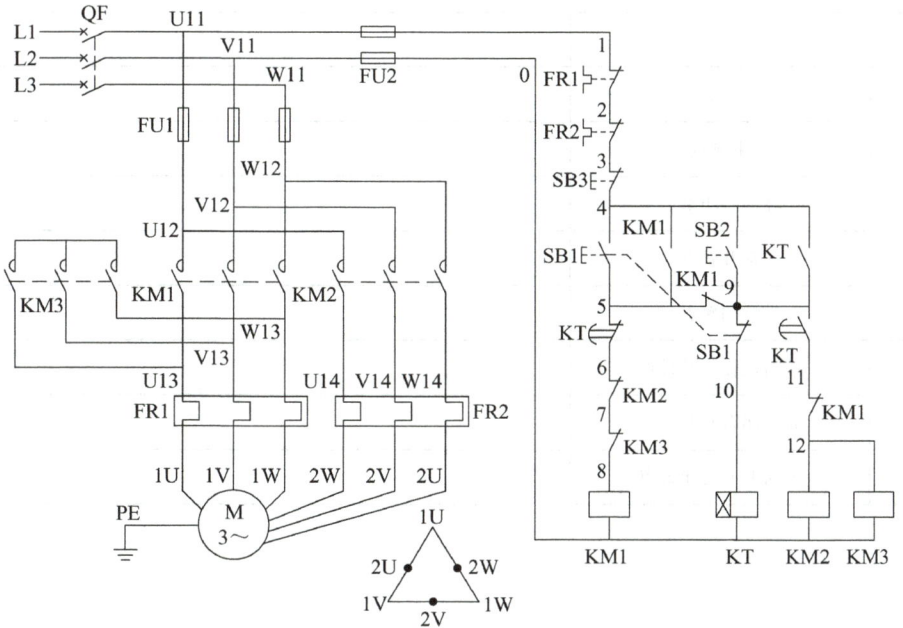

图 8-3　双速电动机自动加速控制电路

1）低速起动。按下 SB1，其常闭触点先断开，对 KT 实现联锁，常开触点后闭合，KM1 线圈得电，KM1 主触点闭合，电动机低速起动运行。同时，KM1 辅助常闭触点断开，对 KM2 和 KM3 和 KT 实现联锁，使它们的线圈无法得电。KM1 辅助常开触点闭合，实现自锁。

2）低速运行与高速运行手动转换控制。在电动机低速运行的情况下，KM1（5-9）已断开，按下高速起动按钮 SB2，KT 线圈得电，KT 瞬时动作常开触点闭合，实现自锁；KT 开始延时，达到设定的延时时间后，KT 延时断开常闭触点先断开，KM1 线圈失电，电动机结束低速运行，KT 延时闭合常开触点后闭合，KM2、KM3 线圈得电，其主触点闭合，电动机高速运行。

3）低速运行与高速运行的自动转换控制。在电动机没有运行的前提下，直接按下 SB2，KM1 和 KT 线圈同时得电，电动机低速起动运行，同时 KT 开始延时，达到设定的延时时间后，KT 延时断开常闭触点先断开，KM1 线圈失电，电动机结束低速运行，KT 延时闭合常开触点后闭合，KM2、KM3 线圈得电，其主触点闭合，电动机高速运行。

4）按下停止按钮 SB3，电动机停止运行。

任务实施

1. 识读电路图

分析、理解图 8-3 所示双速电动机自动加速控制电路的工作原理，指出相关元器件的作用，并填入表 8-1 中。

表 8-1　识读电路图

符号	器件名称	作用
KM2	主触点	
KM3	主触点	
KM1	主触点	
	辅助常闭触点	
SB1	常开触点	
	常闭触点	
KT	瞬时动作常开触点	
	延时闭合常开触点	
	延时断开常闭触点	

工作原理：

2. 材料准备

按表8-2准备电动机，配齐安装电路所需工具、仪表及器材，检测元器件是否正常。

表8-2　实训器材明细表

符号	名称	型号	规格	数量
M	双速电动机	YD112M-4/2	3.3kW、380V、7.4/8.6A、△/YY、1440/2890r/min	1台
QF	低压断路器	DZ47-63	三极、额定电流为25A	1个
FU1	主电路熔断器	RL1-60/25	500V、60A、配额定电流为25A的熔体	3个
FU2	控制电路熔断器	RL1-15/2	500V、15A、配额定电流为2A的熔体	2个
KM1～KM3	交流接触器	CJT1-20	20A、线圈电压为380V	3个
FR1、FR2	热继电器	JR16-20/3D	三极、20A、FR1整定电流为7.4A、FR2整定电流为8.6A	2个
SB1～SB3	按钮	LA4-3H	保护式、380V、5A	1个
KT	时间继电器	ST3P	电子式，整定时间自定	1个
	仪表		500V绝缘电阻表、UT200B型钳形电流表、MF47型万用表、转速表	各1个
	电工通用工具		验电笔、螺钉旋具、尖嘴钳、斜口钳、剥线钳、电工刀等	1套
	主电路导线		塑料硬铜线 BV1.5mm²（黄、绿、红三色或自定）	若干
	控制电路导线		塑料软铜线 BV1.0mm²（黑色或自定）	若干
	按钮线		塑料软铜线 BVR0.75mm²（黑色或自定）	若干
	接地线		塑料软铜线 BVR1.5mm²（黄绿双色线）	若干

3. 元器件固定

按图8-4布置、固定双速电动机自动加速控制电路的元器件，贴上醒目的符号标志。

4. 接线

1）根据双速电动机自动加速控制电路图和元器件布置图画出板前线槽布线图，交给教师检查确认。按工艺要求接线，导线要套线号管。

2）低速与高速转换控制时，电源要改变相序，否则，两种转速下电动机的转向相反，将产生很大的冲击电流。

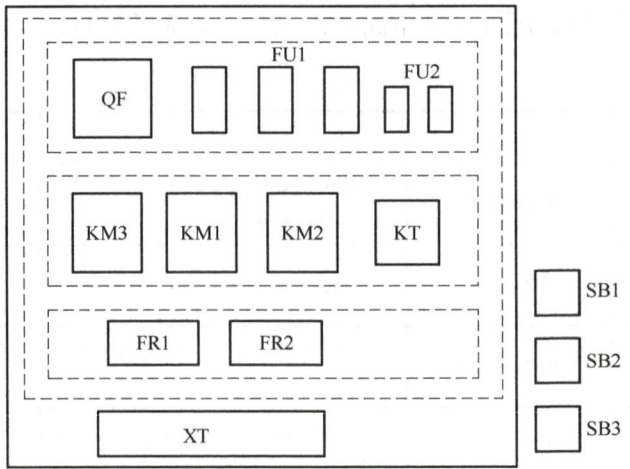

图 8-4 双速电动机自动加速控制电路元器件布置图

3）接触器 KM1、KM2 主触点不能对换接线，否则，无法实现双速控制且会在 YY 高速运转时造成电源短路事故。

4）安装电动机，并将电动机定子绕组按图 8-3 进行连接，连接好电动机保护接地线。

5. 自检

1）检查低速与高速转换控制时电源是否改变了相序；检查 KM1、KM2、KM3 的联锁触点接线是否正确；检查 SB1 复合触点接线是否正确；检查热继电器 FR1 和 FR2 在主电路中的接线有无接反。

2）断开断路器，用万用表检查电路有无短路和断路情况，并将检测结果填入表 8-3 中。

表 8-3 电路检测

操作内容	测量点	电阻 /Ω	是否正常
按下 KM1 的主触点	U11 与 V11、V11 与 W11、W11 与 U11		
	U11 与 1U、V11 与 1V、W11 与 1W		
同时按下 KM2 和 KM3	U11 与 V11、V11 与 W11、W11 与 U11		
	U11 与 2W、V11 与 2V、W11 与 2U		
按下 / 松开 SB1	0 与 1		
按下 / 松开 SB2	0 与 1		

6. 通电调试

在教师的指导、监督下通电调试，记录调试过程中的现象，如有故障，请查找、排除故障，并做好记录，填入表 8-4 中。

项目八　双速异步电动机自动加速控制电路的安装与调试

表 8-4　通电调试

操作内容	现象	是否正常	分析原因	查找过程	处理方法
先按下 SB1、再按下 SB2					
直接按下 SB2					

1）合上电源开关 QF，用万用表或验电笔检查电源是否正常。

2）断开主电路，空载操作。

① 手动加速控制。按下 SB1，观察接触器 KM1 动作是否符合要求，再按下 SB2，观察 KT、KM1、KM2 和 KM3 的动作是否符合要求。

② 自动加速控制。直接按下 SB2，观察 KM1、KT、KM2 和 KM3 的动作是否符合要求。

3）带负载调试。接通主电路，先后按下 SB1、SB2，观察电动机的转速是否按要求发生变化；直接按下 SB2，观察电动机是否能自动加速。

4）用钳形电流表分别测量电动机低、高速运行平稳后的三相线电流值。

5）通电试车完成，按下 SB3，待电动机停转后，断开电源开关 QF。拆除三相电源线和电动机接线。

任务评价

根据表 8-5 对任务完成情况进行评价。

表 8-5　任务评价表

评价内容	评价标准	配分	扣分
电路图的识读	1）不知道电器元件功能，每处扣 4 分 2）电路工作原理分析不正确，扣 5 分	15 分	
材料准备	1）器材短缺，元器件型号、规格不符合要求，每件扣 1 分 2）漏检或错检，每处扣 1 分	10 分	
安装元器件	1）元器件布置不整齐，每个扣 2 分 2）元器件安装不牢固，每个扣 4 分 3）损坏元器件，该项不得分	10 分	
接线	1）没按安装接线图接线，扣 20 分 2）布线不符合工艺要求，每处扣 3 分 3）接点松动、露铜过长、反圈、压绝缘层、没套线号管、软线没压接线耳（螺杆连接除外），每处扣 2 分 4）损伤线芯或绝缘层，每根扣 5 分 5）漏接接地线，扣 10 分	40 分	
通电调试	1）主电路、控制电路配错熔体，各扣 5 分 2）热继电器、时间继电器未整定或整定值错误，扣 5 分 3）验电操作不规范，扣 10 分 4）一次试车不成功扣 10 分，二次试车不成功扣 15 分，三次试车不成功，该项不得分	20 分	
工具仪表使用	1）工具、仪表使用不规范，每次酌情扣 3 分 2）损坏工具、仪表，扣 5 分	5 分	

（续）

评价内容	评价标准	配分	扣分
故障检修	1）故障分析错误，从总分中扣 3 分 2）不会测量和查找故障点，从总分中扣 3 分 3）不会排除故障，从总分中扣 3 分		
安全文明 生产	1）无材料浪费，现场清理整洁、干净；工具摆放整齐，废品分类清理 2）遵守安全操作规程，无任何安全事故发生 如违反安全文明生产要求，酌情扣 5～40 分。情节严重者，本次操作记 0 分或取消本次实训资格		
定额时间	180min，每超时 5min，扣 5 分		
开始时间		结束时间		实际时间		成绩	

学习笔记（无笔记，扣 10 分）

项目八习题

项目九　制动控制电路的安装与调试

项目描述

　　电动机断电后，由于惯性不会马上停止转动，而是要转动一段时间才会完全停下来。生产中要求准确定位的机械设备不允许存在这种情况，如起重机的吊钩需要精准定位，万能铣床的主轴要求立即停转等，这就需要对电动机进行制动控制。

　　制动就是给电动机转轴上加一个与其旋转方向相反的转矩，使电动机减速或停转。电动机制动有机械制动和电力制动两种方法。

　　机械制动是利用机械装置使电动机在切断电源后快速停转的方法。常用的机械制动设备主要是电磁制动器，如电磁抱闸制动器、电磁离合器制动器。

　　电力制动是在电动机断电后，让电动机产生一个与实际转向相反的电磁转矩，迫使电动机迅速停车。电力制动常用的方法有反接制动、能耗制动、再生发电制动和电容制动。

　　本项目要求会分析、理解常用制动方法及控制电路，安装、调试电磁抱闸制动器通电制动控制电路和单向起动反接制动控制电路。

职业岗位应知应会目标

　　1. 认识速度继电器和电磁抱闸制动器，掌握其结构、原理、符号、作用，会用万用表检测其质量。
　　2. 会分析制动控制电路的工作原理，能理解反接制动的特点。
　　3. 能按线槽配线工艺要求正确安装、调试单向起动反接制动控制电路和单向起动能耗制动控制电路。
　　4. 会用万用表检测电路及查找电气故障。

任务 1　电磁抱闸制动器通电制动控制电路的安装与调试

相关知识

1. 电磁抱闸制动器

图 9-1 所示为电磁抱闸制动器的结构和符号。它主要由制动电磁铁和闸瓦制动器组成。制动电磁铁由铁心、衔铁和线圈三部分组成；闸瓦制动器包括闸轮（图中未画出）、闸瓦和弹簧等，闸轮与电动机装在同一根转轴上。电磁抱闸制动器就是利用电磁吸力控制闸瓦与闸轮抱紧与分开，从而实现制动作用。电磁抱闸制动器分为断电制动型和通电制动型两种。

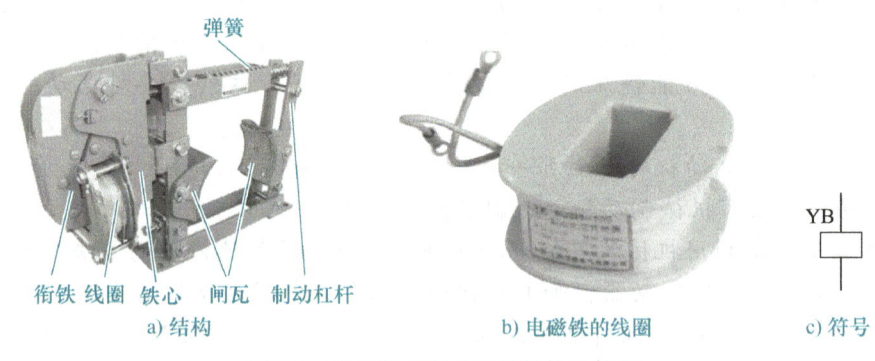

图 9-1　电磁抱闸制动器的结构和符号

断电制动型电磁抱闸制动器的工作原理：当制动电磁铁的线圈处于失电状态时，制动器的闸瓦紧紧抱住闸轮制动；当制动电磁铁的线圈得电时，闸瓦与闸轮分开，无制动作用。

通电制动型电磁抱闸制动器的工作原理：当制动电磁铁的线圈失电时，制动器的闸瓦与闸轮分开，无制动作用；当线圈得电时，闸瓦紧紧抱住闸轮制动。

2. 电磁抱闸制动器制动控制电路

（1）电磁抱闸制动器断电制动控制电路　电磁抱闸制动器断电制动控制电路如图 9-2 所示。起动运行时，按下起动按钮 SB1，接触器 KM 线圈得电，自锁触点和主触点闭合，电动机 M 接通电源运行，同时电磁抱闸制动器 YB 线圈得电，衔铁与铁心吸合，衔铁克服弹簧拉力，迫使制动杠杆向上移动，使制动器的闸瓦与闸轮分开，电动机正常运转。

按下停止按钮 SB2，接触器 KM 线圈失电，自锁触点和主触点分断，电动机 M 失电，同时电磁抱闸制动器线圈 YB 也失电，衔铁与铁心分开，在弹簧拉力的作用下，闸瓦紧紧抱住闸轮，电动机被制动而迅速停转。

项目九 制动控制电路的安装与调试

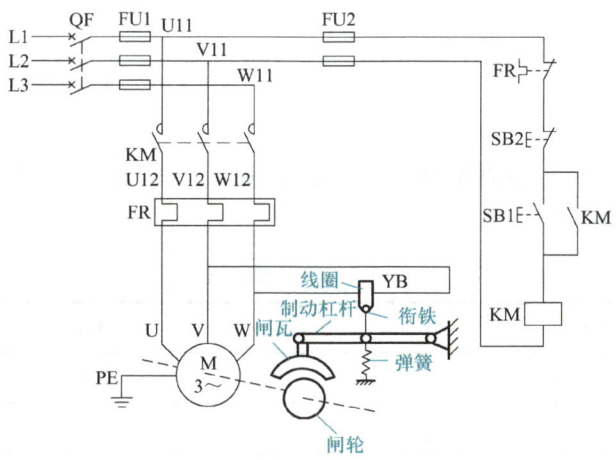

图 9-2 电磁抱闸制动器断电制动控制电路

电磁抱闸制动器断电制动广泛应用于起重机械。其优点是能够准确定位，同时可防止电动机突然断电时重物自行坠落。当重物起吊到一定高度时，按下停止按钮，电动机和电磁抱闸制动器的线圈同时断电，闸瓦立即抱住闸轮，电动机立即制动停转，重物随之被准确定位。当电动机在工作中电路发生故障而突然断电时，电磁抱闸制动器同样会使电动机迅速制动停转，避免重物自行坠落。这种制动方法的缺点是不经济，因为电磁抱闸制动器线圈耗电时间与电动机一样长。另外，切断电源后，由于电磁抱闸制动器的制动作用，手动调整工件很困难。因此，对于要求电动机制动后能调整工件位置的机床设备，则不能采用这种制动方法，可采用通电制动控制电路。

（2）电磁抱闸制动器通电制动控制电路　电磁抱闸制动器通电制动控制电路如图 9-3 所示。当电动机得电运行时，电磁抱闸制动器的线圈处于断电状态，闸瓦与闸轮分开，无制动作用。当电动机失电须停转时，电磁抱闸制动器的线圈得电，使闸瓦紧紧抱住闸轮制动；当电动机处于停转常态时，电磁抱闸制动器线圈也无电，闸瓦与闸轮分开。电磁抱闸制动器通电制动控制电路常用于机床、医疗设备、包装机等。机床在断电状态下操作人员可以用手扳动机床主轴调整工件和对刀等。

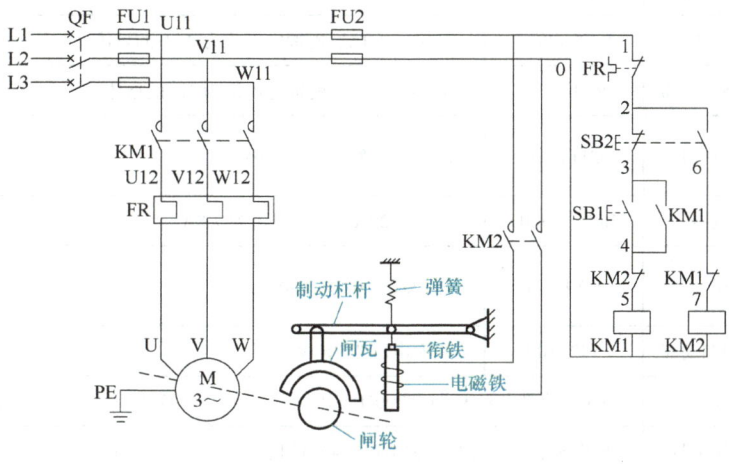

图 9-3 电磁抱闸制动器通电制动控制电路

任务实施

1. 识读电路图

分析、理解图 9-3 所示电磁抱闸制动器通电制动控制电路的工作原理，指出相关元器件的作用，填入表 9-1 中。

表 9-1　识读电路图

符号	器件名称	作用
YB	电磁铁	
KM2	主触点	
	辅助常闭触点	
SB2	常开触点	
	常闭触点	

工作原理

2. 材料准备

按表 9-2 准备电动机，配齐安装电路所需工具、仪表及器材，检测元器件是否正常。

表 9-2　实训器材明细表

符号	名称	型号	规格	数量
M	三相笼型异步电动机	Y112M-4	4kW、380V、7.8A、△联结	1台
QF	低压断路器	DZ47-63	三极、额定电流为25A	1个
FU1	主电路熔断器	RL1-60/25	500V、60A、配额定电流为25A的熔体	3个
FU2	控制电路熔断器	RL1-15/2	500V、15A、配额定电流为2A的熔体	2个
KM1、KM2	交流接触器	CJT1-20	20A、线圈电压为380V	2个
FR	热继电器	JR16-20/3D	三极、20A、整定电流为7.8A	1个
SB1、SB2	按钮	LA4-3H	保护式、380V、5A	1个
YB	电磁抱闸制动器	TJ2-100	线圈电压为380V	1个
	仪表		500V绝缘电阻表、UT200B型钳形电流表、MF47型万用表、转速表	各1个
	电工通用工具		验电笔、螺钉旋具、尖嘴钳、斜口钳、剥线钳、电工刀等	1套

（续）

符号	名称	型号	规格	数量
	主电路导线	塑料硬铜线 BV1.5mm²（黄、绿、红三色或自定）		若干
	控制电路导线	塑料软铜线 BV1.0mm²（黑色或自定）		若干
	按钮线	塑料软铜线 BVR0.75mm²（黑色或自定）		若干
	接地线	塑料软铜线 BVR1.5mm²（黄绿双色线）		若干

3. 安装元器件

（1）电磁抱闸制动器的检测与安装

1）制动器的检测。用手推动衔铁，观察衔铁在线圈窗口有无"卡住"现象；用万用表检查电磁铁线圈电阻是否正常。

2）制动器的安装。电磁抱闸制动器必须与电动机一起牢固安装在固定的底座或座墩上，地脚螺栓必须拧紧，且有防松措施。电动机轴伸端上的闸轮必须与制动器的闸瓦在同一平面上，而且轴心要一致。

3）制动器的调整。电磁抱闸制动器安装后，对于通电制动型，必须在教师的指导、监督下通电调试。先在通电情况下以外力转不动电动机的转轴进行粗调，然后在断电情况下微调。微调时，以电动机转动自如，闸瓦与闸轮不摩擦为合格。

（2）电器元件的安装　控制板上电器元件可参照正反转控制电路进行布置、安装。

4. 接线

1）根据图9-3所示电磁抱闸制动器通电制动控制电路按线槽布线工艺要求接线，导线要套线号管。

2）连接电动机、电磁铁等控制板外部的电源线。

3）连接好电动机、制动器的保护接地线。

5. 自检

断开断路器，按下KM1、KM2主触点，检查主电路有无短路、断路现象；分别按下SB1、SB2，检查控制电路0、1间电阻是否正常。

6. 通电调试

在教师的指导、监督下通电调试，观察、记录调试过程中的现象，如有故障，请查找、排除故障，并做好记录，填入表9-3中。

表9-3　通电调试

操作内容	现象	是否正常	分析原因	查找过程	处理方法
先按下SB1					
再按下SB2					

1）合上电源开关QF，用万用表或验电笔检查电源是否正常。

2）接通主电路，先后按下 SB1、SB2，观察电动机起动运行与制动过程是否符合要求。

3）通电试车完成后，断开电源开关 QF。拆除电源线、制动器和电动机接线。

任务评价

根据表 9-4 对任务完成情况进行评价。

表 9-4　任务评价表

评价内容	评价标准	配分	扣分
制动器检测	1）不知道制动器符号及各部件作用，每个扣 5 分 2）不会检测制动器线圈好坏，扣 5 分 3）不会调整制动器，该项不得分	10 分	
电路图识读	1）不知道电器元件功能，每处扣 4 分 2）电路工作原理分析不正确，扣 5 分	15 分	
材料准备	1）器材短缺，元器件型号、规格不符合要求，每件扣 1 分 2）漏检或错检，每处扣 1 分	10 分	
安装元器件	1）制动器安装、调试不符合要求，扣 8 分 2）元器件安装不牢固，每个扣 4 分 3）损坏元器件，该项不得分	10 分	
接线	1）没按安装接线图接线，扣 20 分 2）布线不符合工艺要求，每处扣 3 分 3）接点松动、露铜过长、反圈、压绝缘层、没套线号管，软线没压接线耳（螺杆连接除外），每处扣 2 分 4）损伤线芯或绝缘层，每根扣 5 分 5）漏接接地线，扣 10 分	30 分	
通电调试	1）主电路、控制电路配错熔体，各扣 5 分 2）热继电器未整定或整定值错误，扣 5 分 3）电源电压测试不正确，扣 10 分 4）一次试车不成功扣 10 分，二次试车不成功扣 15 分，三次试车不成功，该项不得分	20 分	
工具仪表使用	1）工具、仪表使用不规范，每次扣 3 分 2）损坏工具、仪表，扣 5 分	5 分	
故障检修	1）故障分析错误，从总分中扣 3 分 2）不会测量和查找故障点，从总分中扣 3 分 3）不会排除故障，从总分中扣 3 分		
安全文明生产	1）无材料浪费，现场清理整洁、干净；工具摆放整齐，废品分类清理 2）遵守安全操作规程，无任何安全事故发生 如违反安全文明生产要求，酌情扣 5～40 分。情节严重者，本次操作记 0 分或取消本次实训资格		
定额时间	180min，每超时 5min，扣 5 分		
开始时间	结束时间　　　　　　　实际时间　　　　　　　成绩		

学习笔记（无笔记，扣 10 分）

任务 2　单向起动反接制动控制电路的安装与调试

相关知识

1. 速度继电器

速度继电器是根据转速的高低来接通和分断电路的电器元件，是反映转速和转向的继电器，以转速高低为指令信号，配合接触器对电动机实现反接制动控制，因此，又称为反接制动继电器。

速度继电器有机械式和电子式两种。机械式速度继电器是将其连接头与机器转轴或电动机转轴进行同轴固定，通过转轴的离心作用使触点动作；电子式速度继电器与霍尔传感器类似，它能将机器或电动机的转速变换成电平输出，通过电子电路使触点动作。图 9-4 所示为机床常用的 JY1 系列机械式速度继电器。

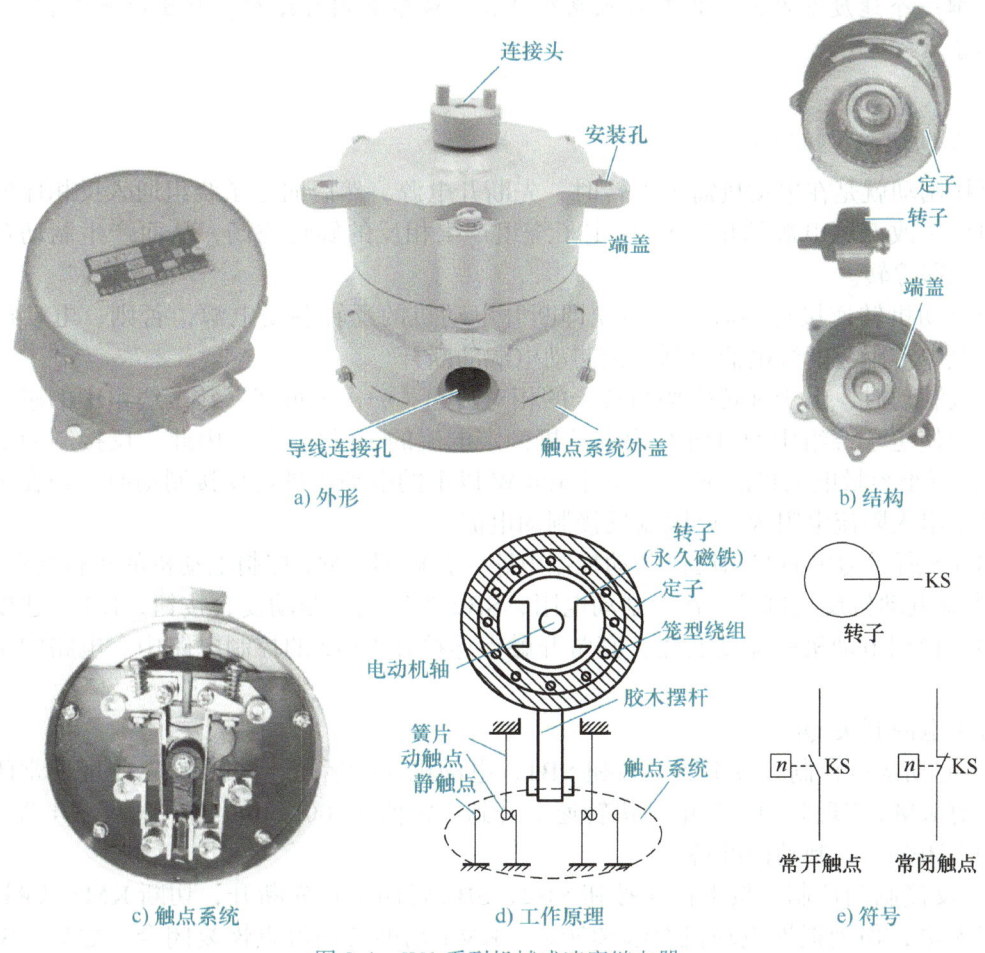

图 9-4　JY1 系列机械式速度继电器

（1）结构　JY1系列速度继电器主要由定子、转子、端盖、触点系统等组成。定子由硅钢片叠成并装有笼型短路绕组（与笼型电动机的转子绕组相似），能做小范围偏转；转子用一块永久磁铁制成，固定在转轴上；触点系统由簧片及动、静触点构成的正转和反转两组触点组成，一组在转子正转时动作，另一组在转子反转时动作。

（2）工作原理　如图9-4d所示，使用时，速度继电器的连接头与电动机转轴相连，外壳固定在电动机的端盖上。当电动机旋转时，速度继电器的转子跟着旋转，在空间产生一个旋转磁场，定子笼型短路绕组切割此旋转磁场产生感应电流，该感应电流与永久磁铁的旋转磁场相互作用，产生电磁转矩，使定子随永久磁铁转动的方向偏转，与定子相连的胶木摆杆偏转。当偏转到一定角度时，胶木摆杆推动簧片，使继电器的触点动作。当电动机转速减小到接近零时，胶木摆杆恢复到原状态，触点复位。

速度继电器触点动作转速通常不低于100r/min，当低于100r/min时触点复位。速度继电器的动作值和返回值是可以调节的。

> **拆一拆　认一认**
>
> 取一个速度继电器，拆开触点系统外盖，观察其内部结构，指出触点及相应的接线端子。

2. 单向起动反接制动控制电路

反接制动就是在电动机需要停转时，先断开电源，然后向定子绕组通入反相序的三相交流电源（改变原电源的相序），让定子绕组产生相反的旋转磁场，从而产生制动转矩使电动机立即停转。

当电动机转速接近零时，必须立即断开电动机的反转制动电源，否则，电动机将反转。实践中常用速度继电器控制反接制动电源的断开。

反接制动时，由于旋转磁场与转子的相对转速（$n+n_0$）很高，转子绕组中的感应电流很大，致使定子绕组中的电流约为电动机额定电流的10倍左右。因此，反接制动适用于10kW以下小容量电动机的制动，且对4.5kW以上的电动机进行反接制动时，须在定子绕组回路中串入限流电阻R，以限制反接制动电流。

图9-5所示为单向起动反接制动控制电路，接触器KM1控制电动机的正转起动运行，KM2控制电动机反接制动，R为制动电阻，SB2为停止、制动复合按钮，KS为速度继电器，用于检测电动机的速度变化，其常开触点连接在KM2的控制电路中。电路的工作原理如下：

合上电源开关QF。

1）起动运行控制。按下起动按钮SB1，电动机连续运行；同时，KM1辅助常闭触点断开，对KM2实现联锁。当电动机转速上升到一定值（100r/min）时，速度继电器KS的常开触点闭合，为制动做准备。

2）反接制动控制。按下停止按钮SB2，SB2常闭触点先断开，切断KM1线圈回路，电动机断电，但因惯性电动机会继续转动，KM1辅助常闭触点恢复闭合。之后，SB2常开触点闭合，KM2 线圈得电，KM2 主触点闭合，电动机定子串电阻制动，电动机的转速越来越小。同时，KM2 辅助常闭触点断开，对 KM1 实现联锁，KM2 辅助常开触点闭合，实现自锁。

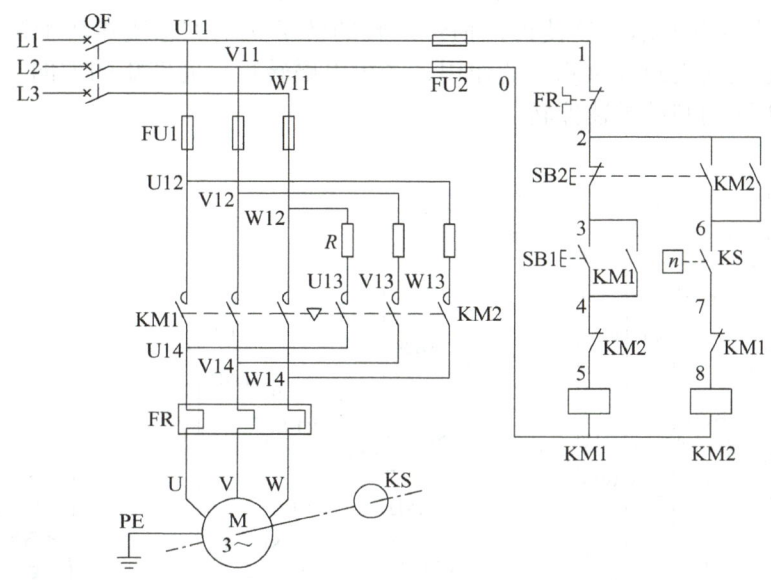

图 9-5　单向起动反接制动控制电路

当电动机转速接近零（即低于 100r/min）时，速度继电器 KS 常开触点恢复断开，KM2 线圈断电，KM2 主触点断开，电动机结束反接制动。

反接制动的优点是制动力强，制动迅速；缺点是制动准确性差，制动过程中冲击力强，易损坏传动零件，制动能量损耗大，不宜经常采用。因此，反接制动一般适用于制动要求迅速、系统惯性较大、不经常起动与制动的场合，如铣床、镗床、中型车床等主轴的制动控制。

速度继电器除用于反接制动外，还可用于以下场合：

1）异步电动机的能耗制动电路中，自动切断直流制动电源。

2）绕线转子异步电动机的起动电路中，当电动机速度升高到接近额定转速时，速度继电器动作，把频敏变阻器从转子回路中切除。

3）机械设备超速保护，当机械设备超速时，发出报警并加以限速或切断能源供给。

4）零速检测，检测机械或电动机是否停止转动。

频敏变阻器有哪些特点？

3. 单向起动能耗制动自动控制电路

单向起动能耗制动自动控制电路如图 9-6 所示。由主电路可知，当电动机起动运行后，断开 KM1，切断电动机的交流电源，这时转子因惯性继续转动；随即闭合 KM2，电动机 W、V 两相定子绕组通入单相半波整流输出的直流电，使定子绕组产生一个恒定的静止磁场，如图 9-6b 所示，这使得做惯性运转的转子切割磁感线在转子绕组中产生感应电流，该感应电流又受到静止磁场的作用，产生电磁转矩，此转矩的方向与电动机的转向相反，使电动机受到制动迅速停转。

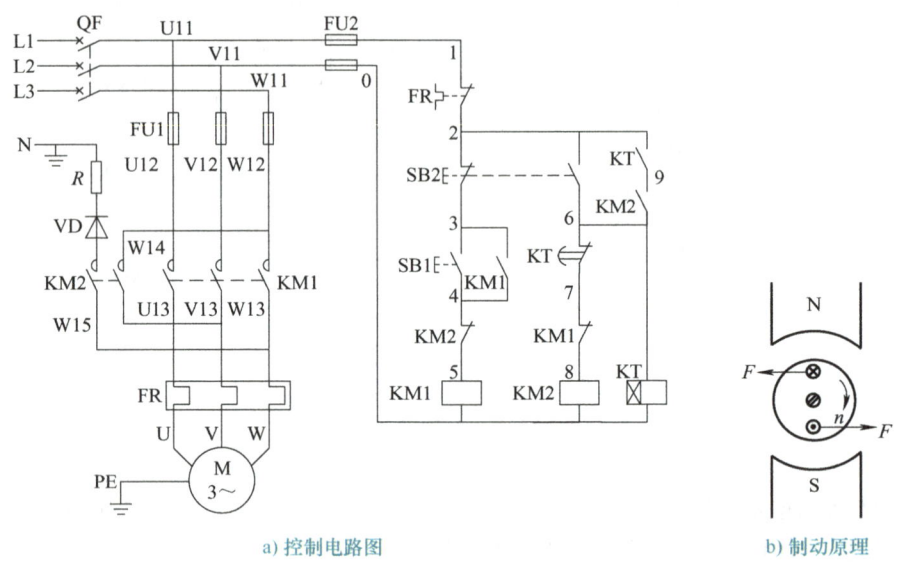

a) 控制电路图　　　　　　　　　　　b) 制动原理

图 9-6　单向起动能耗制动自动控制电路

在电动机切断交流电源后，立即给定子绕组中的任意两相通入直流电，以消耗转子惯性运转的动能，称为能耗制动，又称为动能制动。

图 9-6 所示单向起动能耗制动自动控制电路是采用单相半波整流输出直流电源，所用附加设备较少、线路简单、成本低，这种电路常用于 10kW 以下小容量电动机，且对制动要求不高的场合。对于 10kW 以上容量的电动机，多采用单相桥式整流提供直流电源进行能耗制动。

电路的能耗制动过程如下：

电动机起动运转后，按下 SB2，SB2 常闭触点先分断，KM1 线圈失电，KM1 主触点分断，切断电动机的三相交流电源，但电动机以惯性运转；KM1 辅助常闭触点恢复闭合，SB2 常开触点后闭合，KM2 线圈得电，KM2 主触点闭合，电动机接入直流电源进行能耗制动，KM2 辅助常开触点闭合，实现自锁，KM2 辅助常闭触点分断，对 KM1 实现联锁。同时，KT 线圈得电，KT 常开触点瞬时闭合，KT 开始延时，达到设定的延时时间后，KT 延时断开常闭触点分断，KM2 线圈失电，KM2 主触点分断，电动机切断直流电源并停转，能耗制动结束。与此同时，KM2 辅助常开触点分断，KT 线圈失电，KT 触点瞬时复位。

当 KT 出现线圈断线或机械卡阻等故障时,按下 SB2,能使电动机制动后脱离直流电源。

能耗制动的优点是制动准确、平稳,且能量消耗较小,缺点是需要附加直流电源装置,制动力较弱,在低速时制动力矩较小。因此,能耗制动一般用于要求制动准确、平稳的场合,如磨床、立式铣床等控制电路中。

1. 速度继电器的检测

拆开速度继电器的触点系统外盖,用万用表检测常闭触点是否正常,用手推动胶木摆杆分别向左、向右摆动,检测触点系统是否正常,将检测结果填入表 9-5 中。

表 9-5 速度继电器的检测

元器件状态与检测			电阻 /Ω	是否正常
速度继电器	常态	左 / 右常开触点		
		左 / 右常闭触点		
	胶木摆杆左摆	左常开触点		
		左常闭触点		
	胶布摆杆右摆	右常开触点		
		右常闭触点		

2. 识读电路图

分析、理解图 9-5 所示单向起动反接制动控制电路的工作原理,指出相关元器件的作用,填入表 9-6 中。

表 9-6 识读电路图

符号	器件名称	作用
KS	速度继电器	
R	制动电阻	
KM2	主触点	
	辅助常闭触点	
SB2	常开触点	
	常闭触点	

工作原理:

3. 材料准备与元器件安装

在任务 1 控制电路的基础上减去电磁抱闸制动器，增加 JY1 型速度继电器和 ZG11 型瓷管绕线电阻（10Ω、18A）。安装速度继电器时，采用速度继电器的连接头与电动机转轴直接连接的方法，并使两轴中心线重合。按图 9-7 安装单向起动反接制动控制电路电器元件。

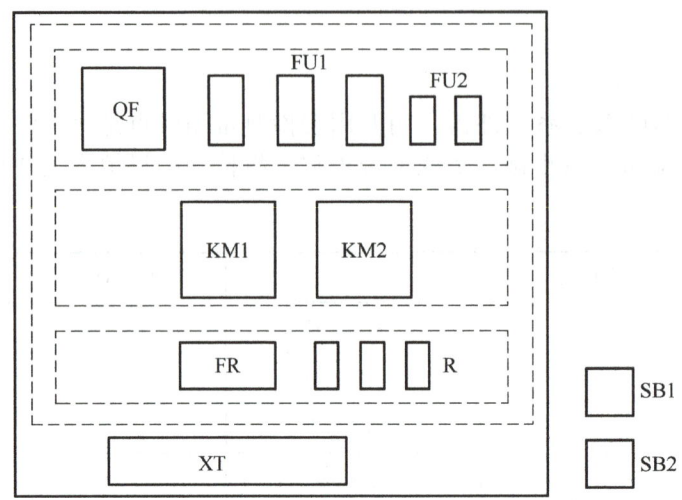

图 9-7 单向起动反接制动控制电路电器元件布置图

4. 接线与自检

1）根据图 9-5 所示单向起动反接制动控制电路按线槽布线工艺要求接线，导线要套线号管，制动电阻与 KM2 连接后要换相，复合按钮 SB2 接线要正确。

2）要预先确定电动机的转向（顺时针或逆时针），辨明速度继电器相应转向的常开触点接入 KM2 线圈回路。实际生产中，电动机的转向是根据生产要求确定的。

3）连接电动机等控制板外部的电源线，连接好保护接地线。

4）断开断路器，按下 KM1、KM2 主触点，检查主电路有无短路、断路现象；短接速度继电器的常开触点，分别按下 SB1、SB2，检查控制电路 0、1 间电阻是否正常。

5. 通电调试

在教师的指导、监督下通电调试，观察、记录调试过程中的现象，如有故障，请查找、排除故障，并做好记录，填入表 9-7 中。

表 9-7 通电调试

操作内容	现象	是否正常	分析原因	查找过程	处理方法
先按下 SB1					
再按下 SB2					

1）合上电源开关 QF，用万用表或验电笔检查电源是否正常。

2）通电试车观察电动机的转向。按下 SB1，观察电动机起动运行方向是否符合预先确定的转向，若电动机的转向不是预先确定的转向，则应改变相序，否则，速度继电器将无法完成反接制动。

3）按下 SB2，观察电动机的制动是否正常。若制动不正常，可检查速度继电器是否符合规定要求。若需调节速度继电器的调整螺钉，则必须切断电源，防止出现对地短路事故。

4）速度继电器动作值和返回值的调整应先由教师示范，再由学生自己调整。

5）制动操作不可过于频繁。通电试车完成后，断开电源开关 QF，拆除速度继电器、电源线和电动机接线。

任务评价

根据表 9-8 对任务完成情况进行评价。

表 9-8　任务评价表

评价内容	评价标准	配分	扣分
速度继电器的认识与检测	1）不会画速度继电器的符号，扣5分 2）不清楚速度继电器的接线端，扣5分 3）不会检测速度继电器好坏，扣5分 4）不会调整速度继电器，扣5分 注：扣分不超过本项配分	15分	
电路图识读	1）不知道电器元件功能，每处扣4分 2）电路工作原理分析不正确，扣5分	10分	
材料准备	1）器材短缺，元器件型号、规格不符合要求，每件扣1分 2）漏检或错检，每处扣1分	10分	
安装元器件	1）速度继电器安装、调试不合要求，扣8分 2）元器件安装不牢固，每个扣4分 3）损坏元器件，该项不得分	10分	
接线	1）没按安装接线图接线，扣20分 2）速度继电器常开触点接错，扣5分 3）布线未按工艺要求，接点松动、露铜过长、反圈、压绝缘层，没套线号管，软线没压接线耳（螺杆连接除外），每处扣2分 4）损伤线芯或绝缘层，每根扣5分 5）漏接接地线，扣10分	30分	
通电调试	1）主电路、控制电路配错熔体，各扣5分 2）热继电器未整定或整定值错误，扣5分 3）电源电压测试不正确，扣10分 4）一次试车不成功扣10分，二次试车不成功扣15分，三次试车不成功，该项不得分	20分	
工具仪表使用	1）工具、仪表使用不规范，每次扣3分 2）损坏工具、仪表，扣5分	5分	
故障检修	1）故障分析错误，从总分中扣3分 2）不会测量和查找故障点，从总分中扣3分 3）不会排除故障，从总分中扣3分		

（续）

评价内容	评价标准	配分	扣分
安全文明生产	1）无材料浪费，现场清理整洁、干净；工具摆放整齐，废品分类清理 2）遵守安全操作规程，无任何安全事故发生 如违反安全文明生产要求，酌情扣 5～40 分。情节严重者，本次操作记 0 分或取消本次实训资格		
定额时间	180min，每超时 5min，扣 5 分		
开始时间	结束时间　　　　实际时间　　　　成绩		

学习笔记（无笔记，扣 10 分）

项目九习题

项目十　几种常用继电器的认识与检测

项目描述

　　继电器是一种根据输入信号（电量或非电量）的变化接通或分断小电流电路（如控制电路），以实现自动控制的电器。生产实践中，继电器通过控制接触器或其他电器的线圈实现对主电路大电流的控制。

　　继电器虽然种类很多，但都主要由感测机构、中间机构和执行机构三部分组成。感测机构把感测到的电量或非电量传递给中间机构，并将它与预定值（整定值）相比较，当达到预定值（整定值）时，中间机构就使执行机构动作，接通或断开电路。

　　本项目要求会识别、检测常用继电器和电磁阀。具体由两个任务组成：电磁式继电器的认识与检测、压力继电器与电磁阀的认识与检测。

职业岗位应知应会目标

　　1. 能正确识别、选择、安装、使用常用继电器与电磁阀，熟知它们的功能、结构。
　　2. 熟知常用继电器、电磁阀的工作原理、型号含义及电路符号。
　　3. 会调整常用继电器的整定值。
　　4. 会检测常用继电器、电磁阀的好坏。

任务1　电磁式继电器的认识与检测

相关知识

1. 电磁式继电器的结构与分类

电磁式继电器的结构和工作原理与接触器基本相同，主要由电磁机构和触点系统组成。按线圈工作电流种类的不同，可分为直流电磁式继电器和交流电磁式继电器；按其在电路中作用的不同，可分为中间继电器、电流继电器和电压继电器等。

2. 中间继电器

（1）中间继电器的结构原理及符号　图10-1所示为交、直流中间继电器的外形、结构及符号。中间继电器的结构、工作原理与接触器基本相同，但其触点对数多，且没有主、辅触点之分，触点允许通过的电流一般为5A。工作电流小于5A的电气控制电路可用中间继电器来完成。

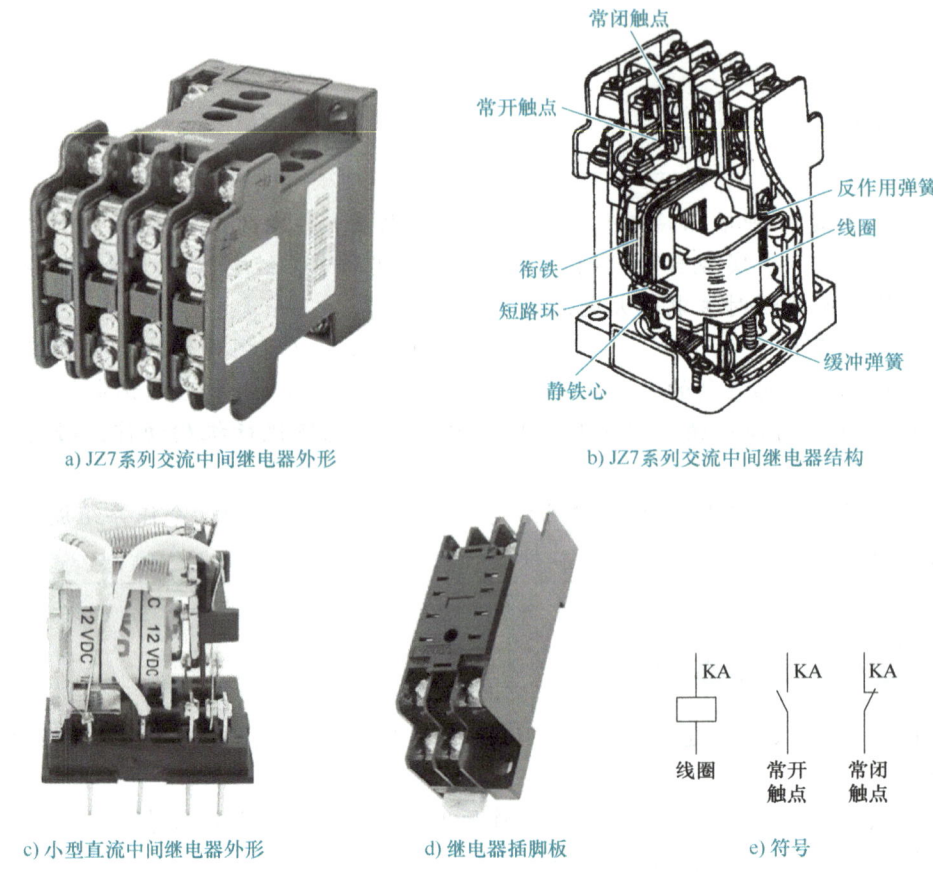

图10-1　交、直流中间继电器的外形、结构及符号

（2）作用　中间继电器是用来增加控制电路中信号数量或将信号放大的继电器。其输入信号是线圈的通电和断电，输出信号是触点的动作。因其触点数量较多，当其他电器的触点数或触点容量不够时，可借助中间继电器作为中间转换元器件，来控制多个元器件或回路。

（3）中间继电器的型号含义　中间继电器的型号含义如下。

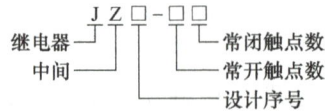

（4）中间继电器的选用　主要依据被控制电路的电压等级、工作电流类型、所需触点数量、容量等要求来选择中间继电器。

> **微思考**
>
> 常用继电器有哪些分类？

3. 电流继电器

反映输入量为电流的继电器称为电流继电器。电流继电器分为过电流继电器和欠电流继电器两种。图 10-2 所示为电流继电器的外形与符号。

使用时，电流继电器的线圈串联在被测电路中，当通过线圈的电流达到预定值（整定值）时，其触点动作。电流继电器线圈的匝数少、导线粗、阻抗小，串入电流继电器线圈可降低对原电路工作状态的影响。

a) JL14 系列过电流继电器

b) JL12 系列过电流继电器

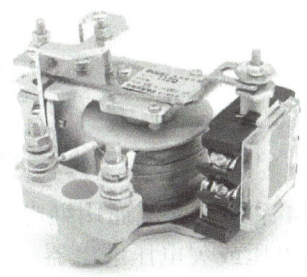
c) JL14-11ZQ 系列欠电流继电器

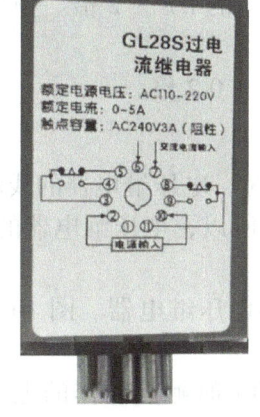
d) GL28S 系列电子式过电流继电器

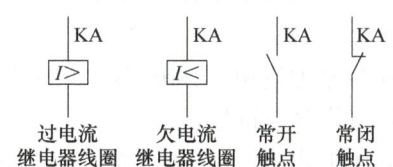
e) 符号

图 10-2　电流继电器的外形与符号

（1）过电流继电器　当通过继电器的电流超过预定值（整定值）时触点动作的电流继电器称为过电流继电器。过电流继电器的吸合电流根据保护要求的不同，可预设为额定电流的 1.1～4 倍。电路正常工作时，过电流继电器线圈通过额定电流，其衔铁不吸合；当电路发生短路或过载故障，通过线圈的电流达到或超过预定值（整定值）时，铁心吸合衔铁，带动触点动作。

过电流继电器常用于直流电动机或绕线转子异步电动机的控制电路中，用于频繁及重载起动的场合，对电动机和主电路进行过载或短路保护。

（2）欠电流继电器　当通过继电器的电流减小到低于预定值（整定值）时触点动作的电流继电器称为欠电流继电器。欠电流继电器的吸合电流一般为线圈额定电流的0.3～0.65倍，释放电流为额定电流的0.1～0.2倍。电路正常工作时，欠电流继电器的衔铁始终是吸合的，只有当电流下降至低于预定值（整定值）时，欠电流继电器的衔铁被释放，带动触点动作。

欠电流继电器常用于直流电动机和电磁吸盘电路，作为弱磁保护。

（3）电流继电器的型号含义　电流继电器的型号含义如下。

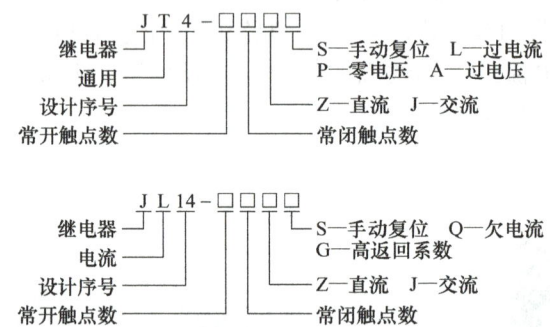

JT4系列为交流通用继电器，在其电磁系统中装上不同的线圈，可制成过电流、欠电流、过电压或欠电压继电器。

（4）电流继电器整定值的设置

1）过电流继电器的整定电流一般取电动机额定电流的1.7～2倍。频繁起动的场合可取电动机额定电流的2.25～2.5倍。

2）欠电流继电器的整定电流一般取额定电流的0.1～0.2倍。

4. 电压继电器

反映输入量为电压的继电器称为电压继电器。使用时，电压继电器的线圈并联在被测量电路中，根据线圈两端电压的大小接通或断开电路。所以，电压继电器的线圈导线细、匝数多、阻抗大。

电压继电器分为过电压继电器、欠电压继电器和零电压继电器。图10-3所示为电子式电压继电器的外形与符号。

（1）过电压继电器　当电压大于其预定值（整定值）时触点动作的电压继电器称为过电压继电器。它主要用于对电路或设备的过电压保护。常用的电磁式过电压继电器为JT4-A系列，其动作电压值可在1.05～1.20倍的额定电压（U_N）范围内调节。

（2）欠电压继电器　当电压下降至某一规定范围时触点动作的电压继电器称为欠电压继电器。当电压下降至预定值（整定值）时，衔铁被释放，触点复位，对电路实现欠电压保护。接触器就是典型的欠电压继电器。

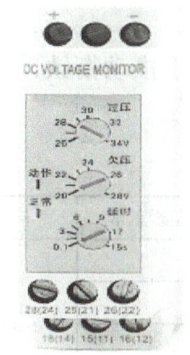
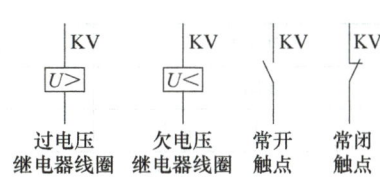

a) DVRD系列直流过/欠电压继电器　　　　b) 符号

图 10-3　电子式电压继电器的外形与符号

零电压继电器是欠电压继电器的一种特殊形式，是当继电器的电压下降至接近零时才释放的电压继电器。电路正常工作时，零电压继电器和欠电压继电器的铁心吸合衔铁；当电压下降至预定值（整定值）时，衔铁被释放，触点复位，对电路实现零压和欠电压保护。

（3）整定值的设置　常用的欠电压继电器和零电压继电器主要是 JT4–P 系列，欠电压继电器的整定值一般设置为（0.40～0.70）U_N。零电压继电器的整定值一般设置为（0.10～0.35）U_N。接触器出厂时就设定为 $0.85U_N$。

微思考

什么是固态继电器？

任务实施

1. 材料准备

按图 10-1～图 10-3 准备继电器，准备所需电工工具及仪表。

2. 继电器的识别

根据所准备的继电器，识读其名称、型号，并查阅其主要参数，填入表 10-1 中。

表 10-1　继电器的识别

名称	型号	主要参数	电路符号

3. 继电器的检测

用万用表检测各电器元件触点、线圈是否正常；用手推动衔铁，观察衔铁动作是否正常；检测触点系统是否正常，将检测结果填入表 10-2 中。

表 10-2　继电器的检测

器件名称	器件状态		电阻	是否正常	参考数值
中间继电器	线圈				中间继电器线圈电阻一般为 300～500Ω
	常闭触点	常态			
		吸合			
	常开触点	常态			
		吸合			
电流继电器	线圈				电流继电器线圈电阻一般为 1Ω 左右
	常闭触点	常态			
		吸合			
	常开触点	常态			
		吸合			
电压继电器	线圈				电压继电器线圈电阻一般为 300～500Ω
	常开触点	常态			
		吸合			
	常闭触点	常态			
		吸合			

4. 整定值的设置

1）过电流继电器的整定值设置为 $1.5I_N$。
2）欠电流继电器的整定值设置为 $0.2I_N$。
3）欠电压继电器的整定值设置为 $0.65U_N$。

任务评价

根据表 10-3 对任务的完成情况进行评价。

表 10-3　任务评价表

评价内容	评价标准	配分	扣分
继电器的识别	1）漏写或错写型号，每只扣 5 分 2）画错符号或错、漏标文字符号，每处扣 2 分 3）漏写或错写主要参数，每处扣 5 分	40 分	
继电器的检测	1）工具、仪表使用不规范，扣 10 分 2）漏检或检测结果不正确，每处扣 10 分 3）检测数据分析错误，每处扣 10 分	45 分	
继电器整定值的设置	不会整定或不按要求整定，每个扣 5 分	15 分	

（续）

评价内容	评价标准	配分	扣分
安全文明生产	1）要求现场整洁、干净 2）工具摆放整齐，废品清理分类符合要求 3）遵守安全操作规程，不发生任何安全事故 如违反安全文明生产要求，酌情扣 10～40 分，情节严重者，可判本次技能操作训练为 0 分或取消本次实训资格		
定额时间	180min，每超时 5min，扣 5 分		
开始时间	结束时间　　　　　　　　　　实际时间　　　　　　　　　　成绩		

学习笔记（无笔记，扣 10 分）

任务 2　压力继电器与电磁阀的认识与检测

相关知识

1. 压力继电器

压力继电器能根据压力源压力的变化来改变触点动作，实现对液压或气压机械设备的保护或控制。常用的压力继电器有 JCS 系列、YJ 系列和 TE52 系列等，图 10-4 所示为 JCS 系列压力继电器，图 10-5 所示为 YJ 系列压力继电器。图 10-6 所示为压力继电器的结构与符号，它主要由缓冲器、橡皮膜、顶杆、压缩弹簧、压力调节螺母和微动开关等组成，微动开关和顶杆之间有一定的间距，一般大于 0.2mm。使用时，将压力继电器装在油路、气路或水路的分支管路中，当管路压力超过预定值（整定值）时，缓冲器和橡皮膜推动顶杆使微动开关触点动作，从而改变控制电路的工作状态。当管路中的压力低于预定值（整定值）时，顶杆脱离微动开关使其触点复位。压力继电器的调整非常方便，只要调节压力调节螺母即可改变控制压力。

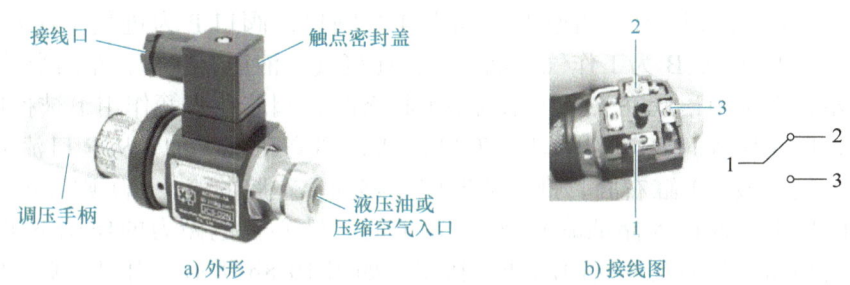

图 10-4　JCS 系列压力继电器

图 10-5　YJ 系列压力继电器　　　　图 10-6　压力继电器的结构与符号

2. 电磁阀

压力继电器
的认识

在液压传动或气压传动系统中，常利用气缸的活塞产生较大的力或位移去控制机械设备，实现自动控制，如空气锻打锤、注塑机等。为了实现活塞运动方向、起动和停止的自动控制，常用电磁阀来完成，使用最多的是四通电磁阀。电磁阀可分为直流和交流，也分为单向（控）和双向（控）。图 10-7 所示为电磁阀的外形。

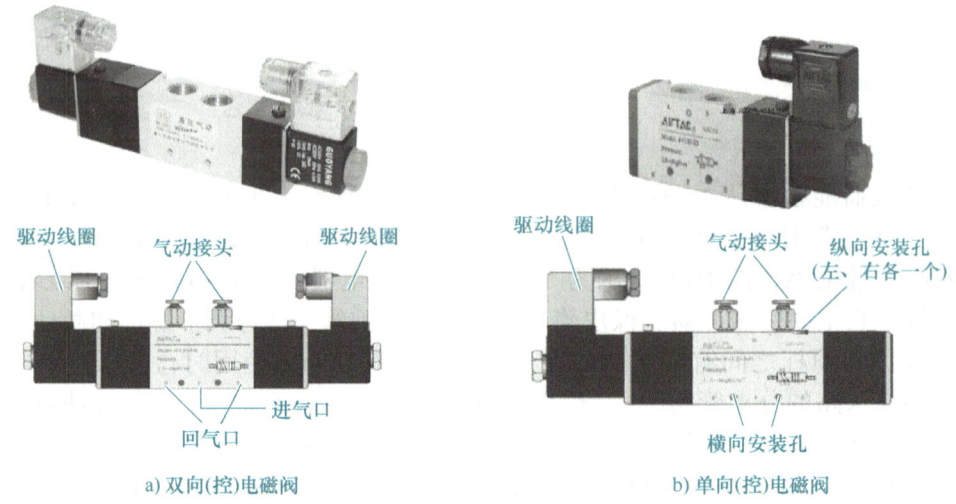

图 10-7　电磁阀的外形

电磁阀的认
识与检测

如图 10-8 所示，四通电磁阀有 4 个阀口，阀口 P 为进气（油）口，T 为排气（油）口，A、B 为工作气（油）口，连接气（液压）缸右、左两个腔。图 10-8a 所示位置为电磁阀在失电（未通电）状态时，阀芯在弹簧作用下被推向左边的情况，P 口与 A 口连通，B 口与 T 口连通，即高压气（油）从 P 口流入，经 A 口进入气（液压）缸右腔，推动活塞向左移动。左腔的气（油）则经过孔 B 口送往 T 口排出（或进入储油罐）。线圈得电时，铁心在电磁力的作用下被吸向右方，推动阀芯向右移动，从而改变阀门的开闭状态，如图 10-8b 所示。由图可知，电磁阀是靠阀体内弹簧复位，将铁心和阀芯推到额定行程，使阀门处于相关位置的开、闭状态。铁心和阀芯在电磁力的作用下移动，改变阀门的状态以接通或关断气（油）路，控制流体（液体、气体）流动方向，实现运动换向，完成自动控制。它在机械设备的液压、气压系统中得到了广泛的应用。

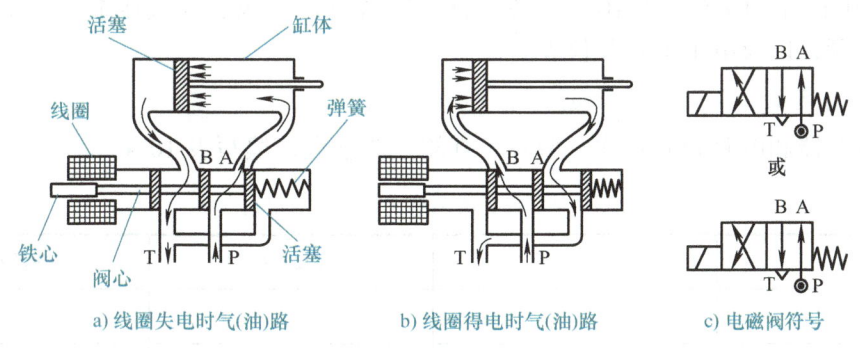

图 10-8　四通电磁阀

连接气缸说明电磁阀的工作原理

电磁阀的工作特点：线圈得电，线圈侧的气口送出高压工作空气（液压油），失电时，在弹簧的作用下复位，状态是确定、唯一的。

图 10-8c 为电磁阀符号，符号中的两个方格代表它的两个状态（也称为二位），通电、断电是两个不同的工作位。符号中靠近弹簧的方格为常态，即线圈未通电时的状态，符号中靠近线圈的方格为线圈通电时的状态。绘制系统图时，气（油）路一般应连接在电磁阀（或换向阀）的常态位上。电磁阀各孔的相对位置一样，所以只在一个方格上标 P、T、A 和 B 即可，方格内箭头表示对应的两个接口处于连通状态。

图 10-9 所示是常用四通电磁阀符号，图 10-9b 是三位四通电磁阀，符号的中位是常态位，方格内符号"⊤"表示该接口不通。方格外部连接的接口数有几个，表示"几通"。图 10-9a 只有一侧有线圈，为单向（控）电磁阀，图 10-9b 两侧都有线圈，为双向（控）电磁阀。流体的进气口用 P 表示，排气口用 T 表示，阀与执行元件连接的接口用 A、B 等表示。电磁阀在电路中只用其线圈符号表示，如图 10-9c 所示。

图 10-9　常用四通电磁阀符号

双向电磁阀的工作原理

单、双向（控）电磁阀的区别：单向（控）电磁阀失电后，在弹簧的作用下复位，改变阀门的状态，它的失电状态是唯一的；双向（控）电磁阀失电后仍保持原状态，只有另一侧的线圈获电，才能改变阀门的状态，其失电状态是随意的。

任务实施

1. 材料准备

按图 10-4、图 10-5 和图 10-7 准备器材，准备直流电源、空气压缩机（空气泵）、气动接头及气管，以及电工工具及仪表。

2. 压力继电器、电磁阀的识别

识读继电器和电磁阀的名称、型号，查阅主要参数，填写表 10-4。

表 10-4 压力继电器、电磁阀的识别

名称	型号	主要参数	电路符号

3. 检测

1）压力继电器的检测。拆开压力继电器的触点密封盖，用万用表检测各触点是否正常；给压力继电器接上气管（教师应先示范、指导），调节压力继电器手柄至 1.5MPa，起动空气压缩机，观察并检测触点动作是否正常，将检测结果填入表 10-5 中。

2）电磁阀的检测。拆开电磁阀线圈的密封盖，连接导线，恢复密封盖，检测线圈电阻是否正常；给电磁阀连接气动接头及气管，起动空气压缩机，让电磁阀通电、失电，用手感受排气口的回气是否正常，将检测结果填入表 10-5 中。

表 10-5 压力继电器与电磁阀的检测

器件名称	器件状态		电阻/Ω	是否正常	参考数值
压力继电器	常闭触点	常态			各类触点闭合时两端电阻接近于零，断开时两端电阻为无穷大
		吸合			
	常开触点	常态			
		吸合			
电磁阀	线圈				电磁阀线圈电阻一般为 20~200Ω，功率不同，阻值不同
	排气口				

任务评价

根据表 10-6 对任务的完成情况进行评价。

表 10-6　任务评价表

评价内容	评价标准	配分	扣分
电器识别	1）漏写或错写型号，每只扣 5 分 2）画错符号或错、漏标文字符号，每处扣 2 分 3）漏写或错写主要参数，每处扣 5 分	40 分	
电器检测	1）工具、仪表使用不规范，扣 10 分 2）漏检或检测结果不正确，每处扣 10 分 3）不会连接气管，每处扣 10 分 4）不会调节压力继电器整定值，扣 10 分	55 分	
安全文明生产	1）要求现场整洁、干净 2）工具摆放整齐，废品清理分类符合要求 3）遵守安全操作规程，不发生任何安全事故 如违反安全文明生产要求，酌情扣 10～40 分，情节严重者，可判本次技能操作训练为 0 分或取消本次实训资格	5 分	
定额时间	180min，每超时 5min，扣 5 分		
开始时间	结束时间　　　　　　　实际时间　　　　　　　成绩		

学习笔记（无笔记，扣 10 分）

项目十习题

项目十一　普通车床电气控制电路的安装与检修

项目描述

　　车床主要用来车削外圆、内圆、端面、螺纹、螺杆等，装上钻头或铰刀等刀具还可以进行钻孔或铰孔等加工工作。

　　车床的分类方法和种类较多，按主轴位置的不同分为卧式车床和立式车床；按自动化程度的不同分为普通车床、半自动车床、自动车床和数控车床，其中以普通车床应用最为广泛。

　　本项目要求会安装、检修 CA6140 型车床控制电路。具体由两个任务组成：认识 CA6140 型车床、CA6140 型车床控制电路的安装与常见电气故障的检修。

职业岗位应知应会目标

1. 了解 CA6140 型车床的主要结构及运动形式。
2. 掌握 CA6140 型车床电力拖动特点及控制要求。
3. 掌握电气控制电路图的识读方法，会分析 CA6140 型车床控制电路。
4. 能熟练安装 CA6140 型车床控制电路。
5. 会分析、排除 CA6140 型车床常见的电气故障。

任务 1　认识 CA6140 型车床

相关知识

1. CA6140 型车床型号含义

CA6140 型车床型号含义如下：

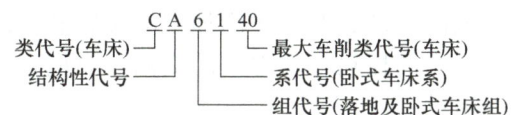

2. CA6140 型车床的主要结构及作用

CA6140 型车床主要由床身、主轴箱、进给箱、溜板箱、刀架、尾座、光杠和丝杠等部分组成。CA6140 型车床的外形及主要结构如图 11-1 所示，其主要部件的作用见表 11-1。

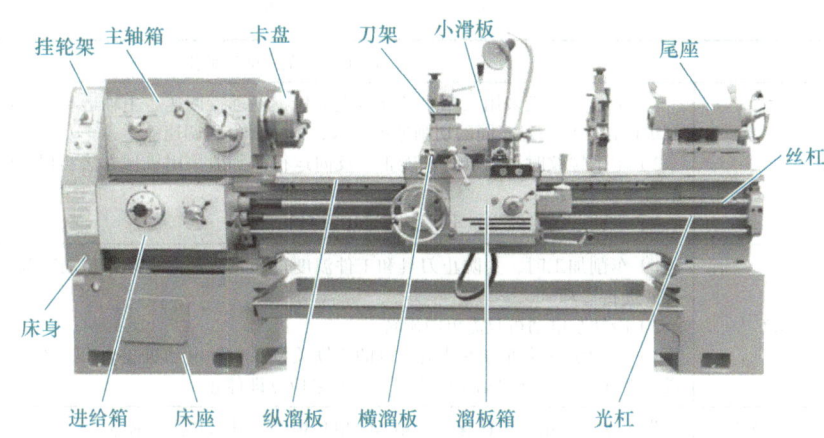

图 11-1 CA6140 型车床的外形及主要结构

车床的结构与加工形式

表 11-1 CA6140 型车床主要部件的作用

部件名称	作用
主轴箱	固定在床身的左上端，内装主轴及使主轴变速、变向的传动机构。其主要任务是将主电动机传来的旋转运动经过变速机构，使主轴得到所需的正反两种转向的不同转速，同时主轴箱分出部分动力将运动传给进给箱
进给箱	位于床身的左前侧，内装进给运动的变速机构和操纵机构。其功能是把主轴传递的动力传给光杠或丝杠，通过调整变速机构，可使光杠或丝杠得到各种不同的转速
溜板箱	固定在刀架部件的底部，可带动刀架一起做纵向和横向进给运动、快速移动或螺纹加工。其功能是将光杠或丝杠的旋转运动变成刀架的直线运动。溜板箱上装有各种操作手柄及按钮，工作时，工人可以方便地操作机床
光杠与丝杠	用于连接进给箱和溜板箱，并把进给箱的运动和动力传给溜板箱，使溜板箱获得纵向直线运动。通过光杠传动实现刀架的纵向进给运动、横向进给运动和快速移动，通过丝杠带动刀架做纵向直线运动、车削螺纹。通过调整进给箱上的变速机构，可以使光杠与丝杠获得不同的转速，改变被加工螺纹的螺距或机动进给时的进给量
刀架	装在刀架导轨上，可沿刀架导轨做纵向移动。刀架由床鞍（大拖板）、横拖板、小拖板和四方刀架等组成。刀架是用于夹装车刀，使车刀做纵向、横向和斜向运动
尾座	装在床身右端，可沿尾座导轨做纵向位置的调整。其功能是用后顶尖支承工件，也可以安装钻头、铰刀等孔加工工具进行孔加工
床身	床身固定在左、右床座上，它是机床的支撑件，工作时，床身保障各部件相对位置准确

车床做车削加工时，工件夹在卡盘上由主轴带动旋转，加工工具（车刀）装夹在刀架

上，由溜板箱带动做横向、纵向运动，改变车削加工的位置和深度。因此，车床的主运动是主轴的旋转运动，进给运动是溜板箱带动刀架的横向、纵向运动，刀架的快速移动和工件的夹紧、放松等则是辅助运动。

3. CA6140 型车床的电力拖动特点及控制要求

CA6140 型车床的电力拖动系统由三台电动机组成，分别为带动主轴旋转和刀架快速进给的主轴电动机 M1、冷却泵电动机 M2 和刀架快速移动电动机 M3。其电力拖动特点及控制要求见表 11-2。

表 11-2　CA6140 型车床电力拖动特点及控制要求

结构	电力拖动特点及控制要求
主轴电动机 M1	1）主轴电动机采用三相笼型异步电动机，不进行调速。主轴运动采用齿轮箱进行机械有级调速，以满足不同的切削速度需求，不需要电气调速 2）车削螺纹时，要求主轴能正、反向运行，一般采用机械方法实现换向，主轴电动机只做单向旋转 3）主轴电动机的容量不大，可采用直接起动
冷却泵电动机 M2	1）车削加工时，为防止刀具和工件温度过高，冷却泵电动机拖动冷却泵输出切削液对工件进行冷却 2）冷却泵电动机只需单向旋转 3）冷却泵电动机与主轴电动机的联锁关系：主轴电动机起动后，才能决定冷却泵电动机是否起动；主轴电动机停止时，冷却泵应立即停止
刀架快速移动电动机 M3	为实现溜板箱的快速移动，由 M3 单独拖动，并采用点动控制
整体控制要求 1）控制电路必须有过载、短路、欠电压、失电压保护功能 2）具有安全的局部照明装置	

4. 识读机床电气原理图

机床电气控制电路一般包含的电器元件和电气设备较多，其电路图符号也较多，识读机床电气原理图可从以下几步入手。

1）分析主电路。一般先从电动机入手，分析主触点和附加元器件完成的功能（如起动、正反转、丫－△、制动、调速等），这样在分析控制电路时可以有的放矢。

2）分析控制电路。由主触点文字符号找到相关控制环节及环节间的联系，将控制电路"化整为零"，按功能的不同划分为若干个局部控制电路来分析。通常按展开顺序，结合电器元件明细表、元器件动作表进行阅读。从按动操作按钮开始核查电路，逐级观察元器件的触点信号是如何控制其他元器件或执行元器件动作的。

3）分析辅助电路。辅助电路大部分是由控制电路中的元器件来控制的，因此，在分析辅助电路时，须重新对照控制电路进行分析。

4）分析联锁与保护环节。控制电路中往往有一系列的电气保护与联锁。

5）分析特殊环节。在控制电路中，有一些与主电路、控制电路关系不太密切，相对独立的环节，如产品计数装置、自动检测系统、晶闸管触发电路、自动调温装置等。这部分往往自成一个小系统，读图分析的方法可参照上述分析过程，灵活运用电子技术、自动控制系统的知识进行分析。

6）总体检查。经过"化整为零"分析电路的工作原理及各部分之间的控制关系后，还必须用"集零为整"的方法检查整个电路,从整体角度进一步检查和理解各控制环节之间的联系,理解电路图中每一个电器元件的作用、工作过程及主要技术参数。

7)在阅读分析电气原理图时,还应注意以下几点,以图 11-2 所示 CA6140 型车床控制电气原理图为例。

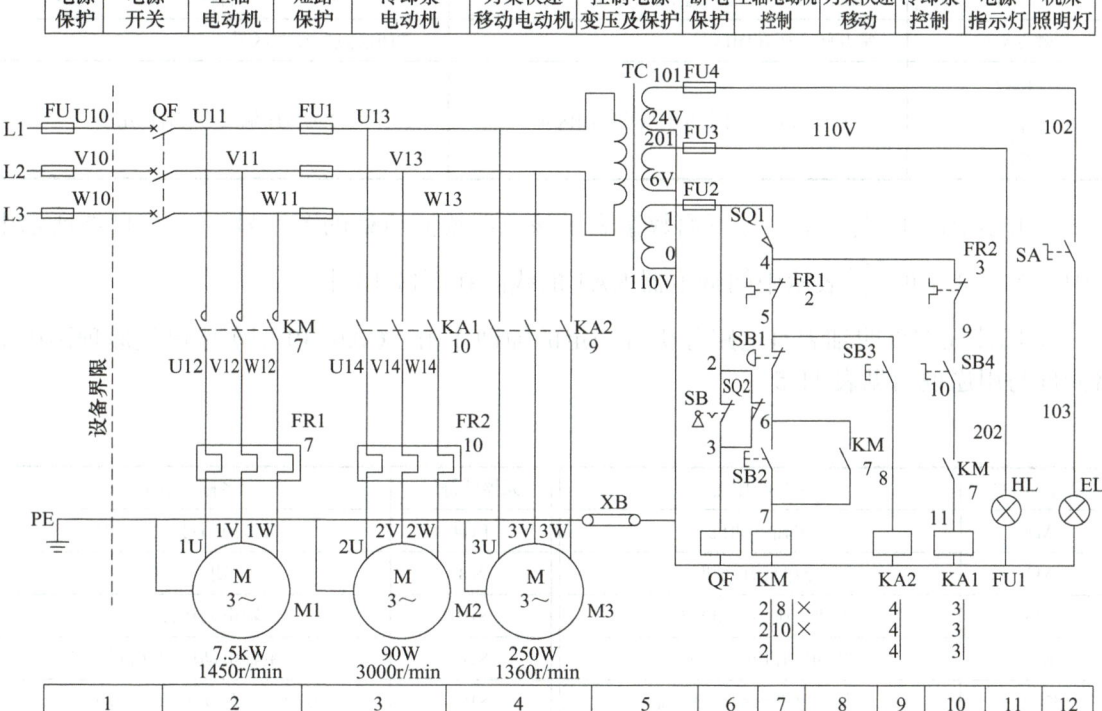

图 11-2　CA6140 型车床控制电气原理图

① 控制电路按功能划分为若干图区,通常将一条回路或一条支路划为一个图区,并从左向右依次用阿拉伯数字编号,标注在图形下部的图区栏中。

② 控制电路中每个图区的电路在机床电气操作中的用途,必须用文字标明在控制电路图上部的用途栏中。

③ 在控制电路图中每个接触器的文字符号 KM 下面画两条竖直线,分成左、中、右三栏,如图 11-2 中位于 7 号图区的接触器 KM。接触器线圈符号下的数字标识意义见表 11-3。

表 11-3　接触器线圈文字符号下的数字标识意义

栏目	左栏	中栏	右栏
触点类型	主触点所在图区号	辅助常开触点所在图区号	辅助常闭触点所在图区号
KM 2　8　× 2　10　× 2	表示 KM 的 3 对主触点均在图区 2	表示 KM 一对辅助常开触点在图区 8,另一对辅助常开触点在图区 10	表示 KM 的两对辅助常闭触点均没有使用

④ 在控制电路图中每个继电器线圈文字符号下面画一条竖线，分成左、右两栏，如图 11-2 中图区 9 的 KA2 和图区 10 的 KA1。以继电器 KA2 为例说明继电器线圈文字符号下的数字标识意义，见表 11-4。

表 11-4　继电器线圈文字符号下的数字标识意义

栏目	左栏	右栏
触点类型	常开触点所在图区号	常闭触点所在图区号
KA2 4 4 4	表示 KA2 的 3 对常开触点均在图区 4	表示 KA2 的常闭触点均没有使用

⑤ 电路图中触点文字符号下面数字表示该电器线圈所处的图区号。在图 11-2 所示电路中，图区 3 中的 $\dfrac{KA1}{10}$ 表示中间继电器 KA1 的线圈在图区 10 中。

⑥ 阅读元器件明细表对电路分析有一定的辅助作用。CA6140 型车床电气原理图中电器元件与用途说明见表 11-5。

表 11-5　CA6140 型车床电气原理图中电器元件与用途说明

元器件符号	名称与用途	元器件符号	名称与用途
M1	主轴电动机	FU4	机床照明灯短路保护
M2	冷却泵电动机	SB	钥匙开关
M3	刀架快速移动电动机	SB1	主轴电动机停止按钮
KM	主轴电动机起动接触器	SB2	主轴电动机起动按钮
KA1	冷却泵电动机起动继电器	SB3	刀架快速移动电动机点动按钮
KA2	刀架快速移动电动机起动继电器	SB4	冷却泵电动机起动旋钮
FR1	主轴电动机过载保护	SQ1	床头传动带罩的位置开关
FR2	冷却泵电动机过载保护	SQ2	配电门行程开关
QF	具有断电保护的电源开关	HL	电源指示灯
TC	控制变压器	EL	机床照明灯
FU	机床控制电路短路保护	SA	机床照明开关
FU1	M1、M2 短路保护	PE	安全接地保护
FU2	控制电路短路保护	XB	连接端子
FU3	电源指示灯短路保护		

5. CA6140 型车床电气控制电路的工作原理

（1）主电路　主电路比较简单，请自行分析。

（2）控制电路　控制电路电源由控制变压器 TC 将 380V 交流电压降为 110V，熔断器 FU2 作为短路保护。

1）配电箱门与钥匙开关的联锁保护。钥匙开关 SB 和配电箱门行程开关 SQ2 的常闭触点并联后，与断路器 QF 线圈串联，确保只有在配电箱门关闭，且用钥匙开关操作的情况下,电源开关 QF 才能合闸接通三相交流电源。

插入钥匙开关 SB 并向右旋转,SB 的常闭触点(2-3)断开,当关闭配电箱门时,装在箱门上的行程开关 SQ2 的常闭触点(2-3)断开,断路器线圈无电,此时才能合上 QF。断路器合闸后接通三相交流电源,电源指示灯 HL 亮。

如果配电箱门没关闭,插入钥匙开关 SB 并向右转动,由于 SQ2 的常闭触点(2-3)闭合,即使 QF 合闸,但因 QF 线圈得电,使断路器 QF 自动跳闸,切断电源,以确保人身安全。

断电时,将插入的钥匙 SB 向左旋转,使 SB 的常闭触点(2-3)闭合,QF 线圈得电,断路器 QF 跳闸,机床断电。

如果需要打开机床配电箱门带电检修,可将行程开关 SQ2 的传动杆拉出,使 SQ2 常闭触点(2-3)断开,此时,QF 线圈不得电,QF 不会跳闸。检修完毕,复位传动杆即可。

2)床头传动带罩的安全保护。机床床头传动带罩处设有行程开关 SQ1,合上床头传动带罩时,SQ1 的常开触点(2-4)闭合。打开床头传动带罩时,SQ1 的常开触点(2-4)断开。

机床正常工作时,必须合上床头传动带罩,SQ1 的常开触点(2-4)闭合,保证电动机 M1、M2 和 M3 能正常工作。合上传动带罩可确保人身安全。

3)主轴电动机 M1 的控制。合上床头传动带罩,SQ1 的常开触点(2-4)闭合。接通三相交流电源,按下主轴电动机 M1 的起动按钮 SB2,接触器 KM 线圈通电,KM 主触点闭合,主轴电动机 M1 起动;KM 辅助常开触点(6-7)闭合自锁;KM 辅助常开触点(10-11)闭合,为 KA1 线圈得电做准备。

按下停止按钮 SB1,接触器 KM 线圈断电,主轴电动机 M1 停转。

4)冷却泵电动机 M2 的控制。主轴电动机 M1 起动后,转动冷却泵电动机起动按钮 SB4,中间继电器 KA1 线圈得电,KA1 触点闭合,冷却泵电动机 M2 起动。当主轴电动机 M1 停止运行或断开 SB4 时,M2 停止运行。

5)刀架快速移动电动机 M3 的控制。安装在进给操作手柄顶端的按钮 SB3 控制刀架快速移动电动机 M3 的起动,它与中间继电器 KA2 组成点动控制电路。如需刀架快速移动,按下点动按钮 SB3。进给操作手柄配合机械装置可实现刀架前、后、左、右移动方向的改变。

(3)电源指示灯和机床照明灯电路 控制变压器 TC 的二次侧分别输出 24V、6V 安全电压,作为机床照明灯和电源指示灯的电源。开关 SA 控制机床照明灯 EL,HL 为电源指示灯,机床接通三相电源时,HL 通电发光。HL 和 EL 分别由熔断器 FU3、FU4 作为短路保护。

任务实施

1. 材料准备

准备 2～3 台 CA6140 型车床、电工工具及仪表。

2. 车床主要结构的识别

观察车床结构,说明主要部件的作用,填入表 11-6 中。

表 11-6　车床主要部件的作用

主要部件	作用
主轴箱	
进给箱	
刀架	
尾座	

3. 车床主要运动的识别

教师或工人师傅操作车床，仔细观察各运动部件的运动形式，填入表 11-7 中。

表 11-7　车床主要运动部件的运动形式

运动名称	运动形式	控制要求
主运动		
进给运动		
辅助运动		

4. 车床电气控制电路分析

说明电气控制电路的安全保护环节及相关设备的控制要求，填入表 11-8 中。

表 11-8　车床电气控制电路分析

控制环节	说明电路特点
安全保护环节	
M2 的控制电器与控制要求	
M3 的控制电器与控制要求	
照明电源	

任务评价

根据表 11-9 对任务的完成情况进行评价。

表 11-9　任务评价表

评价内容	评价标准	配分	扣分
车床主要结构的识别	车床主要结构或作用不清楚，每项扣 5 分	25 分	
车床主要运动形式的识别	1）车床主要运动形式不清楚，每项扣 5 分 2）车床控制要求不清楚，每项扣 5 分，扣完为止	25 分	
车床电气控制电路分析	1）不能说明安全保护环节，每项扣 5 分 2）不能说明电动机的控制电器与要求，每项扣 5 分 3）不能说明照明电源的情况，扣 5 分	50 分	

（续）

评价内容	评价标准	配分	扣分
安全文明生产	1）现场清理整洁、干净；工具摆放整齐，废品分类清理 2）遵守安全操作规程，无任何安全事故发生 如违反安全文明生产要求，酌情扣 5～40 分。情节严重者，本次操作记 0 分或取消本次实训资格		
定额时间	180min，每超时 5min，扣 5 分		
开始时间	结束时间　　　　　实际时间　　　　　成绩		

学习笔记（无笔记，扣 10 分）

任务 2　CA6140 型车床控制电路的安装与常见电气故障的检修

相关知识

1. 电气设备故障检修的一般方法

电气设备运行一段时间总会因各种原因出现电气故障，电气维修人员必须采用正确的检修步骤和方法，找到故障点并排除故障。

（1）电气故障检修的一般步骤　电气故障检修的一般步骤如下：

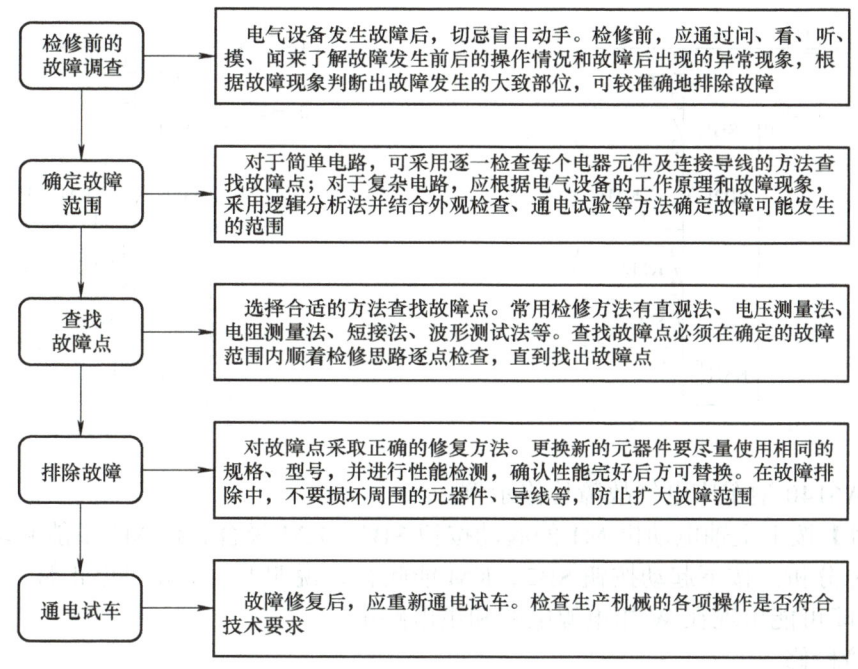

> **微思考**
>
> 故障检修前的调查研究有哪些？

（2）查找故障点的常用方法　故障检修的重点是判断故障范围和确定故障点。测量法是维修人员准确判定故障点的行之有效的检查方法。常用的测量工具和仪表有测电笔、万用表、钳形电流表、绝缘电阻表等，通过对电路进行带电或断电时电压、电阻、电流等参数的测量，可判断电器元件的好坏、设备的绝缘情况及线路的通断情况。

除采用测量法外，还可以用一根绝缘良好的导线把怀疑的断路部位短接，如短接过程中电路接通，说明该处断路，这就是故障检修中常用的短接法。

1）局部短接法。如图 11-3 所示，在控制电路电源电压正常的情况下，按下 SB2 不放或用导线短接（方便两手做之后的操作），用绝缘导线分别短接相邻两点 1-2、2-3、3-4、4-5、5-6，短接到某点时，接触器 KM1 吸合，说明断路故障在这两点之间。

注意： 不能短接 6-0 点，否则会造成电源短路事故。

2）长短接法。用一根绝缘导线短接一个或多个触点来检查故障。如图 11-4 所示，如怀疑 FR 或 SB1 的常闭触点接触不良，可将 1-6 两点间用绝缘导线短接，如 KM1 能吸合，则说明 KM1 线圈正常，故障在 1-6 号点之间的电路上。再短接 1-3、3-6 等点，最后确认故障点。

长短接法可快速把故障点缩小到较小范围，然后结合测量法可准确、快速地查找到故障点。

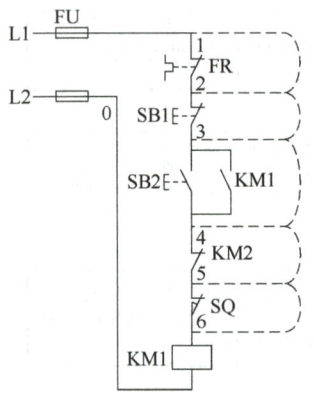

图 11-3　局部短接法

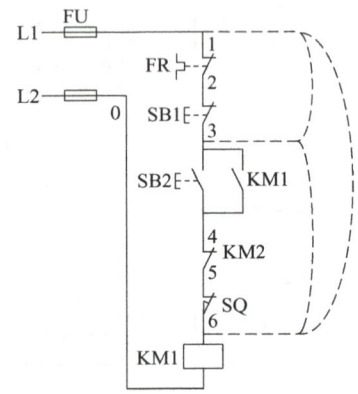

图 11-4　长短接法

（3）CA6140 型车床电气故障检修示例

【故障 1】 按下主轴电动机 M1 的起动按钮 SB2，KM 吸合，但 M1 不能起动。

1）故障分析。按下起动按钮 SB2，KM 能吸合，说明 U、V 相供电正常；M1 不能起动，说明故障可能出现在 W 相电源电路和主电路中。

2）故障检修。

① 检查电源电路。合上电源开关 QF，用万用表测量图 11-5 所示 a、b 两处的电压，如果电压为 380V，则电源电路正常，若 a 处无电压，说明 W 相熔断器 FU 熔断或连线断开，查明原因，更换相同规格的熔体或连接导线；若 b 处无电压，说明断路器 QF（W 相）接触不良或连线断开，查明原因后，更换相同规格的断路器或连接导线。

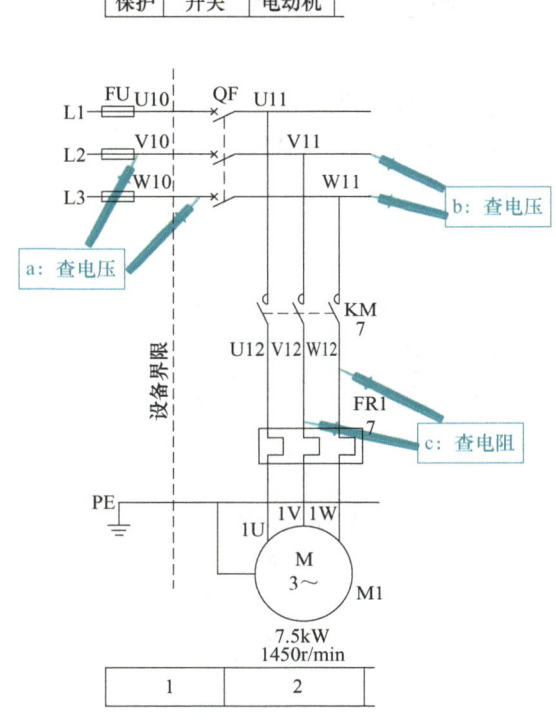

图 11-5　主轴电动机 M1 不能起动检修图

② 检查 KM 主触点。断开 QF，检查 KM 主触点是否有接触不良或烧毛的现象。如果有，应修整触点或更换相同规格的接触器。

③ 检查 FR1 与电动机 M1 连线。断开 QF，用万用表 $R \times 1$ 档测量 KM 出线端 U12、V12 与 W12 之间的电阻值，如图 11-5 所示的 c 处。如果阻值不等，检查 FR1 与 M1 及其之间的连线并排除故障；如果阻值较小且相等，检查电动机机械部分，查明故障并修复。

【故障 2】主轴电动机 M1 转动很慢，并发出"嗡嗡"声。

1）故障分析。从故障现象可判断出这种情况为断相运行，就是接到电动机的电源缺少了一相。问题可能存在于主轴电动机 M1、主电路电源以及 KM 的主触点上。例如，三相开关中任意一相触点接触不良，三相熔断器任意一相熔断，接触器 KM 的主触点有一对接触不良，电动机定子绕组任意一相接线断开、接头氧化或压紧螺母未拧紧，都会造成断相运行。

2）故障检修。

① 检查、处理电源开关 QF、三相熔断器的情况，与故障 1 的检查、处理方法相同。

② 断开断路器 QF，按下 KM 主触点，测量 QF 出线端到 FR1 出线端同一线号导线之间的电阻，如图 11-6 所示 c 处。如电阻接近 0，说明该段线路导通良好；否则，说明该段

电路连接线松脱或触点接触不良等。然后,依次检查接触器 KM 的主触点、FR1 的热元件及连接导线电阻是否正常等,如图 11-6 所示 d 处。如果不正常,说明该元器件或导线故障。

如果以上检查都正常,说明电动机有故障。

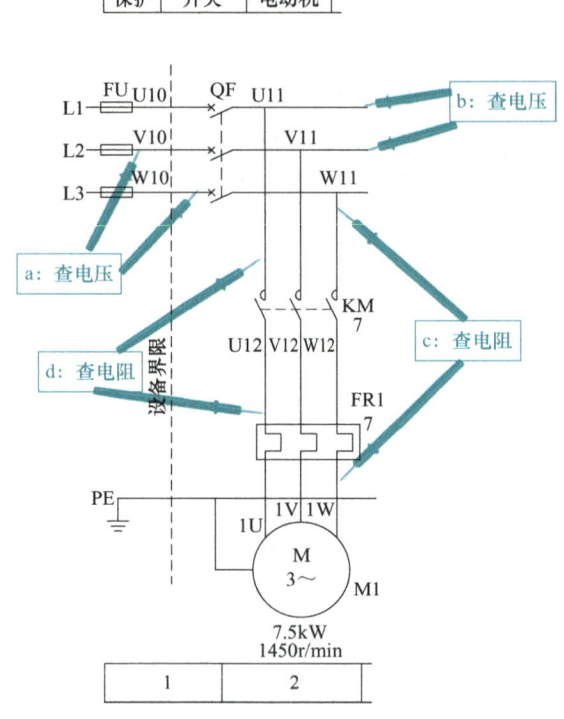

图 11-6　电动机 M1 转动很慢,并发出嗡嗡声检修图

(4) CA6140 型车床常见电气故障分析与处理　CA6140 型车床常见电气故障分析与处理方法见表 11-10。

表 11-10　CA6140 型车床常见电气故障分析与处理方法

故障现象	可能原因	处理方法
断路器 QF 合不上	1) 配电箱门没合上 (SQ2 不能压合) 2) 电源钥匙开关未转到 SB 断开位置	1) 关好配电箱门 2) 将 SB 转到断开位置
电源指示灯亮,但所有电动机都不能起动	1) 熔断器 FU2 熔体熔断或接触不良 2) 床头传动带罩没有罩好,SQ1 没压合	1) 更换熔体或拧紧 2) 关好床头传动带罩,使 SQ1 压合
主轴电动机在运行中突然停车	热继电器 FR1 常闭触点动作	热继电器 FR1 动作原因可能是 1) 三相电源电压不平衡 2) 电源电压较长时间过低 3) 负载过重或 M1 连线接触不良等
主轴电动机 M1 只能点动	1) 接触器 KM 自锁触点接触不良 2) 接线断开或接触不良	1) 维修触点或更换接触器 KM 2) 接好断线

（续）

故障现象	可能原因	处理方法
按下停止按钮 SB1，M1 不能停止	1）接触器 KM 主触点熔焊或机械卡阻 2）停止按钮 SB1 常闭触点断不开	1）更换接触器 KM 或修理机械卡阻 2）检查或更换停止按钮 SB1
冷却泵电动机 M2 不能起动	1）主轴电动机没有起动 2）冷却泵电动机起动按钮 SB4 触点损坏 3）热继电器 FR2 常闭触点动作或损坏 4）KA1 触点损坏或线圈断开	1）起动主轴电动机 2）更换 SB4 3）将热继电器 FR2 复位或更换 4）更换中间继电器 KA1
刀架快速移动电动机 M3 不能起动	1）按钮 SB3 触点损坏 2）KA2 触点损坏或线圈断开 3）快速移动电动机 M3 损坏	1）更换按钮 SB3 2）更换中间继电器 KA2 3）更换快速移动电动机 M3
机床照明灯不亮	1）灯泡损坏 2）机床照明开关 SA 损坏 3）熔断器 FU4 熔体已烧断 4）控制变压器 TC 损坏	1）更换灯泡 2）更换机床照明开关 SA 3）更换熔断器 FU4 熔体 4）更换控制变压器 TC
电源指示灯不亮	1）灯泡损坏 2）熔断器 FU3 熔体已烧断 3）控制变压器 TC 损坏	1）更换灯泡 2）更换熔断器 FU3 3）更换控制变压器 TC

1. 材料准备

按表 11-11 配齐实训器材，并检验其质量。在控制板或控制柜上模拟安装 CA6140 型车床控制电路，电动机和低压电器的型号据情况可自行调整。

表 11-11　实训器材明细表

符号	型号	规格	符号	型号	规格
M1	Y132M-4-B3	7.5kW、1450r/min	FU3	BZ001	熔体额定电流为 1A
M2	AOB-25	90W、2980r/min	FU4	BZ001	熔体额定电流为 2A
M3	AOS5634	250W、1360r/min	SB	LAY3-01Y/2	
KM	CJT1-20	线圈电压为 110V 或 220V	SB1	LAY3-01ZS/1	
KA1	JZ7-44	线圈电压为 110V 或 220V	SB2	LAY3-10/3.11	
KA2	JZ7-44	线圈电压为 110V 或 220V	SB3	LAY9	
FR1	JR16-20/3D	15.4A	SB4	LAY-10X/20	
FR2	JR16-20/3D	0.32A	SQ1	JWM6-11	
QF	AMZ-40	20A	SQ2	JWM6-11	
TC	JBK2-10	380V/110V/24V/6V	EL	JC11	24V
FU1	BZ001	熔体额定电流为 6A	HL	ZSD-0	6V
FU2	BZ001	熔体额定电流为 1A			

2. 固定元器件及线槽

按图 11-7 所示固定电器元件及线槽。图 11-8 所示为某厂生产的 CA6140 型车床配电箱内控制电路板。

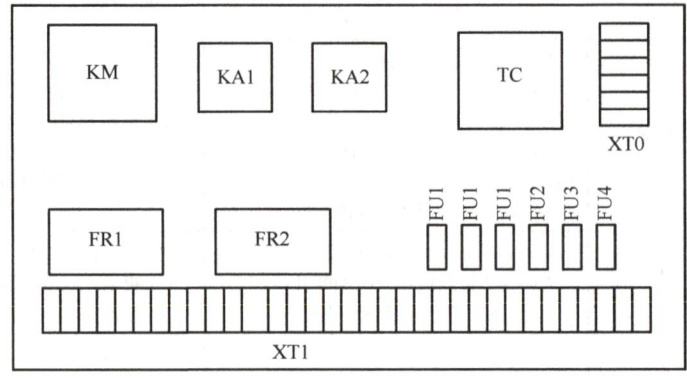

图 11-7 元器件布置图

图 11-8 某厂生产的 CA6140 型车床配电箱内控制电路板

3. 连接导线

1）配电箱内部布线。根据图 11-2 所示的电气原理图在控制板上进行配电箱内部接线。配电箱内部采用线槽配线，导线端要套线号管。

2）配电箱外部布线。按图 11-9 所示走线方法在配电箱外部布线，导线的线端要套装与电路图线号相同的线号管。移动导线的通道应留有适当的余量，使金属软管在运动时不承受拉力，并按规定在通道内放好备用导线。

3）连接电动机和所有电器元件金属外壳的保护接地线。

4. 自检

1）检查控制电路安装的正确性及接地通道是否具有连续性。

2）检查热继电器的整定值和熔断器熔体的规格是否符合要求。

3）检查电动机及电路的绝缘电阻是否正常。

项目十一　普通车床电气控制电路的安装与检修

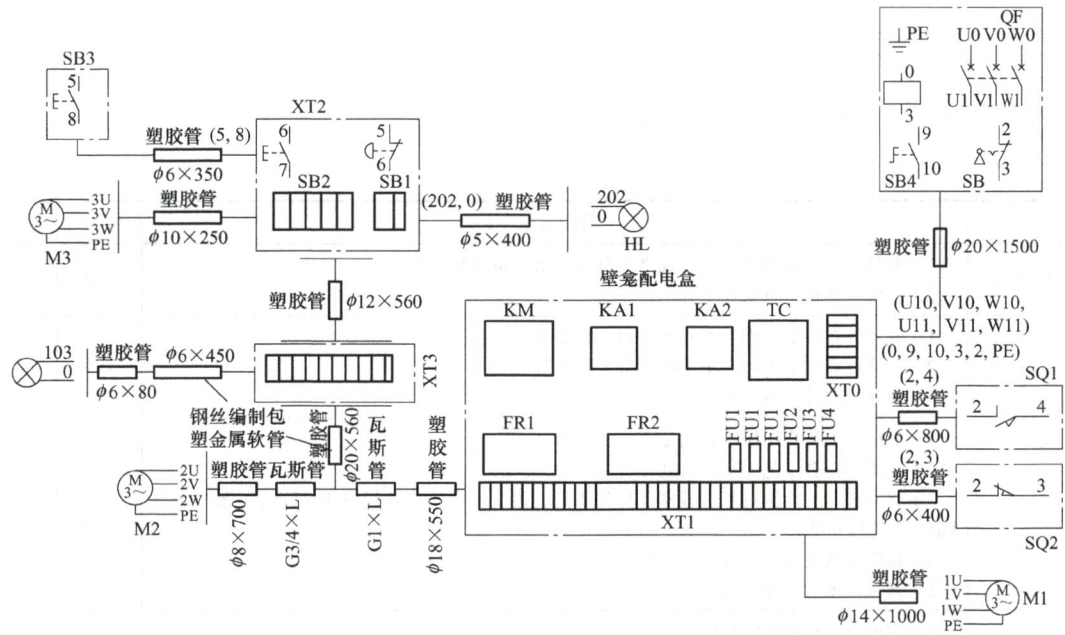

图 11-9　CA6140 型车床配电箱内、外的布局与接线

5. 通电试车

通电试车时，应严格遵守安全用电操作规程，在教师的监护下按生产机械的控制要求有顺序地操作各按钮，观察各电器的动作及电动机运行是否符合控制要求。试车中如发现异常情况，应立即停车。

6. 故障排除

教师根据生产实际情况设置常见的故障，如接触不良、器件断线等事故后不损坏、可修复器件的故障。

1）在教师的监督、指导下通电操作，观察故障现象，填入表 11-12 中。

2）根据故障现象，结合电路图，用逻辑分析法初步确定故障范围。

3）选择合适的测量、检修方法，进一步缩小故障范围，直至找到故障点，正确排除故障。将测量值及分析结果填入表 11-12 中。

4）检修完毕通电试车，写出检修总结。

表 11-12　故障检修过程记录

故障现象	故障范围	测量点	测量值	是否正常	判断故障点

检修总结：

任务评价

根据表 11-13 对任务的完成情况进行评价。

表 11-13 任务评价表

评价内容	评价标准	配分	扣分
材料准备	1）器材短缺，元器件型号、规格不符合要求，每件扣 1 分 2）漏检或错检，每处扣 1 分	5 分	
安装元器件	1）元器件布置不合理、不整齐，每个扣 2 分 2）元器件安装不牢固、不正确，每个扣 4 分 3）损坏元器件，该项不得分	10 分	
接线	1）没按安装接线图接线，扣 20 分 2）布线不符合工艺要求，每处扣 3 分 3）接点松动、露铜过长、反圈、压绝缘层、没套线号管、软线没压接线耳（螺杆连接除外），每处扣 2 分 4）损伤导线绝缘层或线芯，每根扣 5 分 5）漏接接地线，扣 10 分	30 分	
通电调试	1）主电路、控制电路配错熔体，各扣 5 分 2）验电操作不规范，扣 10 分 3）一次试车不成功扣 10 分，二次试车不成功扣 15 分，三次试车不成功，该项不得分	20 分	
分析、排除常见电气故障	1）不能正确描述故障现象，扣 5 分 2）故障分析思路不清晰，扣 5 分 3）故障检查方法不正确、不规范，扣 10 分 4）故障点判断错误，扣 10 分 5）排除故障后通电试车不成功，扣 10 分 6）检修过程中出现新故障，扣 10 分 7）损坏电器元件，扣 10 分 8）检修时出现新故障自己不能修复，每次扣 10 分	35 分	
安全文明生产	1）现场清理整洁、干净；工具摆放整齐，废品分类清理 2）遵守安全操作规程，无任何安全事故发生 如违反安全文明生产要求，酌情扣 5～40 分。情节严重者，本次操作记 0 分或取消本次实训资格		
定额时间	180min，每超时 5min，扣 5 分		
开始时间		结束时间		实际时间		成绩	

学习笔记（无笔记，扣 10 分）

项目十一习题

项目十二　摇臂钻床常见电气故障的分析与检修

项目描述

钻床是一种专门进行孔加工的机床，主要用于钻削精度要求不太高的孔，也可用来扩孔、铰孔、镗孔及攻螺纹等，是机械加工中的常用机床设备。

常用的钻床有立式钻床、台式钻床、卧式钻床、深孔钻床和多轴钻床等。摇臂钻床是立式钻床，它操作方便、适用范围广，常用于单件或批量带有多孔大型零件的孔加工。

本项目要求能分析与检修 Z3050 型摇臂钻床常见电气故障，由两个任务组成：认识 Z3050 型摇臂钻床、Z3050 型摇臂钻床常见电气故障的分析与检修。

职业岗位应知应会目标

1. 了解 Z3050 型摇臂钻床的主要结构及运动形式。
2. 掌握 Z3050 型摇臂钻床的电力拖动特点及控制要求。
3. 会分析 Z3050 型摇臂钻床控制电路。
4. 会分析、排除 Z3050 型摇臂钻床常见电气故障。

任务 1　认识 Z3050 型摇臂钻床

相关知识

1. Z3050 型摇臂钻床的型号含义

Z3050 型摇臂钻床的型号含义如下：

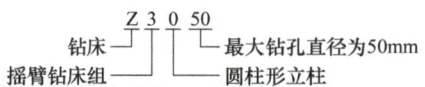

2. Z3050 型摇臂钻床的主要结构及作用

Z3050 型摇臂钻床的外形结构如图 12-1 所示,主要由底座、内立柱、外立柱、摇臂、主轴箱、工作台等组成。其主要结构及其作用见表 12-1。

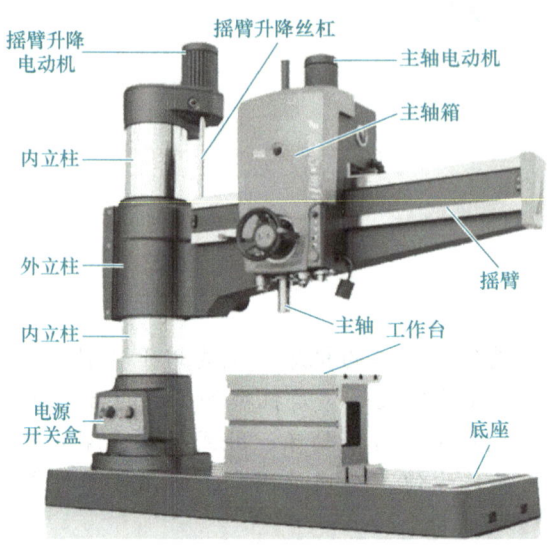

图 12-1　Z3050 型摇臂钻床的外形结构

表 12-1　Z3050 型摇臂钻床主要结构及其作用

主要结构	作用
内、外立柱	内立柱固定在底座上,外立柱套在内立柱上。外立柱夹紧时,液压夹紧机构使外立柱牢牢夹紧在内立柱上,不会发生任何运动;松开夹紧机构时,外立柱用手推动可绕内立柱旋转 360°
摇臂	摇臂一端的套筒部分与外立柱滑动配合,借助于丝杠,摇臂可沿着内立柱上下移动,但两者不能做相对转动,所以摇臂与外立柱一起相对内立柱做回转运动
主轴箱	主轴箱是一个复合部件,包括主轴旋转、主轴进给的全部变速和操纵机构。主轴箱可沿摇臂上的水平导轨移动。加工时,夹紧机构将外立柱牢牢夹紧在内立柱上,摇臂紧固在外立柱上,主轴箱紧固在摇臂导轨上,进行各种切削加工
工作台	工作台用螺柱固定在底座上。加工时,工件装在工作台上。较大工件可直接装在底座上

摇臂钻床的结构与运动形式

3. Z3050 型摇臂钻床电力拖动的特点及控制要求

摇臂钻床的运动部件较多,Z3050 型摇臂钻床使用 4 台电动机完成拖动。

摇臂钻床主轴旋转和垂直进给运动均由主轴电动机 M1 拖动,主轴电动机 M1 不需要反转与调速,可直接起动。加工时,主轴的变速和反转均由机械机构实现。

摇臂升降由摇臂升降电动机 M2 驱动丝杠正反转来实现,要求 M2 能够正反转并直接起动。为方便摇臂位置的调整,特采用点动控制。

加工位置调整完毕后,进行钻孔加工时,须把主轴箱夹紧在摇臂上,摇臂夹紧在外立柱上,外立柱牢牢夹紧在内立柱上。主轴箱、摇臂和外立柱的夹紧与松开由液压泵电动机 M3 拖动液压泵实现。要求液压泵电动机能够正反转,使液压泵送出正反向液压油。夹紧或松开后通过机械装置进行自锁。液压泵电动机采用点动控制。

摇臂的回转和主轴箱在导轨上水平移动都采用手动控制。

钻削加工时,根据需要可由冷却泵电动机 M4 单向拖动冷却泵输送切削液。

4. Z3050 型摇臂钻床控制电路

图 12-2 所示为 Z3050 型摇臂钻床电气原理图,图中各电器元件及其用途说明见表 12-2。

表 12-2　Z3050 型摇臂钻床电气原理图中电器元件及其用途说明

元器件符号	名称与用途	元器件符号	名称与用途
M1	主轴电动机	SB1	主轴电动机停止按钮
M2	摇臂升降电动机	SB2	主轴电动机起动按钮
M3	液压泵电动机	SB3、SB4	摇臂升降电动机正、反转控制按钮
M4	冷却泵电动机	SB5	立柱和主轴箱松开按钮
QF	电源总开关(断路器)	SB6	立柱和主轴箱夹紧按钮
QS	控制冷却泵电动机的组合开关	SQ1-1	摇臂上升的上限位开关
KM1	主轴电动机起动交流接触器	SQ1-2	摇臂下降的下限位开关
KM2、KM3	摇臂升降电动机正、反转控制交流接触器	SQ2	摇臂松开限位开关
KM4、KM5	液压泵电动机正、反转控制交流接触器	SQ3	摇臂夹紧限位开关,主轴箱限位开关
FU1	总电路短路保护熔断器	SQ4	主轴箱和立柱松紧指示灯的控制开关
FU2	电动机 M2、M3 和变压器 TC 短路保护熔断器	KT	断电延时型时间继电器
FU3	机床照明电路短路保护熔断器	YV	摇臂松开和夹紧电磁阀
FR1	主轴电动机过载保护热继电器	EL	机床照明灯
FR2	液压泵电动机过载保护热继电器	HL1、HL2	摇臂松开、夹紧信号指示灯
TC	控制变压器,输入为 380V,输出为 127V、36V、6V	HL3	主轴运转信号指示灯

主电路比较简单,可自行结合表 12-2 元器件及用途说明自行分析主电路工作原理。

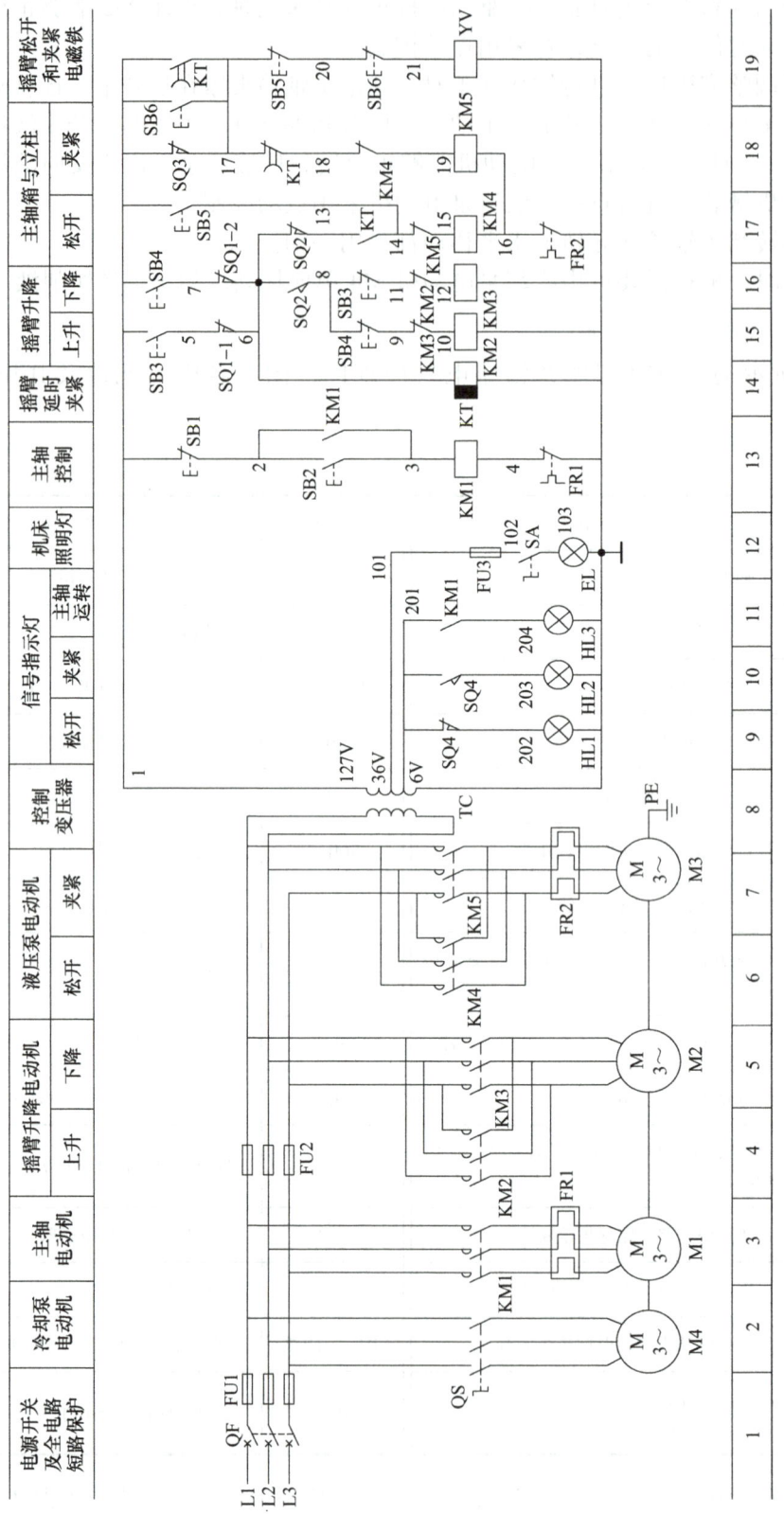

图 12-2 Z3050 型摇臂钻床电气原理图

5. Z3050型摇臂钻床控制电路工作原理

控制电路电源由控制变压器TC提供，它将380V电压降为127V。

合上电源总开关QF，如果主轴箱和立柱是夹紧的，则夹紧指示灯HL2亮。

（1）主轴电动机M1的控制　按下起动按钮SB2，接触器KM1线圈得电吸合并自锁，主轴电动机M1起动运行。KM1辅助常开触点（201-204）闭合，主轴运转信号指示灯HL3亮。按下停止按钮SB1，主轴电动机M1停转，信号指示灯HL3灭。

（2）摇臂升降控制　SB3、SB4为摇臂升降电动机M2正、反转的点动控制按钮。SQ1为摇臂升降限位保护行程开关，SQ1有两对常闭触点，SQ1-1（5-6）为上限位开关，SQ1-2（7-6）为下限位开关。

摇臂通常是夹紧在外立柱上，因此，摇臂升降前，须把摇臂松开后再由电动机M2驱动升降；摇臂升降到位后，再重新将它夹紧。

摇臂的松开与夹紧由液压系统完成。在电磁阀YV线圈通电吸合的条件下，液压泵电动机M3正转，正向液压油进入摇臂的松开油腔，推动松开机构，使摇臂松开；若M3反转，则反向液压油进入摇臂的夹紧油腔，推动夹紧机构，使摇臂夹紧。SQ3和SQ2分别为摇臂夹紧和松开限位开关。

可见，摇臂升降控制不仅需要摇臂升降电动机M2运行，还需要液压泵电动机M3拖动液压泵，使液压系统与夹紧系统协调配合才能实现。

图中时间继电器KT为断电延时型，其作用是在摇臂升降到位且摇臂升降电动机M2停转后，延时1~3s再起动液压泵电动机M3将摇臂夹紧，其延时时间由M2停转到摇臂静止的时间长短来决定。

1）摇臂上升。摇臂上升动作顺序：摇臂与外立柱松开（YV线圈得电吸合、M3正转）→摇臂上升（M2正转）→摇臂与外立柱夹紧（YV线圈得电吸合、M3反转）。具体操作流程序如下：

按下点动按钮SB3，SB3常闭触点（8-11）断开，切断KM3线圈回路，实现联锁；SB3常开触点（1-5）闭合，时间继电器KT线圈得电，KT延时闭合常闭触点（17-18）瞬时断开，切断KM5线圈支路，使液压泵电动机M3不能反转；KT瞬时动作常开触点（13-14）闭合，接触器KM4线圈得电，液压泵电动机M3正转；KT延时断开常开触点（1-17）闭合，电磁阀YV得电，电磁阀打开，液压泵开始工作，摇臂松开外立柱。当摇臂松开后，限位开关SQ2动作，SQ2常闭触点（6-13）断开，接触器KM4线圈失电，液压泵电动机M3停转，液压泵停止供油；同时，SQ2的常开触点（6-8）闭合，接触器KM2线圈得电，摇臂升降电动机M2正转，带动摇臂上升。

当摇臂上升到所需位置时，松开点动按钮SB3，SB3常开触点（1-5）断开，接触器KM2线圈断电，M2停止正转，摇臂停止上升；KT线圈断电→延时1~3s，KT延时断开常开触点（1-17）恢复断开，此时，YV线圈通过SQ3（1-17）仍然保持得电状态；KT延时闭合常闭触点（17-18）闭合，KM5线圈通电，液压泵电动机M3反转→摇臂开始夹紧，直至压下限位开关SQ3→SQ3常闭触点（1-17）断开，YV线圈及KM5线圈断电，液压泵电动机M3停止反转。

2）摇臂下降。摇臂下降动作顺序：摇臂松开外立柱（YV线圈得电吸合，M3正转）→摇臂下降（M2反转）→摇臂夹紧外立柱（YV线圈得电吸合，M3反转）。摇臂下降由SB4

控制接触器 KM3 实现 M2 反转，其过程可自行分析。

综上所述，摇臂松开后由行程开关 SQ2 发出松开信号，摇臂夹紧后由行程开关 SQ3 发出夹紧限位信号。如果夹紧机构的液压系统出现故障，摇臂夹不紧；或因 SQ3 的位置安装不当，在摇臂已夹紧后 SQ3 仍不动作，则 SQ3 常闭触点（1-17）长时间不能断开，使液压泵电动机 M3 出现长时间过载，因此，M3 必须由热继电器 FR2 作过载保护。

（3）主轴箱和立柱的夹紧与松开控制　主轴箱和立柱的夹紧与松开是同时进行的。按钮 SB5、SB6 点动控制 KM4、KM5，使液压泵电动机 M3 正、反转，实现主轴箱和立柱的夹紧与松开。SB5（17-20）和 SB6（20-21）两个常闭触点串联在 YV 线圈支路中，所以在操作 SB5、SB6 使 M3 动作的过程中，电磁阀 YV 线圈不吸合，液压泵送出的液压油进入主轴箱和立柱的松开、夹紧油腔，推动松、紧机构实现主轴箱和立柱的松开、夹紧，同时限位开关 SQ4 控制信号指示灯发出信号：主轴箱和立柱夹紧时，SQ4 常闭触点（201-202）断开而常开触点（201-203）闭合，信号指示灯 HL1 灭，HL2 亮；反之，在松开时，SQ4 复位，HL1 亮，HL2 灭。

1）主轴箱和立柱的松开控制。按下 SB5，SB5 常闭触点（17-20）断开，电磁阀 YV 线圈不吸合，同时接触器 KM4 线圈得电，液压泵电动机 M3 正转，液压泵的液压油送入主轴箱和立柱的松开油腔，使主轴箱和立柱松开。此时，限位开关 SQ4 不受压，SQ4 常闭触点（201-202）闭合，信号指示灯 HL1 亮，表示松开。

2）主轴箱和立柱的夹紧控制。按钮 SB6 控制主轴箱和立柱的夹紧，控制过程可自行分析。

（4）保护环节　Z3050 型摇臂钻床设置了短路保护、主轴电动机和液压泵电动机的过载保护、摇臂的升降限位保护等。

（5）照明和信号指示电路　照明电路采用安全工作电压 36V，信号指示电路工作电压为 6V，均由控制变压器 TC 提供。

任务实施

1. 材料准备

准备至少一台 Z3050 型摇臂钻床、电工工具及仪表。

2. 钻床主要结构的识别

观察钻床结构，说明主要部件的作用，填入表 12-3 中。

表 12-3　钻床主要部件的作用

主要部件	作用
立柱	
主轴箱	
摇臂	

3. Z3050 型摇臂钻床主要运动的识别

由教师或工人师傅操作钻床，仔细观察各主要运动部件的运动形式及控制要求，填入表 12-4 中。

表 12-4　钻床主要运动部件的运动形式与控制要求

运动部件	运动形式与控制要求
摇臂夹紧与松开	
主轴箱与外立柱夹紧与松开	
主轴	

4. 钻床控制电路分析

说明钻床部件的动作顺序或控制过程与控制要求，填入表 12-5 中。

表 12-5　钻床控制电路分析

控制环节	动作顺序或控制过程与控制要求
摇臂上升动作顺序	
摇臂下降动作顺序	
主轴箱和立柱松开控制	
主轴箱和立柱夹紧控制	

任务评价

根据表 12-6 对整个任务的完成情况进行评价。

表 12-6　任务评价表

评价内容	评价标准	配分	扣分
Z3050 型摇臂钻床主要结构的识别	1）不能说明钻床的主要结构，扣 5 分 2）对主要结构的作用不清楚，每项扣 4 分	25 分	
钻床主要运动部件的运动形式与控制要求	1）不能说明钻床运动部件的运动形式，每项扣 3 分 2）对主要运动部件的控制要求不清楚，每项扣 3 分	35 分	
钻床控制电路的分析	1）不能说明钻床摇臂上升与下降的动作顺序，每项扣 3 分 2）不能说明钻床主轴箱和立柱松开与夹紧控制，每项扣 3 分	40 分	

（续）

评价内容	评价标准	配分	扣分
安全文明生产	1）要求现场整洁、干净 2）工具摆放整齐，废品清理分类符合要求 3）遵守安全操作规程，不发生任何安全事故 如违反安全文明生产要求，酌情扣 5～40 分，情节严重者，可判本次技能操作训练为 0 分，甚至取消本次实训资格		
定额时间	180min，每超时 5min，扣 5 分		
开始时间	结束时间　　　　　　实际时间　　　　　　成绩		

学习笔记（无笔记，扣 10 分）

任务 2　Z3050 型摇臂钻床常见电气故障的分析与检修

相关知识

在 Z3050 型摇臂钻床使用中，限位开关与运动件经常碰撞、压合，时间久了，其性能会变差，甚至损坏。维修人员应经常巡查，及时发现并排除问题，这就需要掌握钻床常见电气故障的分析与检修方法。Z3050 型摇臂钻床电气故障检修示例如下：

【故障 1】摇臂不能升降。

1. 故障分析

分析电路的工作原理和摇臂升降工作过程可知，摇臂不能升降的原因可能是摇臂不能松开或电动机 M2 无法起动。摇臂不能松开的原因可能是液压系统或机械装置故障；电动机 M2 无法起动的原因可能是其主电路或 M2 控制电路故障。

2. 故障检修

断电后，先检查 M2 主电路、液压系统和机械装置有无故障；如果正常，则重点检查摇臂松开控制电路和 M2 控制电路。

（1）检查摇臂松开控制电路　摇臂和主轴箱、立柱的松开和夹紧都是通过液压泵电动机 M3 的正、反转实现的，因此，先检查主轴箱和立柱松开是否正常。按下 SB5，观察主轴箱和立柱能否松开。

1）如果主轴箱和立柱松开正常，说明故障不在两者的公共电路中，也就是说，KM4 线圈和 KM5 辅助常闭触点没有问题，故障在摇臂松开的专用回路上，应重点检查电气原理图中图区 14、17 和 19。例如，图区 14 的时间继电器 KT 线圈有无断线；图区 17 的 KT 瞬时动作常开触点（13-14）和图区 19 的 KT 延时断开常开触点（1-17）在闭合时是否接触良好；限位开关 SQ1 的触点 SQ1-1（5-6）、SQ1-2（7-6）有无接触不良；SB5 或 SB6 的常闭触点有无接触不良。摇臂不能升降维修检查点 1 如图 12-3 所示。

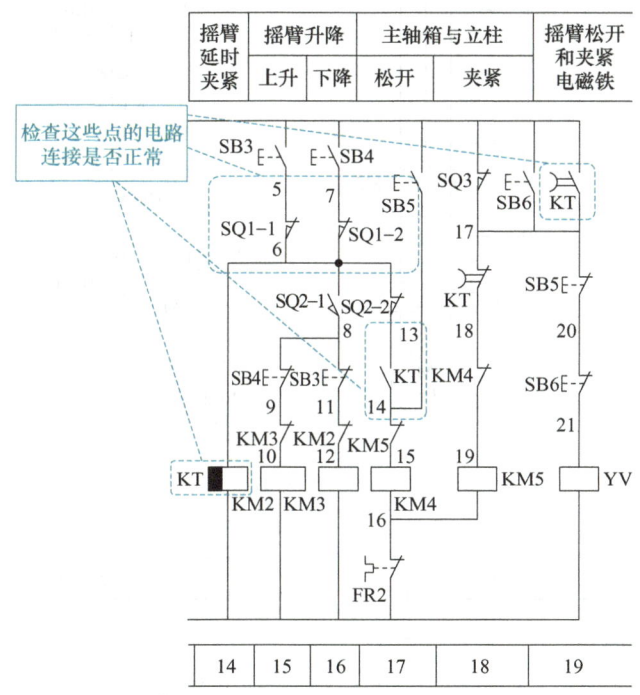

图 12-3　摇臂不能升降维修检查点 1

若在运行中时间继电器 KT 没有得电，或学生实训中时间继电器 KT 的相关电路连线错误，则电磁阀 YV 和接触器 KM4 都不会得电，导致摇臂不工作。

2）如果主轴箱和立柱的松开也不正常，则故障多发生在接触器 KM4 和液压泵电动机 M3 这部分电路上。例如，KM4 线圈断线、主触点接触不良，KM5 辅助常闭触点（14-15）接触不良等。如果 M3 或 FR2 出现故障，则摇臂、立柱和主轴箱既不能松开，也不能夹紧。摇臂不能升降维修检查点 2 如图 12-4 所示。

（2）检查摇臂升降电动机 M2 起动电路　如果摇臂能松开，则故障可能出现在 M2 控制电路中，应重点检查控制电路中图区 15、16。

1）检查限位开关 SQ2。如果 SQ2 动作不正常，摇臂松开后 SQ2（6-8）不能闭合，KM2 或 KM3 无法得电，摇臂升降电动机 M2 无法起动，这是导致摇臂不能升降最常见的故障。SQ2 的安装位置移动，使得摇臂松开后，SQ2 不能动作；液压系统的故障导致摇臂没能完全松开，SQ2 也不会动作。SQ2 的位置应结合机械、液压系统进行调整，然后牢固固定，防止经常压合导致的安装位置移动。

2）如果 SQ2 动作正常，应检查摇臂升降电动机 M2，接触器 KM2、KM3 线圈及相关电路。摇臂不能升降维修检查点 3 如图 12-5 所示。

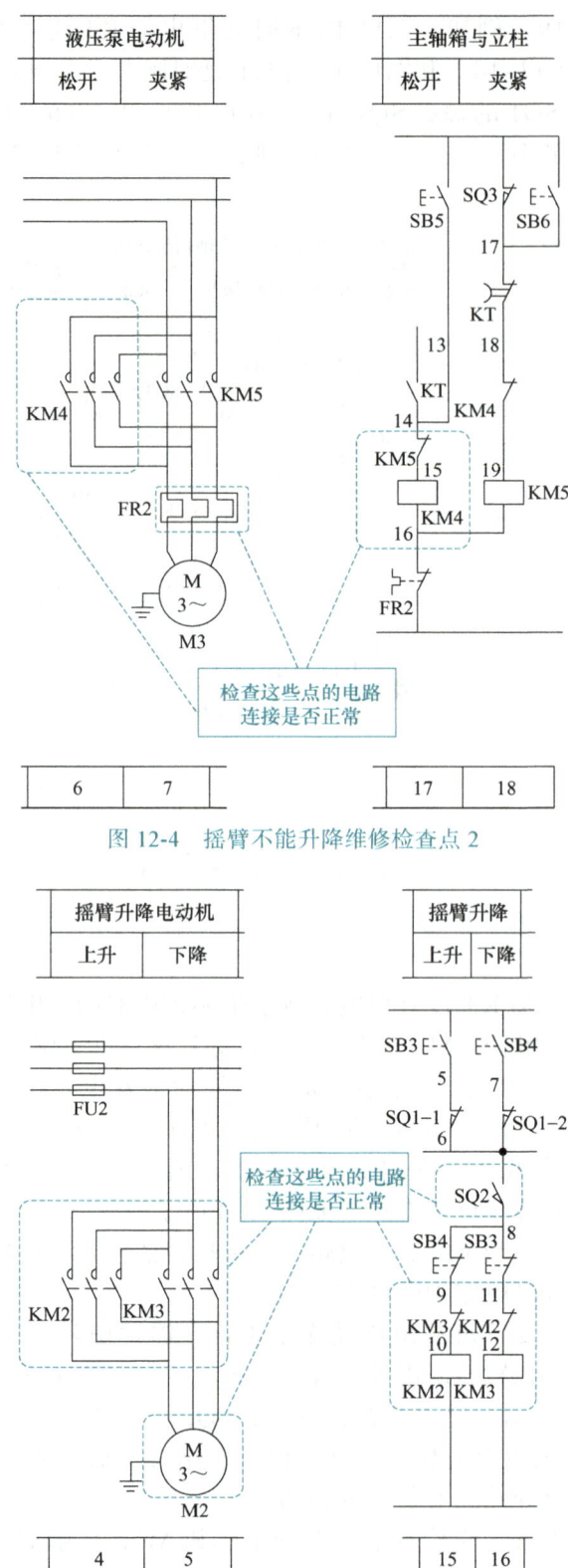

图 12-4　摇臂不能升降维修检查点 2

图 12-5　摇臂不能升降维修检查点 3

如果摇臂上升正常而下降不正常，或是下降正常而上升不正常，应检查它们单方向的相关电路及电路元器件，如按钮、接触器、限位开关的有关触点等。

【故障2】立柱和主轴箱不能夹紧或松开。

1. 故障分析

由电路的工作原理可知，立柱和主轴箱不能夹紧和松开，问题应当在液压系统，如液压泵电动机 M3 的主电路、控制电路或机械及液压系统故障等。

2. 故障检修

1）检查立柱和主轴箱松开、夹紧按钮 SB5、SB6 电路连接情况，如图 12-6 所示检查点 a，如这些触点或接点接触不良，将导致 KM4 或 KM5 不能得电，液压系统不能正常工作。

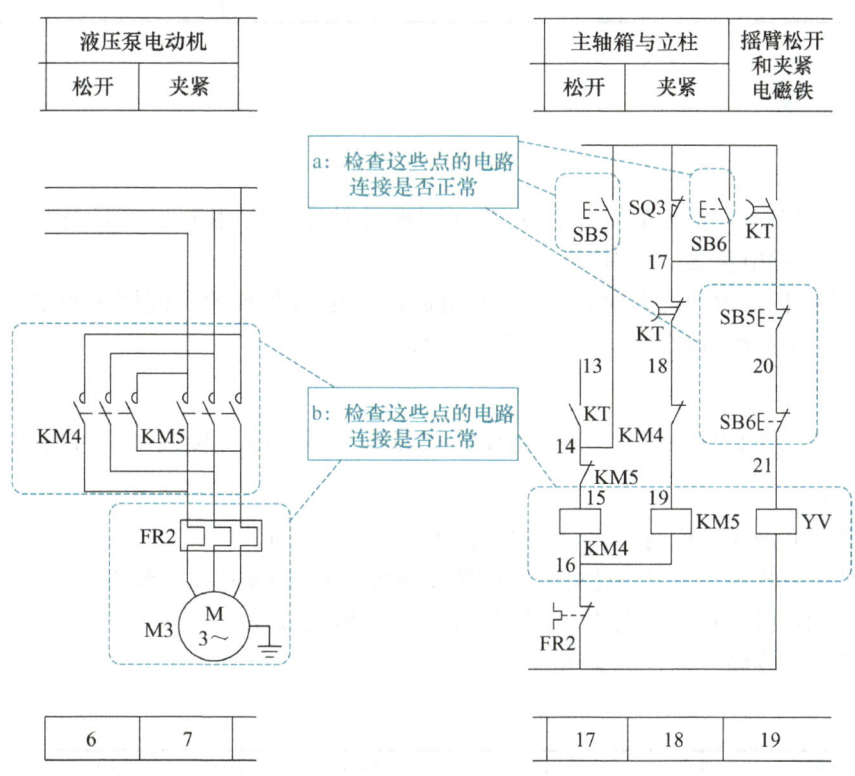

图 12-6 立柱和主轴箱不能夹紧或松开检查点

2）检查接触器 KM4 和 KM5 主触点及线圈的情况。KM4 和 KM5 控制液压泵电动机正、反转，若 KM4、KM5 线圈损坏或主触点及接线接触不良，都会使液压泵电动机不能正常运行。如图 12-6 所示的检查点 b。

生产中，机床长期运行总会出现故障。维修人员要会分析故障原因并结合实践经验快而准地排除机床故障，以免影响生产。Z3050 型摇臂钻床常见电气故障的分析及处理方法见表 12-7。

表 12-7　Z3050 型摇臂钻床常见电气故障的分析及处理方法

故障现象	可能原因	处理方法
主轴电动机无法起动	1）电源总开关 QF 接触不良或熔断器 FU1 熔断 2）起动按钮 SB2 或停止按钮 SB1 接触不良 3）接触器 KM1 线圈断线或触点接触不良 4）热继电器 FR1 热元件烧断或常闭触点断开 5）电动机损坏	修复、检查接线情况或更换故障元器件
摇臂升降后，摇臂夹不紧	1）限位开关 SQ3 的安装位置不当 2）限位开关 SQ3 发生松动而过早动作，液压泵电动机 M3 在摇臂还未充分夹紧就停转	1）检查 SQ3 位置，进行适当调整 2）牢固固定 SQ3
摇臂上升或下降限位开关失灵	1）限位开关 SQ1 触点不通或接线不良 2）限位开关 SQ1 触点熔焊	1）更换 SQ1，检查、检修接线 2）更换 SQ1
按下 SB6，立柱、主轴箱能夹紧，释放后就松开	机械故障	检修机械部分

任务实施

1. 材料准备

1）设备及器材：准备至少一台 Z3050 型摇臂钻床、常用电工工具及仪表，如 500V 绝缘电阻表、钳形电流表、万用表等。

2）技术资料：Z3050 型摇臂钻床配套电路图、电器布置图、使用说明书等。

3）检修辅材：绝缘胶带、常用配件、劳保用品等。

2. 故障设置

教师或同学之间根据实际情况自行设置故障点。不能改变接线，但可使接点松动等。

3. 故障检修

1）教师通电操作，引导学生观察故障现象，填写表 12-8。

2）根据故障现象，结合电路图，用逻辑分析法初步确定故障范围，选择合适的测量方法进一步缩小故障范围。将测量结果及分析结果填入表 12-8 中。

3）正确排除故障，写出检修总结。

表 12-8　故障检修过程记录

故障现象	故障范围	测量点	测量值	是否正常	判断故障点

检修总结：

任务评价

根据表 12-9 对任务的完成情况进行评价。

表 12-9 任务评价表

评价内容	评价标准	配分	扣分
材料准备	仪器仪表、常用电工工具准备不充分，每个扣 5 分	10 分	
分析、排除常见电气故障	1）不能正确描述故障现象，扣 10 分 2）故障分析思路不清晰，扣 5 分 3）故障检查方法不正确、不规范，扣 10 分 4）故障点判断错误，扣 20 分 5）排除故障后通电试车不成功，扣 10 分 6）检修过程中出现新故障，扣 20 分 7）损坏电器元件，扣 20 分 8）检修时出现新故障自己不能修复，每次扣 10 分	75 分	
工具、仪表使用	1）仪表选用、使用不正确，每次扣 5 分 2）工具使用不规范，每次扣 2 分	15 分	
安全文明生产	1）现场清理整洁、干净；工具摆放整齐，废品分类清理 2）遵守安全操作规程，无任何安全事故发生 如违反安全文明生产要求，酌情扣 5～40 分。情节严重者，本次操作记 0 分或取消本次实训资格		
定额时间	180min，每超时 5min，扣 5 分		
开始时间	结束时间　　　　　　　实际时间　　　　　　　成绩		

学习笔记（无笔记，扣 10 分）

项目十二
习题

项目十三　平面磨床常见电气故障的分析与检修

项目描述

机加工中，为提高零件表面粗糙度，常用磨床进行表面加工。磨床是用磨具和磨料（如砂轮、砂带、油石、研磨剂等）对工件表面进行磨削加工的一种机床，它可以加工各种表面，如平面、内外圆柱面等，还可以进行切割加工。

根据用途的不同，磨床可分为平面磨床、外圆磨床、内圆磨床、工具磨床和各种专用磨床，其中以平面磨床使用最多。

本项目要求能分析与检修 M7130 型平面磨床常见电气故障，具体由两个任务组成：认识 M7130 型平磨床、M7130 型平面磨床常见电气故障的分析与检修。

职业岗位应知应会目标

1. 了解 M7130 型平面磨床的主要结构及运动形式。
2. 掌握 M7130 型平面磨床的电力拖动特点及控制要求。
3. 会分析 M7130 型平面磨床电气控制电路。
4. 会分析、排除 M7130 型平面磨床的常见电气故障。

任务 1　认识 M7130 型平面磨床

相关知识

1. M7130 型平面磨床的型号含义

M7130 型平面磨床的型号含义如下：

```
M 7 1 30
磨床─┘ │ │ └─工作台工作面宽度为300mm
平面───┘ └─卧轴矩台式
```

2. M7130型平面磨床的主要结构及作用

M7130型平面磨床的外形结构如图13-1所示。它主要由床身、立柱、滑座、砂轮箱、工作台和电磁吸盘等组成。M7130型平面磨床的主要结构及作用见表13-1。

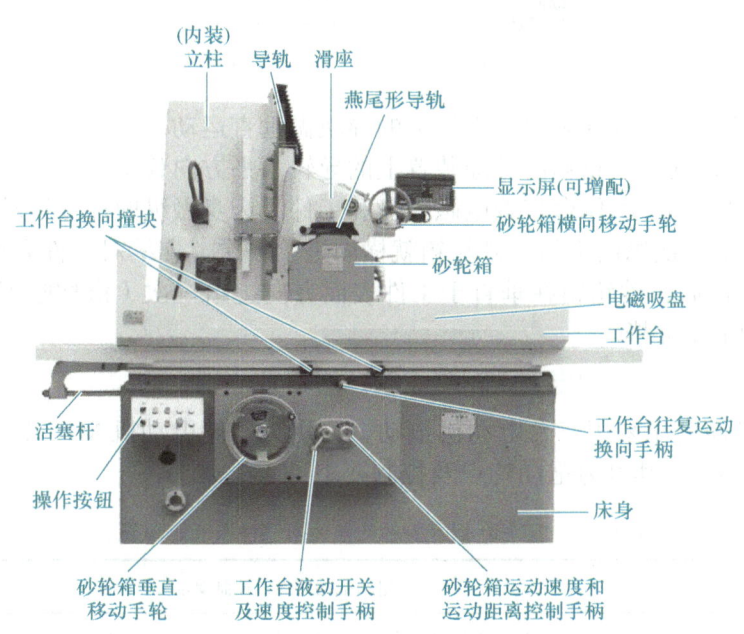

图13-1 M7130型平面磨床的外形结构

表13-1 M7130型平面磨床的主要结构及作用

主要结构	作用
工作台	位于床身的上端，工作台表面有T形槽，用以固定电磁吸盘，电磁吸盘用来吸持加工工件。工作台由液压传动装置驱动，沿导轨做自动往复运动。工作台往复运动的行程可通过调节装在工作台正面槽中的换向撞块位置来改变。工作台换向撞块是通过碰撞工作台往复运动换向手柄来改变液压油路的方向，从而实现工作台的往复运动
电磁吸盘	位于工作台面上，通过电磁吸盘的得电与失电实现对工件的夹紧与松开
立柱与滑座	立柱固定在床身上端，支承滑座和砂轮箱。滑座安装在立柱的导轨上，滑座可带动砂轮箱做上下垂直移动，并可由砂轮箱垂直移动手轮操作。砂轮装在电动机轴上，由砂轮箱罩住。砂轮箱可沿滑座中的燕尾形导轨做横向移动，并可由砂轮箱横向移动手轮操作
床身	位于磨床的最下端，是组成部件的承载体

3. M7130型平面磨床的运动形式

图13-2所示为平面磨床磨削加工示意图。砂轮旋转运动是主运动，进给运动有垂直进给运动、横向进给运动和纵向进给运动三种形式。

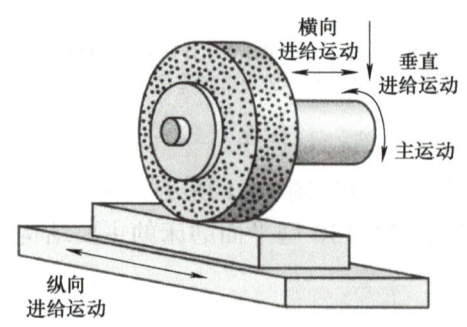

图 13-2　平面磨床磨削加工示意图

1）垂直进给运动。升降装置沿立柱上的导轨做垂直运动。

2）横向进给运动。砂轮箱沿升降装置上的导轨水平方向移动。

3）纵向进给运动。工作台带着电磁吸盘和工件沿床身做纵向往复运动。

工作台每完成一次纵向进给，砂轮箱就横向进给一次，连续对工件表面进行加工。加工完一次工件表面后，砂轮箱在垂直于工件表面方向进给一次（俗称吃刀），再重复进行磨削加工，直到加工完毕。

4. M7130 型平面磨床的电力拖动特点及控制要求

M7130 型平面磨床采用三台电动机拖动，分别为砂轮电动机 M1、冷却泵电动机 M2 和液压泵电动机 M3，其电力拖动特点及控制要求见表 13-2。

表 13-2　M7130 型平面磨床电力拖动特点及控制要求

结构	电力拖动特点及控制要求
砂轮电动机 M1	由二极笼型异步电动机直接带动砂轮旋转，对工件进行磨削加工，电动机单向旋转，不需要调速与制动，直接起动。砂轮箱升降运动通过操作手轮控制机械传动装置实现
冷却泵电动机 M2	冷却泵电动机提供切削液，以减小工件在磨削加工中的热变形，提高加工精度，并冲走磨屑。一般要求砂轮电动机起动后冷却泵电动机才能起动。加工中如不需要冷却，可单独关掉冷却泵电动机
液压泵电动机 M3	工作台纵向进给运动和砂轮箱横向进给运动采用液压传动，由液压泵电动机驱动液压泵实现。液压传动换向平稳，可无级调速。液压泵电动机无电气调速和反转
电磁吸盘	为了使工件在磨削过程中受热能自由伸缩及适应磨削小工件，常采用电磁吸盘来吸持工件，普通工件也可用螺钉或压板直接固定在工作台上 1）电磁吸盘要有充磁和退磁控制环节 2）必须在电磁吸盘吸牢工件的情况下才能起动三台电动机 3）电磁吸盘不工作，即在退磁状态时，允许砂轮电动机与液压泵电动机起动，机床做调整运动

整体控制要求

1）具有完善的保护环节，如各电路短路保护，电动机过载保护，零电压、欠电压保护，电磁吸盘吸力不足的欠电流保护，以及线圈断开时产生高电压危及电路中其他电器设备的过电压保护等

2）机床采用安全电压照明

5. M7130 型平面磨床控制电路

图 13-3 所示为 M7130 型平面磨床电气原理图。M7130 型平面磨床各电器元件及用途说明见表 13-3。

项目十三　平面磨床常见电气故障的分析与检修

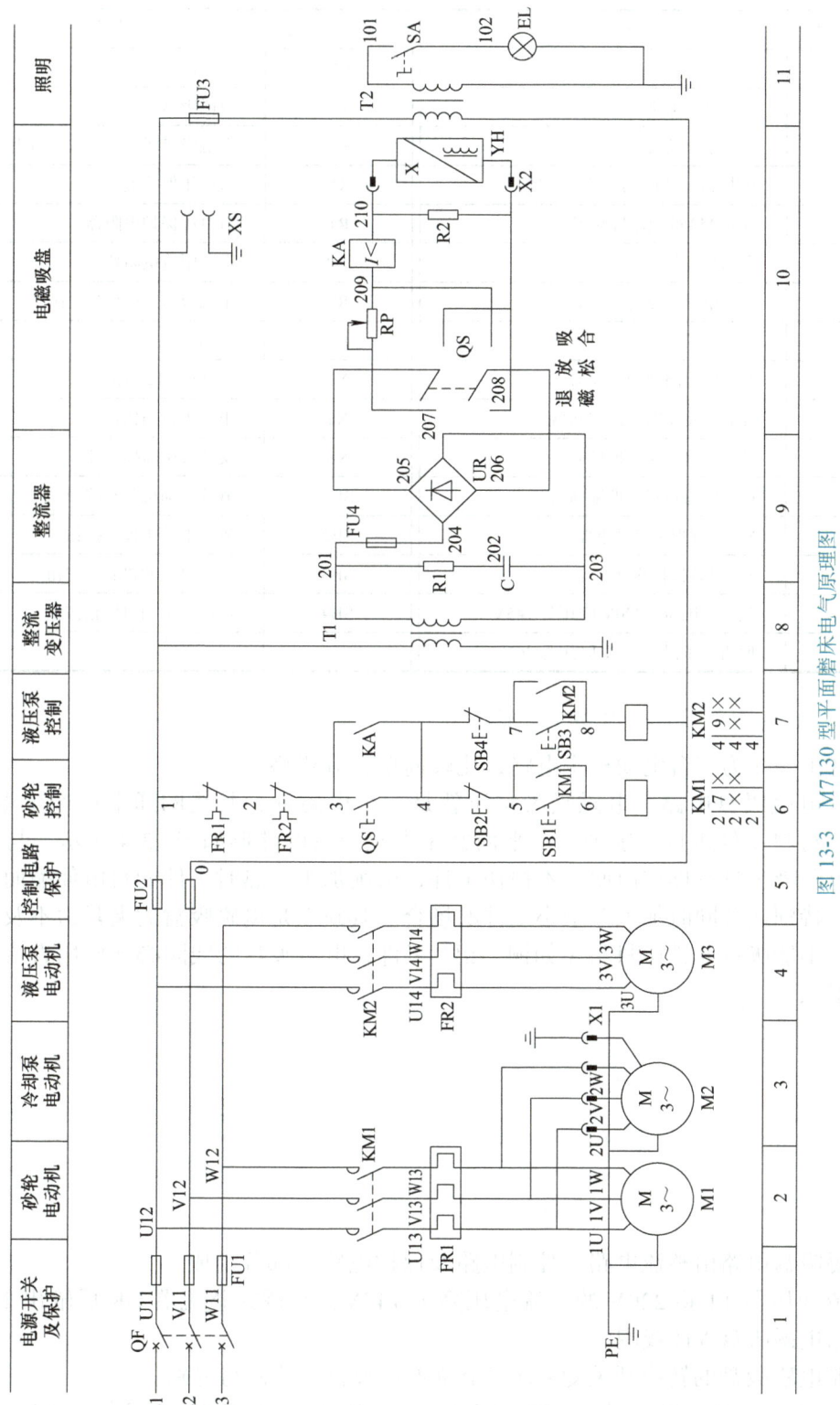

图 13-3　M7130 型平面磨床电气原理图

表 13-3　M7130 型平面磨床各电器元件及用途说明

电器元件符号	名称与用途	电器元件符号	名称与用途
M1	砂轮电动机	UR	硅整流器
M2	冷却泵电动机	YH	电磁吸盘
M3	液压泵电动机	KA	电磁吸盘弱磁保护欠电流继电器
KM1	控制 M1、M2 的交流接触器	C	过电压保护电容
KM2	控制 M3 的交流接触器	R1	过电压保护电阻器
QF	电源总开关	RP	退磁限流电阻器
QS	控制电磁吸盘转换开关	R2	电磁吸盘放电保护电阻器
SA	照明开关	EL	照明灯
FU1	总电路短路保护熔断器	X1	电动机 M2 插接器
FU2	控制电路短路保护熔断器	X2	电磁吸盘插接器
FU3	照明电路短路保护熔断器	XS	交流去磁器插接器
FU4	电磁吸盘短路保护熔断器	SB1	砂轮电动机起动按钮
FR1	M1 过载保护热继电器	SB2	砂轮电动机停止按钮
FR2	M3 过载保护热继电器	SB3	液压泵电动机起动按钮
T1	整流变压器，220V 降压为 145V	SB4	液压泵电动机停止按钮
T2	照明变压器，380V 降压为 36V		

6. M7130 型平面磨床电路工作原理分析

图区 1～4 为三台电动机主电路，比较简单，分析略。

（1）电磁吸盘电路　电磁吸盘实质就是一个电磁铁，其线圈通电后产生电磁吸力，吸持铁磁材料工件进行磨削加工。平面磨床电磁吸盘的外形如图 13-4 所示。与机械夹具相比，电磁吸盘具有操作简便、不损伤工件，磨削加工发热时工件能自由伸缩而不会变形等优点，特别适合同时加工多个小工件的场合。其缺点是电磁吸盘的夹紧力不及机械夹紧力，而且不能吸持非铁磁材料（如铜、铝）工件；电磁吸盘的线圈必须使用直流电，松开时必须退磁。

图 13-4　平面磨床电磁吸盘的外形

电磁吸盘电路由整流电路、控制电路及保护电路三部分组成。

整流变压器 T1 将 220V 的交流电压降为 145V，经桥式整流器 UR 后输出 110V 直流电压供给电磁吸盘 YH 线圈。

控制电磁吸盘的转换开关 QS 有三个位置：吸合、放松与退磁。

1）加工工件时，将 QS 扳至 "吸合" 位置，QS 触点（205-208）闭合、触点（206-209）

闭合，电磁吸盘 YH 线圈通电，产生电磁吸力将工件吸住。同时，欠电流继电器 KA 线圈得电，KA 常开触点（3-4）闭合，为 KM1 线圈和 KM2 线圈得电做准备。

2）工件加工结束后，把 QS 扳至"放松"位置，电磁吸盘 YH 线圈断电，此时，工件还具有剩磁取不下来，必须进行退磁。

3）退磁。将 QS 扳至"退磁"位置，QS 触点（205-207）闭合、触点（206-208）闭合，电磁吸盘 YH 通入较小（串入了退磁电阻 R2）的反向电流，产生反向磁场，对工件进行退磁。在退磁状态下，QS 常开触点（3-4）闭合，允许砂轮电动机 M1 与液压泵电动机 M3 起动，机床做调整运动。退磁结束，应将 QS 扳至"放松"位置，并取下工件。

注意：退磁要控制时间，否则工件会因反向充磁而更难取下。RP 用于调节退磁时电路的电流。如果退磁不彻底，可将附件退磁器的插头插入插座 XS，使工件在交流电的作用下进行退磁。

如果工件在工作台上采用机械夹紧而不用电磁吸盘，将应电磁吸盘的插头 X2 从插座上拔下，同时将 QS 扳至"退磁"位置，这时 QS 接在控制电路的常开触点（3-4）闭合，接通电动机的控制电路。

（2）电磁吸盘保护电路

1）弱磁保护。采用电磁吸盘吸持工件进行加工时，一旦电磁吸力不足，将会造成工件飞出事故。因此，在电磁吸盘保护电路中串入欠电流继电器 KA 的线圈，将 KA 的常开触点（3-4）与 QS 的一对常开触点并联，串接在控制砂轮电动机 M1 的接触器 KM1 线圈回路中。QS 的常开触点（3-4）只有在"退磁"状态下才接通，在"吸合"状态下是断开的，这就保证了电磁吸盘在吸持工件时须有足够的充磁电流，砂轮电动机 M1 才能起动。在加工过程中，一旦电流不足，欠电流继电器 KA 动作，及时地切断 KM1 线圈电路，使砂轮电动机 M1 停转，避免发生事故。

2）过电压保护。电磁吸盘线圈的电感量很大，在通、断时会产生很大的自感电动势，可能使线圈或其他电器元件因过电压而损坏。因此，在电磁吸盘线圈两端并联电阻器 R2，给线圈提供一个放电回路。

3）整流器过电压保护。电阻器 R1 和电容器 C 组成的阻容吸收电路并联在整流变压器 T1 的二次侧，以吸收交流电路产生的过电压和直流电路通断时产生的浪涌电压，对整流器进行过电压保护。

熔断器 FU4 为电磁吸盘提供短路保护。

（3）控制电路　控制电路采用交流 380V 供电电压，由熔断器 FU2 作为短路保护。

1）砂轮电动机 M1 的控制。将电磁吸盘开关 QS 扳至"吸合"位置，电磁吸盘 YH 得电，产生电磁吸力将工件吸住。同时，欠电流继电器 KA 线圈得电，KA 常开触点（3-4）闭合。此时，按下砂轮电动机 M1 的起动按钮 SB1，接触器 KM1 得电并自锁，砂轮电动机 M1 起动，带动砂轮进行磨削加工；按下停止按钮 SB2，M1 断电停止运行。

2）冷却泵电动机 M2 的控制。冷却泵电动机 M2 只有在砂轮电动机 M1 起动后才能起动，冷却泵箱与磨床是分开安装的，加工过程中需要切削液时，只需将插头插入插座 X1，冷却泵电动机 M2 就起动运转，送出切削液。需停止时，将插头拔出插座即可。

3）液压泵电动机 M3 的控制。液压泵电动机 M3 与砂轮电动机 M1 的起动条件相同。SB3、SB4 分别为 M3 的起动、停止按钮。

（4）照明电路　由控制变压器 T2 将 380V 交流电压降为 36V 安全电压提供给照明电路。SA 为照明灯控制开关，熔断器 FU3 为短路保护。照明灯 EL 一端接地。

任务实施

1. 材料准备

准备至少一台平面磨床、电工工具及仪表。

2. 平面磨床主要结构的识别

观察平面磨床结构，说明其主要部件的作用，填写表 13-4。

表 13-4　平面磨床主要部件的作用

主要部件	作用
工作台	
电磁吸盘	
立柱与滑座	
砂轮箱操作手轮	

3. M7130 型平面磨床主要运动的识别

由教师或工人师傅操作 M7130 型平面磨床，仔细观察各主要运动部件的运动形式及控制要求，填写表 13-5。

表 13-5　M7130 型平面磨床主要运动部件的运动形式与控制要求

运动部件	运动形式与控制要求
砂轮箱	
工作台	

4. M7130 型平面磨床控制电路分析

说明 M7130 型平面磨床控制电路的工作原理，填写表 13-6。

表 13-6　M7130 型平面磨床控制电路分析

控制环节	工作原理
电磁吸盘	
将 QS 扳至"吸合"位置	
将 QS 扳至"放松"位置	
将 QS 扳至"退磁"位置	

任务评价

根据表 13-7 对整个任务的完成情况进行评价。

表 13-7　任务评价表

评价内容	评价标准	配分	扣分
M7130 型平面磨床主要结构的识别	1）不能说明磨床主要结构，扣 5 分 2）对主要结构的作用不清楚，每项扣 4 分	25 分	
M7130 型平面磨床主要运动部件的运动形式与控制要求	1）不能说明磨床运动部件的运动形式，每项扣 3 分 2）对主要运动部件的控制要求不清楚，每项扣 3 分	35 分	
M7130 型平面磨床控制电路的分析	1）不能说明磨床单元电路的工作原理，每项扣 3 分 2）不能说明磨床元器件工作原理，每项扣 5 分	40 分	
安全文明生产	1）要求现场整洁、干净 2）工具摆放整齐，废品清理分类符合要求 3）遵守安全操作规程，不发生任何安全事故 如违反安全文明生产要求，酌情扣 5～40 分，情节严重者，可判本次技能操作训练为 0 分，甚至取消本次实训资格		
定额时间	180min，每超时 5min，扣 5 分		
开始时间	结束时间　　　　　实际时间　　　　　成绩		

学习笔记（无笔记，扣 10 分）

任务 2　M7130 型平面磨床常见电气故障的分析与检修

相关知识

M7130 型平面磨床的主电路、控制电路和照明电路的故障、检修方法与车床相似。M7130 型平面磨床采用电磁吸盘固定工件，电路有其特殊性，故障检修示例如下：

【故障 1】电磁吸盘没有吸力。

1. 故障分析

由电路的工作原理可知，电磁吸盘无吸力，问题可能在吸盘控制电路。

2. 故障检修

1）检查控制电路输入、输出电压。通电检查，用万用表测量电路的电压是否正常，即电源开关 QS 输出端、FU1 输出端、FU2 输出端的电压是否为 380V，若电压不正常，重点检查 FU1 和 FU2 是否熔断；若电压正常，再检查变压器输入端的电压是否为 380V，整流电路输出的电压是否正常，一般情况下，整流器输出的直流电压应为 130～140V，带负载时不应低于 110V。若这部分电路正常，故障应当在 13～15 图区。

若整流输出电压不正常，故障可能在图区 10～12。检测点与检测方法如图 13-5 所示的检测点 a1～a3。

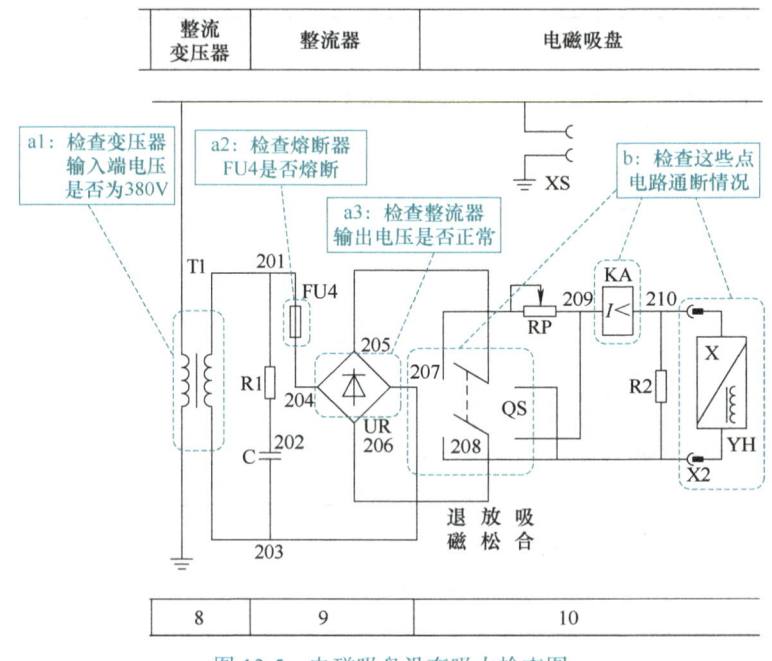

图 13-5 电磁吸盘没有吸力检查图

2）如果电压均正常，依次检查 QS 的触点（205-208 和 206-209）、接插器 X2 等接点是否接触良好；检查电磁吸盘 YH 的线圈、欠电流继电器 KA 的线圈等是否有断路等故障。检测点与检测方法如图 13-5 所示的检测点 b。

【故障2】电磁吸盘吸力不足。

1. 故障分析

引起这种故障的原因可能是电磁吸盘的供电电压不正常或电磁吸盘损坏。

2. 故障检修

电磁吸盘的电源电压由整流器 UR 供给。用万用表分别测量整流器空载和负载时输出端（205-206）的直流电压。整流器空载时输出直流电压应为 130～140V，负载时不应低于 110V，如图 13-5 所示的检测点 a3。

1）若整流器空载输出电压正常，带负载时电压远低于 110V，则表明电磁吸盘线圈有匝间短路的情况。其原由一般是吸盘密封不好、切削液流入吸盘内部损坏线圈绝缘。若短路严重，过大的电流会使整流元件和整流变压器烧坏。出现这种故障时，必须更换电磁吸盘线圈或整体更换电磁吸盘，并做好密封。

2）若整流器输出电压不正常，多是因为整流元件断路造成的。应检查整流器 UR 的交流侧（201-203）电压及直流侧（204-207）电压。若交流侧电压正常、直流输出电压不正常，则表明整流器发生元器件断路故障。如某一桥臂的整流二极管发生断路，将使整流输出电压降低到额定电压的一半；若两个相邻的二极管都断路，则输出电压为零。

【故障3】三台电动机都不能起动。

1. 故障分析

三台电动机都不能起动，可能是总电源有问题或控制电路有问题。

2. 故障检修

1）总电源与主电路的检查。总电源包括电源总开关 QF、熔断器 FU1，如它们正常，控制三台电动机的 KM1、KM2 同时损坏的可能性很小，则故障应在控制电路。

2）当将 QS 扳至"吸合"位置时，电动机无法起动，可能是欠电流继电器 KA 常开触点（3-4）接触不良、接线松脱或有油垢等，其检修检测方法如图 13-6 所示。如欠电流继电器 KA 常开触点（3-4）闭合不良，可修理或更换 KA，排除故障。

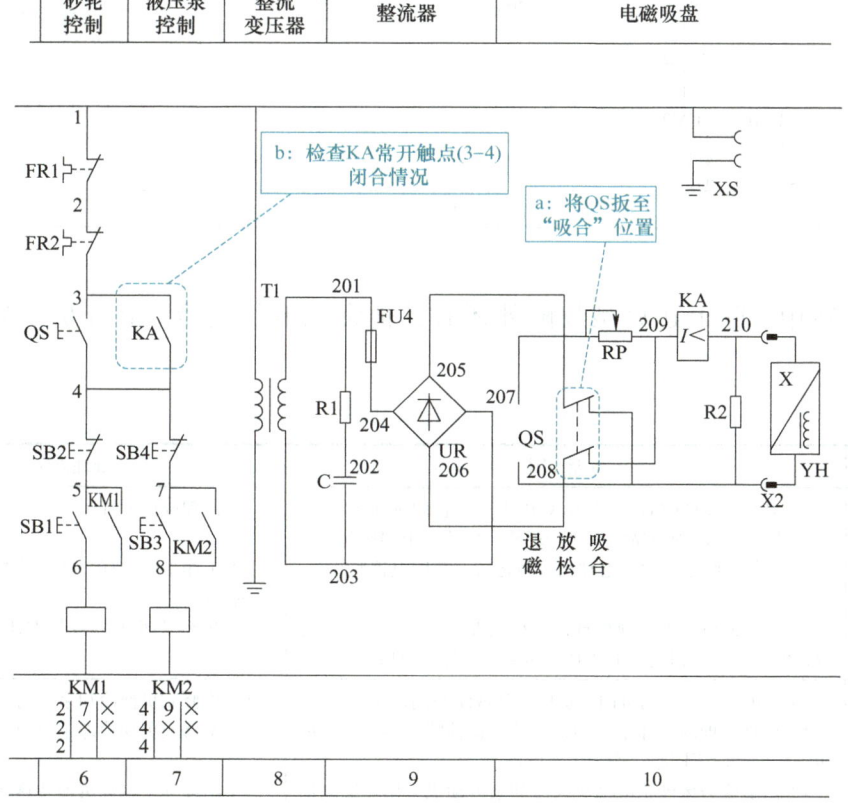

图 13-6　KA 常开触点检修检测方法

3）当将 QS 扳至"退磁"位置时，三台电动机无法起动，可能是 QS 触点（3-4）接触不良、接线松脱或有油垢。检修时，应拔掉电磁吸盘插头 X2，如图 13-7 所示。如 QS 触点（3-4）接触不良，可修理或更换 QS，排除故障。

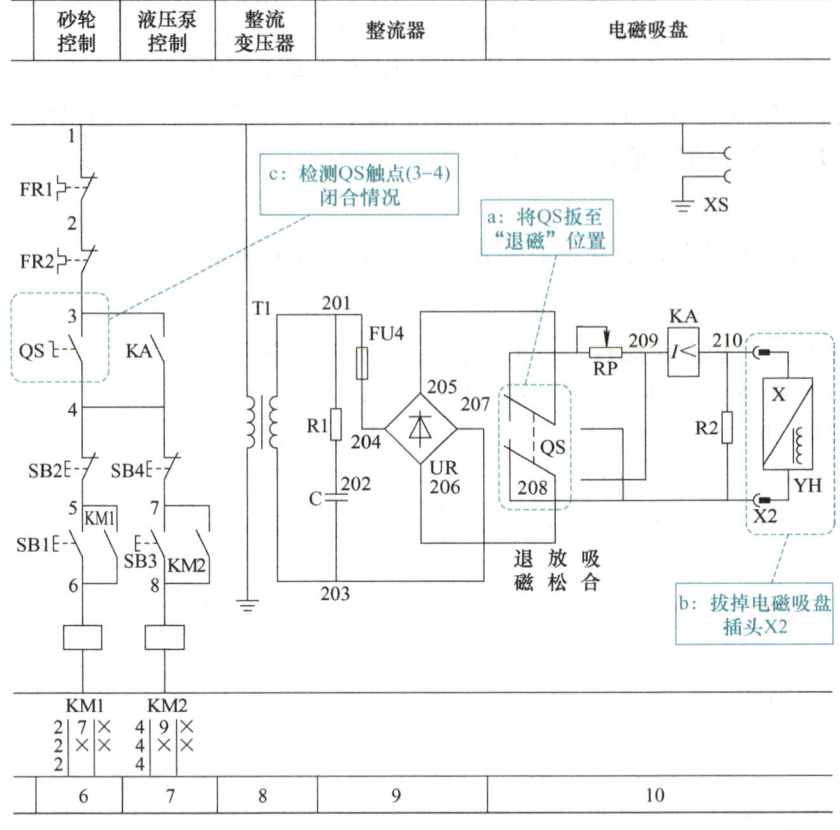

图 13-7　QS 常开触点检修检测方法

生产实践中，除上述典型故障外还有其他常见电气故障，其分析及处理方法见表 13-8。

表 13-8　M7130 型平面磨床其他常见电气故障的分析与处理方法

故障现象	可能原因	处理方法
砂轮电动机的热继电器 FR1 经常脱扣	1）砂轮电动机 M1 为装入式电动机，它的前轴承是铜瓦，易磨损。磨损后易发生堵转现象，使热继电器脱扣 2）砂轮进给量过大，电动机过载运行，热继电器脱扣 3）更换的热继电器规格选得太小或没有重新调整整定电流，电动机末达到额定负载时，热继电器就已脱扣	1）修理或更换轴瓦 2）工作中应选择合适的进给量，防止电动机过载运行 3）更换热继电器或按要求重新整定动作电流
冷却泵电动机烧坏	1）切削液进入电动机内，造成匝间或绕组间短路 2）反复修理的冷却泵电动机，其端盖轴隙会增大，造成转子在定子内不同心，增大工作电流 3）由于该磨床砂轮电动机与冷却泵电动机共用热继电器 FR1，且两者容量相差较大，冷却泵电动机过载时，不足以使 FR1 动作，使冷却泵电动机长期过载运行而烧坏	1）检修或更换冷却泵电动机 2）检修或更换冷却泵电动机 3）给冷却泵电动机加装热继电器

（续）

故障现象	可能原因	处理方法
冷却泵电动机不能起动	1）插座 X1 损坏 2）冷却泵电动机 M2 损坏	1）查明原因后修复 2）检修或更换冷却泵电动机
液压泵电动机不能起动	1）按钮 SB3、SB4 触点接触不良 2）接触器 KM2 线圈损坏 3）液压泵电动机损坏	1）修复触点或更换 2）更换线圈或接触器 3）修复或更换液压泵电动机
电磁吸盘退磁不好，工件难以取下	1）退磁电路断路，根本没有退磁 2）退磁电压过高 3）退磁时间太长或太短 4）退磁电阻 RP 损坏	1）检查 QS 接触是否良好 2）调整电阻 RP，使退磁电压调至 5～10V 3）不同材质的工件，所需退磁时间不同，注意退磁时间 4）更换电阻 RP

任务实施

1. 材料准备

1）设备及器材：准备至少一台 M7130 型平面磨床、常用电工工具及仪表，如 500V 绝缘电阻表、钳形电流表、万用表等。

2）技术资料：M7130 型平面磨床配套电路图、电器布置图、使用说明书等。

3）检修辅材：绝缘胶带、常用配件、劳保用品等。

2. 故障设置

教师或同学之间根据实际情况自行设置故障点。不能改变接线，但可使接点松动等。

3. 故障检修

1）教师通电操作，引导学生观察故障现象，填写表 13-9。

2）根据故障现象，结合电路图，用逻辑分析法初步确定故障范围，选择合适的测量方法进一步缩小故障范围。将测量结果及分析结果填入表 13-9 中。

3）正确排除故障。写出检修总结。

表 13-9 故障检修过程记录

故障现象	故障范围	测量点	测量值	是否正常	判断故障点

检修总结：

任务评价

根据表 13-10 对任务的完成情况进行评价。

表 13-10 任务评价表

评价内容	评价标准	配分	扣分
材料准备	仪器仪表、常用电工工具准备不充分，每个扣 5 分	10 分	
分析、排除常见电气故障	1）不能正确描述故障现象，扣 10 分 2）故障分析思路不清晰，扣 5 分 3）故障检查方法不正确、不规范，扣 10 分 4）故障点判断错误，扣 20 分 5）排除故障后通电试车不成功，扣 10 分 6）检修过程中出现新故障，扣 20 分 7）损坏电器元件，扣 20 分 8）检修时出现新故障自己不能修复，每次扣 10 分	75 分	
工具、仪表使用	1）仪表选用、使用不正确，每次扣 5 分 2）工具使用不规范，每次扣 2 分	15 分	
安全文明生产	1）现场清理整洁、干净；工具摆放整齐，废品分类清理 2）遵守安全操作规程，无任何安全事故发生 如违反安全文明生产要求，酌情扣 5～40 分。情节严重者，本次操作记 0 分或取消本次实训资格		
定额时间	180min，每超时 5min，扣 5 分		
开始时间		结束时间		实际时间		成绩	

学习笔记（无笔记，扣 10 分）

项目十三
习题

项目十四　步进电动机控制系统的安装与维护

项目描述

随着自动控制系统和计算装置的发展,在普通电动机的基础上产生出多种具有特殊性能的小功率电动机,例如,步进电动机、伺服电动机、直线电动机等。它们广泛应用于印刷机、机器人、计算机外围设备、航空航天、自动记录仪、钟表等作为执行元件、检测元件和解算元件,这类电动机统称为控制电动机,是一种微电动机。从基本的电磁感应原理来说,控制电动机和普通电动机并没有本质上的差别,但普通电动机着重要求起动和运行状态的力能指标,而控制电动机则着重要求高精度和快速响应的特性。

本项目要求能根据给定的设备和控制要求画出步进电动机控制系统的电路图,并能对控制系统进行安装与调试;会进行电动机的日常维护。具体由两个任务组成:步进电动机的认识与拆装、步进电动机控制系统的安装与调试。

职业岗位应知应会目标

1. 懂得步进电动机的基本结构。
2. 掌握步进电动机的工作原理。
3. 能进行步进电动机的安装与日常维护。
4. 熟悉步进电动机驱动器的接口功能,能设置相关功能。
5. 能按工艺要求完成步进电动机控制系统的安装、接线与调试。

任务1　步进电动机的认识与拆装

步进电动机是一种用电脉冲信号进行控制,并将电脉冲信号转换成相应的角位移或线

位移的一种控制电动机。普通电动机是连续旋转的，步进电动机则是一步一步转动的，它由专用电源供给电脉冲，每输入一个电脉冲信号，电动机就转过一个角度，因此，步进电动机又称为脉冲电动机。

步进电动机受脉冲信号控制，可以直接将数字信号转换成角位移或线位移，因此适合作为数字控制系统的执行元件，如数控机床、工业机器人等。

1. 步进电动机的结构

图14-1所示为常用步进电动机的外形，和普通电动机一样，也由定子和转子两大部分组成。图14-2所示为混合式步进电动机的结构。

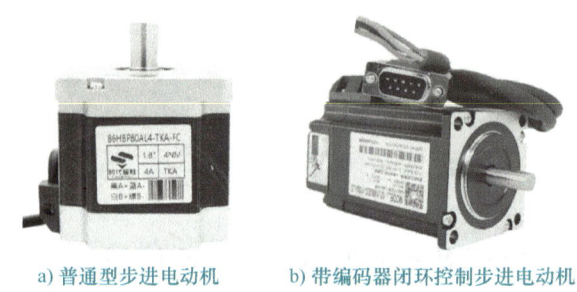

a) 普通型步进电动机　　b) 带编码器闭环控制步进电动机

图14-1　常用步进电动机的外形

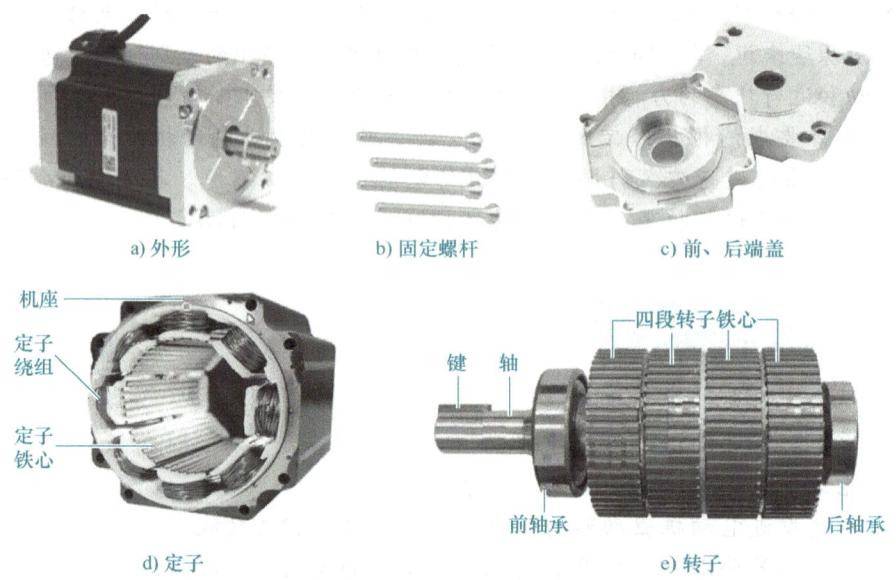

图14-2　混合式步进电动机的结构

2. 步进电动机的工作原理

步进电动机按运行原理和结构形式的不同可分为反应式、永磁式和混合式（又称为感应子式）三类。生产中应用最多的是混合式步进电动机。

（1）反应式步进电动机

1）反应式步进电动机的结构。图14-3所示为三相反应式步进电动机的结构简图，定子上均匀分布 6 个极，每个极上都装有控制绕组，绕组连接成星形，其中每两个相对的极组成一相，通电时形成一对磁极，由脉冲电源（环形电脉冲分配器）送来的电脉冲对每相定子绕组轮流励磁。定子极的极弧上开有均匀分布的小齿。转子由硅钢片或软磁材料制成，转子外圆周上也有均匀分布的小齿，它与定子极的极弧上齿距相同。定子极的中心线即是齿的中心线或槽的中心线。

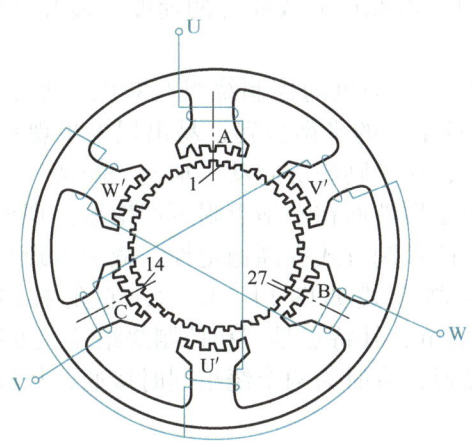

图 14-3　三相反应式步进电动机的结构简图

2）反应式步进电动机的工作原理。图 14-4 所示为一台最简单的三相反应式步进电动机的工作原理图。它的定子为装有控制绕组的 6 个极，转子是 4 个均匀分布的齿。当 U 相控制绕组通电时，气隙中产生的磁场沿 U-U' 轴线方向，由于磁通总是要沿着磁阻最小的路径闭合，因此，在电磁力的作用下，转子齿 1 和齿 3 与 U-U' 轴线对齐，如图 14-4a 所示。此时，转子只受沿 U-U' 轴线上的电磁力作用而具有自锁能力。当 U 相控制绕组断电、V 相通电时，同理可知，转子齿 2 和齿 4 将与 V-V' 轴线对齐，如图 14-4b 所示，转子逆时针转过 30° 角。同样的道理，当 V 相控制绕组断电、W 相通电时，转子齿 1 和齿 3 与 W-W' 轴线对齐，如图 14-4c 所示，转子又逆时针转过 30° 角。如此循环往复，并按 U→V→W→U 的顺序通电，步进电动机就按逆时针方向一步一步地连续转动，每一步转过 30° 角。

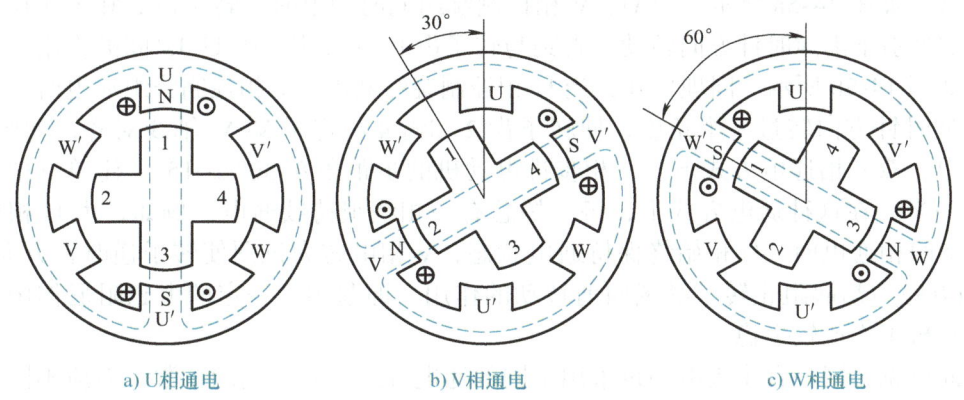

a）U 相通电　　b）V 相通电　　c）W 相通电

图 14-4　三相反应式步进电动机的工作原理

每一步转过的角度称为步距角 θ。从一相通电换接到另一相通电称为一拍；每次只有一个绕组通电称为"单"。因此，这种通电方式称为"三相单三拍"。

注意： 步进电动机的相数是指电动机内部的线圈组数，或者说产生不同 N、S 磁极对的励磁线圈对数。

如果通电顺序改为 U→W→V→U，则步进电动机将反向转动。步进电动机的转速取决于脉冲频率（控制绕组与电源接通或断开的速度快慢），频率越高，转速越高。转动方向取决于相序。

三相单三拍运行时，步进电动机的控制绕组在断电、通电的间断期间，转子磁极因"失磁"而不能保持自行"锁定"的平衡位置，易出现失步现象；同时，由一相控制绕组断电至另一相控制绕组通电，转子则经历起动→加速→减速→新的平衡位置过程，转子在达到新的平衡位置时，会由于惯性而在平衡点附近产生振荡现象，其运行的稳定性差。因此，常采用三相单、双六拍的控制方式提高稳定性，减少步距角。

三相单、双六拍的控制方式如图 14-5 所示，它的控制绕组按 U→UV→V→VW→W→WU→U 顺序通电，其特点是三相控制绕组须经 6 次切换才能完成一个循环，通电时，有时是单个绕组接通，有时为两个绕组同时接通，故称为"单、双六拍"。

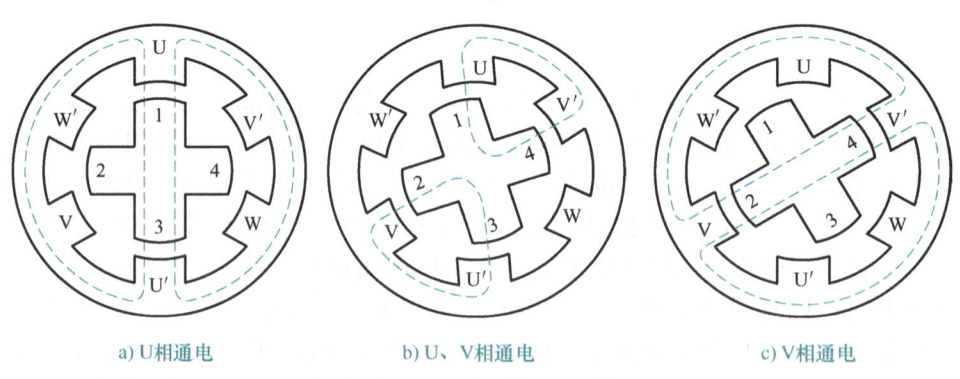

a) U 相通电　　　　b) U、V 相通电　　　　c) V 相通电

图 14-5　三相单、双六拍的控制方式

当 U 相控制绕组通电时，与三相单三拍运行情况相同，转子齿 1 和齿 3 与定子 U-U′ 轴线对齐，如图 14-5a 所示。当 U、V 相控制绕组同时通电时，转子齿 2 和齿 4 在定子极 V、V′ 的吸引下沿逆时针方向转动，直到与转子齿 1、3 和定子极 U-U′ 间的作用力相平衡为止，如图 14-5b 所示。同理可知，当 U 相控制绕组断电、V 相控制绕组通电时，转子将继续沿逆时针方向转过一个角度，使转子齿 2 和齿 4 与定子 V-V′ 轴线对齐，如图 14-5c 所示。单、双六拍通电方式下，三相步进电动机的步距角 $\theta=30°/2=15°$，比单三拍通电方式减少一半。在这种通电方式下，每一拍总有一相绕组持续通电，例如，由 U 相通电变为 U、V 两相通电时，U 相始终保持通电状态，V 相电磁力试图使转子逆时针方向转动，而 U 相电磁力却起阻止转子继续向前转动的作用，即起到了一定的电磁阻尼作用，所以步进电动机工作比较平稳。

由此可见，同一台步进电动机采用不同的通电方式，有不同的拍数，对应不同的步距角。改变通电顺序，可以改变步进电动机的转向。

这种简单结构的反应式步进电动机步距角较大，如应用在数控机床中会影响加工精度。实际使用的三相反应式步进电动机的结构如图 14-3 所示，它的转子上均匀分布 40 个齿，定子每个极上均匀分布 5 个齿，定、转子的齿宽和齿距都相同。若采用三相单、双六拍通电方式运行时，其步距角为 1.5°。

从上述分析可知，反应式步进电动机的转速与拍数、转子齿数及电源脉冲的频率有关。拍数和转子齿数越多，步距角越小，转速越低。增加转子齿数是减小步进电动机步距角的一个有效途径，目前所使用的步进电动机转子齿数一般很多。对于相同相数的步进电动机，可以采用双拍方式或单、双拍方式。因此，同一台步进电动机可有两种步距角，如 3°/1.5°、1.5°/0.75°、1.2°/0.6° 等。

反应式步进电动机结构简单、生产成本低、步距角小。由于反应式步进电动机不使用永久磁铁，其磁场强弱与励磁电流成正比，要想增强磁场，就要增加励磁电流，因此，反应式步进电动机的温升很高、散热片大、动态性能差、效率低、可靠性差。

（2）永磁式步进电动机

1）永磁式步进电动机的结构。图 14-6 所示为永磁式步进电动机的结构简图，它的定子为装有两相或多相绕组的凸极式，转子为一对磁极或多对磁极的星形磁钢，转子磁极数与定子每相的磁极数相同。图 14-6 中定子为两相集中绕组（AO、BO），每相为两对磁极，因此，转子也是两对永磁磁极。

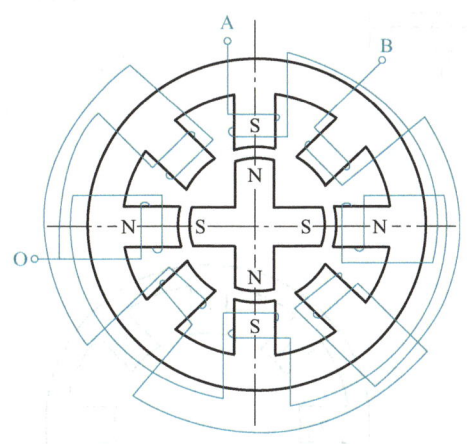

图 14-6 永磁式步进电动机的结构简图

2）永磁式步进电动机的工作原理。当定子绕组 A 相通入正脉冲，则定子形成上下 S、左右 N 的四个磁极，根据磁体异性相吸的原理，转子必为上下 N、左右 S，如图 14-6 所示。若 A 相断开、B 相接通，定子极性将沿顺时针转过 45°，转子沿顺时针方向转动，每次转过 45° 空间角度，即步距角为 45°。当定子绕组按 A → B →（-A）→（-B）→ A 的顺序轮流通以直流脉冲时，它就会一步一步按顺时针方向连续转动。永磁式步进电动机需要电源供给正、负脉冲，否则不能连续运转。

通常在永磁式步进电动机的同一个磁极上绕两套绕向相向的绕组，这样电源只须供给正脉冲即可。

永磁式步进电动机的步距角大，起动和运行频率低；但是它消耗的功率比反应式步进电动机小，在断电的情况下有定位转矩和较强的内阻尼力矩。

（3）混合式步进电动机　混合式步进电动机（又称感应子式步进电动机）既有反应式步进电动机小步距角的特点，又有永磁式步进电动机效率高、绕组电感较小的特点。

1）混合式步进电动机的结构。图 14-7 为混合式步进电动机的结构简图，图 14-7a 为轴向剖视图，图 14-7b 为转子结构图，它的定子铁心与反应式步进电动机相同，沿着圆周有若干凸出的磁极，每个磁极的极面上有小齿，凸出的磁极上装有控制绕组，控制绕组与永磁式步进电动机类似，采用两相集中绕组，通电时每相为两对磁极，控制绕组接线图如图 14-8 所示，极上线圈能以两个方向通电，形成 A 相和 A⁻ 相，B 相和 B⁻ 相。

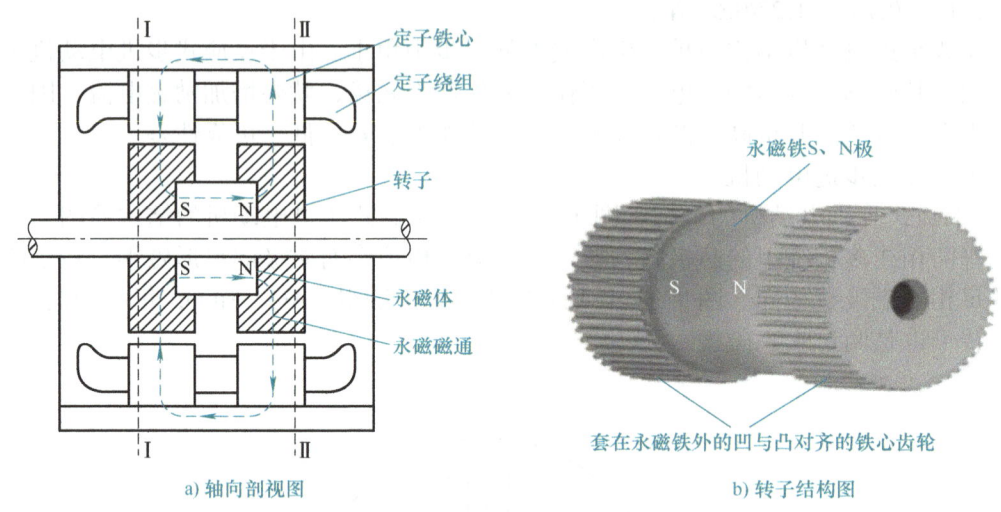

a）轴向剖视图　　　　b）转子结构图

图 14-7　混合式步进电动机的结构简图

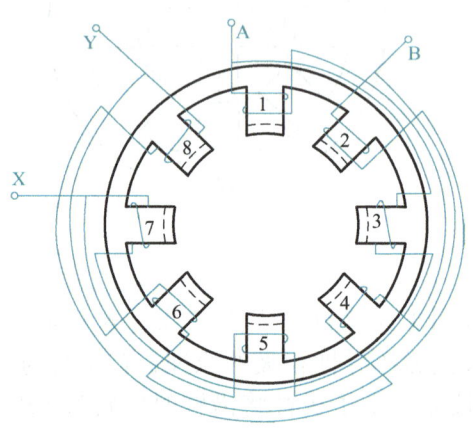

图 14-8　控制绕组接线图

转子为轴向磁化的圆柱形永久磁铁，磁铁两端各套有一段由整块钢加工或用硅钢片叠成的转子铁心，铁心上沿外圆周开有小齿，其齿距与定子小齿齿距相同，两段转子铁心上的小齿彼此错过 1/2 齿距，即凹与凸对齐。混合式步进电动机的转子是反应式转子与永磁式转子的复合体，其名称由转子的结构得来。

2）混合式步进电动机的工作原理。转子永久磁铁为 S 极的一端的铁心圆周上都呈 S

极性，另一端为 N 极的圆周上都呈 N 极性，如图 14-9 所示。当定子 A 相通电时，定子磁极 1、3、5、7 上的极性为 N、S、N、S，这时转子的稳定平衡位置为图 14-9a 所示位置，即定子磁极 1 和 5 上的齿与转子 S 端上的齿对齐，而定子磁极 1′ 和 5′ 上的齿与转子 N 端上的槽对齐；定子磁极 3 和 7 上的齿与转子 S 端上的槽对齐，而定子磁极 3′ 和 7′ 上的齿与转子 N 端上的齿对齐，如图 14-9b 所示。此时，B 相 4 个磁极（2、4、6、8 极）上的齿与转子齿都错开 1/4 齿距。

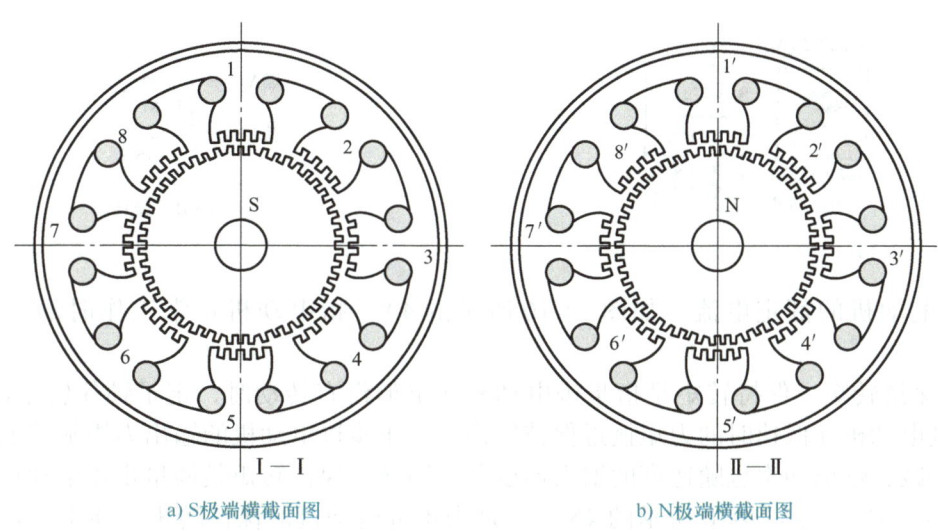

a) S 极端横截面图 b) N 极端横截面图

图 14-9 混合式步进电动机两端横截面图

在 S 极端或 N 极端，定子绕组通电时，其第 1 极与第 3 极的极性相反，转子在同一端的极性总是相同。在第 1 极和第 3 极下，定、转子小齿的相对位置错开了半个齿距，转子受到电磁力的作用而转动。由于定子绕组通电时，其同一个磁极两端产生的磁极性相同，而转子两端磁极性相反，但错开半个齿距，所以当转子偏离平衡位置时，两端所受到电磁力的作用方向是一致的。

当定子各相绕组按顺序通以正、负电脉冲时，转子每次将转过一个步距角 θ，其值为

$$\theta = \frac{360°}{2mz}$$

式中，m 为相数；z 为转子齿数。

混合式步进电动机步距角小、输出力矩大；有较高的起动和运行频率，动态性能好；消耗的功率较小；具有定位转矩，兼有反应式和永磁式步进电动机的优点。但结构复杂，需要有正、负电脉冲供电，制造成本较高。

3. 铭牌识读

图 14-10 所示为步进电动机的铭牌，它标注了步进电动机的主要技术数据。

1）步距角。步距角表示控制系统每发出一个步进脉冲信号，步进电动机所转动的角度。步进电动机出厂时给出的步距角是电动机的固有步距角，如图 14-10 所示的 1.8°，它不一定是电动机实际工作时的真正步距角，真正的步距角还与使用的步进驱动器有关。

2）相数。步进电动机的相数是指电动机内部的线圈组数，或者说产生不同 N、S 磁

极对数的励磁线圈数，常用 m 表示。如图 14-10 所示，A+、A- 与 B+、B- 为两相，并用颜色区分。相数也可从接线图中看出，如图 14-11 所示。目前常用的有二相、三相、四相、五相、六相和八相等步进电动机。电动机相数不同，其步距角不同，一般二相电动机步距角为 0.9°/1.8°、三相的为 0.75°/1.5°、五相的为 0.36°/0.72°。在没有细分驱动器时，用户主要靠选择不同相数的步进电动机来满足不同使用环境步距角的要求。如果使用细分驱动器，则相数变得没有意义，用户只须在驱动器上改变细分数，就可以改变步距角。

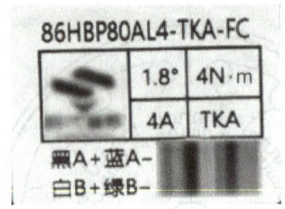

图 14-10 步进电动机的铭牌

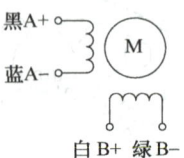

图 14-11 二相步进电动机接线图

3）电动机的额定电流。如图 14-10 所示的 4A，指电动机正常工作时的额定工作电流。

4）保持转矩。保持转矩是指步进电动机通电但没有转动时，定子锁住转子的力矩。通常步进电动机在低速时的力矩接近保持转矩。由于步进电动机的输出力矩随速度的增大而不断衰减，输出功率也随速度的增大而变化，因此，保持转矩是衡量步进电动机性能最重要的参数之一。图 14-10 所示的 4N·m 是指步进电动机的保持转矩。通常，在没有特殊说明的情况下，步进电动机铭牌上的转矩为保持转矩。

4. 步进电动机的拆装

（1）拆卸前的准备　准备、清洁好拆卸场地、常用电工工具及万用表等。

（2）步进电动机的拆卸与装配　步进电动机的拆卸、装配步骤与普通三相电动机相同，详见表 14-1。

表 14-1 步进电动机的拆卸与装配步骤

序号	步骤	操作图	操作要点
1	拆卸前端盖固定螺钉		用螺钉旋具将步进电动机前端盖的 4 只螺钉拆卸下来
2	取出前端盖		沿着轴伸端将前端盖拔出来。在前端盖与轴承分离过程中，轴承簧垫可能会掉下来，注意将它妥善保管好

项目十四　步进电动机控制系统的安装与维护

（续）

序号	步骤	操作图	操作要点
3	拆卸转子		转子是永久磁铁，在拔取过程中应注意用力及方向
4	拆卸后端盖	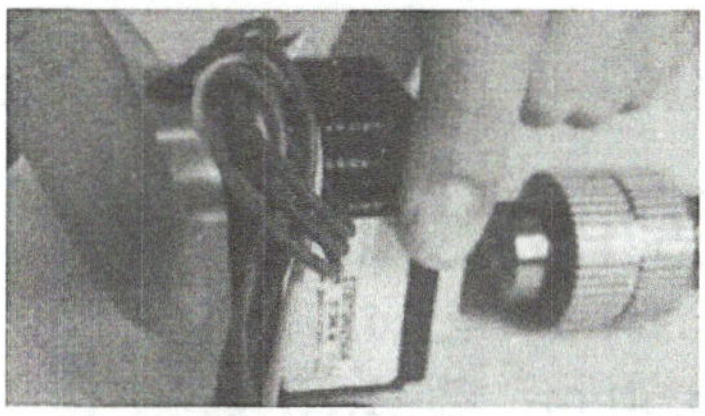	拆卸前端盖和转子后，用手轻摇后端盖便可将定子和后端盖分离出来。也可以先拆后端盖，向后推或拉出转子
5	清点部件，观察整体结构	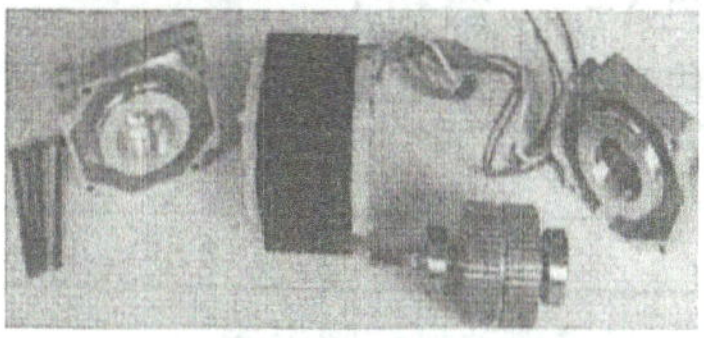	拆卸完毕，将各部件按组成结构摆放整齐并清点，减少重装过程中的疏忽；观察其结构
6	观察定子结构，测量绕组的电阻值	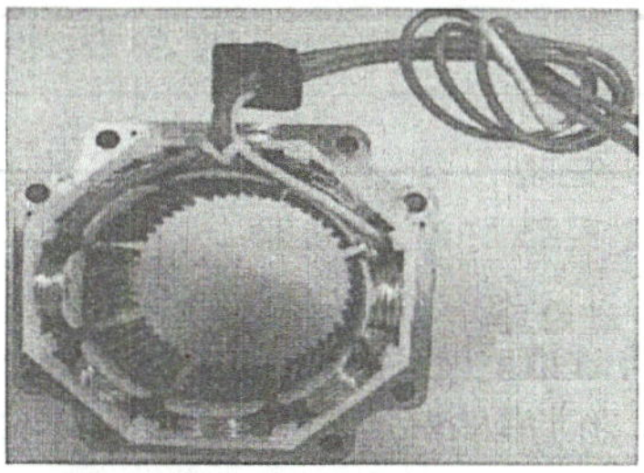	认真观察步进电动机的定子结构，数一数铁心凸极数和绕组的相数。用万用表测量每相绕组的电阻值
7	研究转子结构		观察步进电动机的转子，数一数转子铁心的齿数，用螺钉试一试它的磁性
8	观察步进电动机端盖结构		端盖配合轴承支撑转子，保障转子与定子的合适间隙和转轴的同心度
9	装配	将步进电动机零部件清洗干净，检查完好后，按与拆卸步骤相反的顺序进行装配	

（3）步进电动机装配完毕后的检查工作

1）用力转动转子，观察转子转动是否灵活，有无摩擦声。

189

2）检测每相绕组的电阻值，正常值为 1.2Ω 左右。

3）用万用表 $R \times 200\text{M}\Omega$ 档检测每相绕组对外壳绝缘电阻，一般在 100MΩ 左右为正常。

1. 材料准备

混合式步进电动机 3～4 台及相应的常用电工工具、数字万用表等。

2. 步进电动机铭牌识读

识读图 14-12 所示的步进电动机铭牌，将主要技术数据填入表 14-2 中。

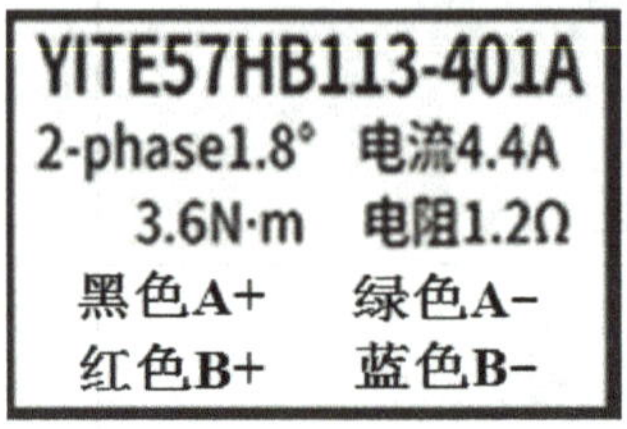

```
YITE57HB113-401A
2-phase1.8°   电流4.4A
   3.6N·m    电阻1.2Ω
黑色A+        绿色A-
红色B+        蓝色B-
```

图 14-12　识读步进电动机铭牌

表 14-2　步进电动机铭牌识读

固有步距角		保持转矩		额定电流		线圈电阻	
相数		标识					

3. 混合式步进电动机的拆装

按工艺要求拆装混合式步进电动机；数一数定子、转子齿数，用数字万用表测量绕组直流电阻和绝缘电阻；观察混合式步进电动机的结构，说明工作原理。填写表 14-3。

表 14-3　混合式步进电动机拆装步骤、操作要领与检测

序号	拆卸部件名称	操作要领			备注
1					
2					
3					
4					
5	装配方法				
6	数一数	定子齿数		转子齿数	
7	检测	绝缘电阻		绕组电阻	

混合式步进电动机工作原理：

任务评价

根据表 14-4 对任务的完成情况进行评价。

表 14-4 任务评价表

评价内容	评价标准	配分	扣分
拆装前的准备	1）拆装前未将所需工具、仪器及材料准备好，扣 2 分 2）拆装场地不清洁，该项不得分	5 分	
步进电动机铭牌的识读	不会识读主要技术数据，每项扣 5 分	30 分	
拆卸正确	1）拆卸方法和步骤不正确，每次扣 5 分 2）碰伤绕组、损坏、丢失零部件，扣 6 分	25 分	
装配正确	1）装配方法和步骤错误，每次扣 5 分 2）碰伤绕组、损伤零部件，每次扣 4 分 3）紧固螺钉未拧紧，每只扣 3 分 4）装配后转动不灵活，扣 5 分	20 分	
测量	1）不会测量绕组电阻或测量不正确，扣 10 分 2）绝缘测量错误或不会测量，扣 10 分	20 分	
安全文明生产	1）要求现场整洁、干净，电动机、仪表摆放整齐 2）遵守安全操作规程，不发生任何安全事故 违反安全文明生产规程，扣 10~40 分，发生人身和设备安全事故，不及格		
定额时间	180min，每超时 5min，扣 5 分		
开始时间	结束时间	实际时间	成绩

学习笔记（无笔记，扣 10 分）

任务 2　步进电动机控制系统的安装与调试

相关知识

步进电动机受电脉冲信号控制，需要专用电源供给电脉冲，这种电源称为步进驱动器，步进驱动器是一种能使步进电动机运转的功率放大器，能把控制器（通常是 PLC）发来的脉冲信号转换为步进电动机的角位移或线位移，电动机的转速与脉冲频率（每秒钟发出的脉冲个数）成正比，因此，控制脉冲频率可以精确调速，控制脉冲数可以精确定位。步进电动机驱动系统框图如图 14-13 所示，控制器向步进驱动器发出毫安级的脉冲信号和方向信号，步进驱动器先进行环形分配和细分，再进行功率放大，变成安培级的脉冲信号发送到步进电动机，步进电动机就按一定的速度和方向运行。方向信号变为负时，电动机反向运行。可见，步进驱动器最重要的功能是环形分配和功率放大。

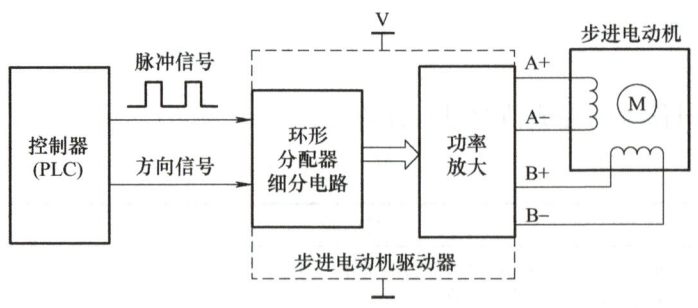

图 14-13　步进电动机驱动系统框图

1. 步进驱动器

图 14-14 所示为 DMA860H 型步进驱动器的外形，其接口功能说明如下：

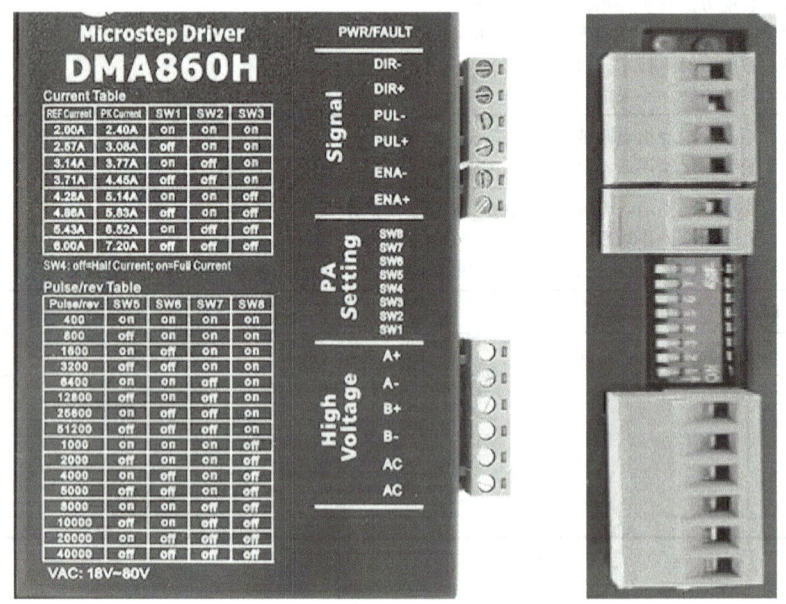

a) 正面图　　　　　　　　　　b) 接线侧图

图 14-14　DMA860H 型步进驱动器的外形

（1）控制信号接口　控制信号接口功能见表 14-5。

表 14-5　控制信号接口功能

名称	功能
PUL+ PUL−	脉冲控制信号的正、负端，PUL+ 为高电平 +5V，PUL− 为低电平 0V，如采用 +12V 或 +24V 需串电阻，分别为 1kΩ、2kΩ
DIR+ DIR−	方向控制信号的正、负端，DIR+ 为高电平 +5V，DIR− 为低电平 0V。为保证电动机可靠换向，方向信号应先于脉冲信号至少 5μs 建立。电动机的初始运动方向与电动机的接线有关，互换任意一相绕组（如 A+、A− 交换或者 B+、B− 交换）可以改变电动机初始运动的方向
ENA+ ENA−	使能信号，不用此功能时，该信号端一般悬空不接线。使能信号的意义是输入信号用于使能或禁止。当 ENA+ 接 +5V，ENA− 接低电平时，驱动器将切断电动机各相的电流，使电动机处于自由状态，此时步进脉冲不被响应

（2）电力接口　电力接口功能见表14-6。

表14-6　电力接口功能

名称	功能
GND（AC） +V（AC）	GND为直流电源地，+V为直流电源正极，一般采用DC 24V供电，但DC 20～40V间任何值均可。GND（AC）/+V（AC）表示交直流通用，可接交流电也可接直流电，不分正、负极。交流可采用18～80V，使用200W以上电动机时，采用AC 60V，电压越高，高速力矩越大
A+、A-	电动机A相线圈
B+、B-	电动机B相线圈

（3）状态指示　绿色LED为电源指示灯，当驱动器接通电源时，该LED常亮；当驱动器切断电源时，该LED熄灭。红色LED为故障指示灯，当出现过电流或过电压故障时，该指示灯以3s周期循环闪烁；当故障被用户清除时，红色LED常灭。

（4）DMA860H型步进驱动器控制信号接口电路　DMA860H型步进驱动器采用差分式接口电路，可进行单端共阴极或共阳极等接法。图14-15a所示为DMA860H型步进驱动器输入接口低电平有效共阳极接法电路图，图14-15b所示为其高电平有效共阴极接法电路图。有的步进驱动器只能是其中的一种接法，具体情况要查看说明书。

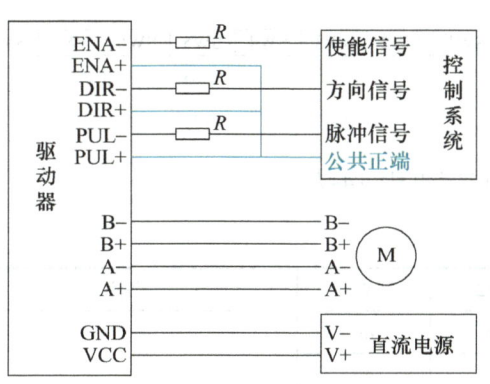

a) 输入接口低电平有效共阳极接法　　b) 输入接口高电平有效共阴极接法

图14-15　DMA860H型步进驱动器输入接口电路图

注意：图14-15中的R为降压限流电阻，当控制系统输出电压为5V时，R不用接入电路，应短接；当控制系统输出电压为12V时，$R=1\text{k}\Omega$，功率至少为1/4W；当控制系统输出电压为24V时，$R=2\text{k}\Omega$，功率至少为1/2W。R必须串接在控制信号端，不可接入公共端。

控制系统（控制器）因要输出脉冲信号，采用晶体管输出，因此，大多数控制器（如PLC）只能输出一种电平，高电平或低电平。

例如，西门子PLC输出只有高电平（PNP型），它和驱动器只能采用共阴极连接，如图14-16所示。三菱FX系列PLC一般为低电平输出，可与驱动器共阳极连接。三菱FX3U有高电平和低电平输出两种，可共阳极或共阴极连接。

（5）驱动器接线要求

1）为了防止驱动器受干扰，控制信号线一般采用屏蔽电缆线，屏蔽层应与地线短接。

2）控制信号线与电动机接线不允许并排包扎在一起，最好分开10cm以上，否则，电动机噪声信号容易干扰控制信号，引起电动机定位不准、系统不稳定等故障。

3）如果一个电源供多台驱动器，应在电源处采取并联连接。

4）严禁带电拔插驱动器电力端子，否则，拔插瞬间电动机的大电流会通过线圈感应出很高的电动势，烧坏驱动器。

5）接线时，注意线头不能裸露在端子外，以防意外短路而损坏驱动器。

（6）拨码开关的设置　DMA860H型驱动器采用八位拨码开关设定细分精度、动态电流、静止半流及实现电动机参数和内部调节参数的自整定，拨码开关功能如图14-17所示，拨码开关向下为on，向上为off。

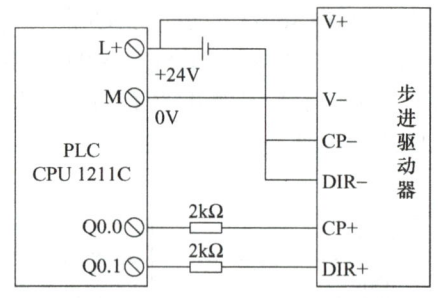

图14-16　西门子PLC输出与驱动器共阴极连接图

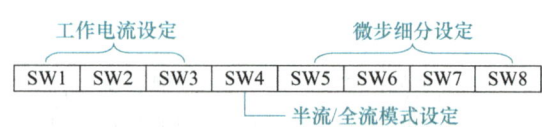

图14-17　拨码开关功能

1）工作电流（动态电流）设定。工作电流设定见表14-7。

表14-7　工作电流设定

输出峰值电流/A	输出参考电流/A	SW1	SW2	SW3	备注
2.40	2.00	on	on	on	电流设置越大，力矩会相应提高，但电动机与驱动器的发热量也会相应增加
3.08	2.57	off	on	on	
3.77	3.14	on	off	on	
4.45	3.71	off	off	on	
5.14	4.28	on	on	off	
5.83	4.86	off	on	off	
6.52	5.43	on	off	off	
7.20	6.00	off	off	off	

2）静态电流设定。静态电流可用SW4拨码开关设定，off表示静态电流设为动态电流的一半，on表示静态电流与动态电流相同。一般用途的应将SW4设成off，使电动机和驱动器的发热减少，可靠性提高。脉冲串停止后约0.4s，电流自动减至一半左右，为实际值的60%，发热量理论上减至36%。

3）微步细分设定。驱动器微步细分设定见表14-8。

表 14-8　驱动器微步细分设定

每转步数	SW5	SW6	SW7	SW8	微步细分说明
400	on	on	on	on	
800	off	on	on	on	
1600	on	off	on	on	
3200	off	off	on	on	
6400	on	on	off	on	
12800	off	on	off	on	
25600	on	off	off	on	
51200	off	off	off	on	例如，设定每转步数为800，表示转一圈需要800个脉冲，同等脉冲下，细分越高，转动越慢
1000	on	on	on	off	
2000	off	on	on	off	
4000	on	off	on	off	
5000	off	off	on	off	
8000	on	on	off	off	
10000	off	on	off	off	
20000	on	off	off	off	
40000	off	off	off	off	

4）参数自整定功能。若SW4在1s内变化一次，驱动器可自动完成电动机参数和内部调节参数的自整定；当电动机、供电电压等条件发生变化时，须进行一次自整定，否则电动机可能会运行不正常。**注意：**此时不能输入脉冲，方向信号也不应变化。

参数自整定操作方法：SW4由on拨到off，然后在1s内再由off拨回到on；或者SW4由off拨到on，然后在1s内再由on拨回到off。

2. 设备安装

（1）步进电动机的安装　步进电动机采用法兰通孔安装，可防止振动等，如图14-18所示。

1）安装方向可以横向、朝上或朝下。不论采用哪种方向，都应注意转轴的悬挂负载、轴向负载问题。

2）不要让电缆线与安装面接触，以免造成不必要的压力，并影响散热。

3）步进电动机的可靠工作温度为80℃以内，应注意通风散热。

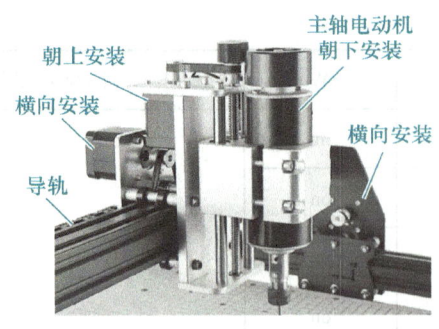

a) 特种数控机床上的步进电动机　　　　b) 小型数控车床上的步进电动机

c) 86系列步进电动机　　d) 86系列步进电动机安装法兰　　e) 固定螺钉垫片顺序

图 14-18　步进电动机的安装

（2）驱动器的安装

1）驱动器的可靠工作温度为 60℃以内，不可安置在其他发热设备旁，要避免粉尘、腐蚀性气体，禁止有可燃气体和导电粉尘。

2）驱动器可采用竖着侧面安装，使散热齿形成较强的空气对流。

3）为保证驱动器的温度在可靠工作温度范围内，必要时可安装散热风扇强制散热。

3. 应用

一台步进电动机的步距角为 1.8°，电流为 2.2A，用西门子 S7-1200 PLC 和 DMA860H 型步进驱动器对步进电动机的速度进行控制。控制要求为：

1）步进电动机的步距角为 0.9°，静态电流为动态电流的一半。请对驱动器进行设置。

2）当按下按钮 SB1 时，步进电动机以一定的速度正向运行；当按下按钮 SB2 时，以同样的速度反向运行；当按下停止按钮 SB3 时，电动机停止运行。

【例】请画出系统接线图，并说明步进驱动器的设置。

解：步进驱动器的设置。步距角为 0.9°，则转动一圈需要为 400 步，即每转步数为 400。查表 14-8 可知，SW5～SW8 全设置为 on；工作电流为 2.2A；查表 14-6 可知，SW1～SW3 全设置为 on；静态电流 SW4 设置为 off。

控制系统的接线图如图 14-19 所示，按下按钮 SB1，PLC 通过 Q0.0 端口向驱动器发送脉冲信号，步进电动机起动运行为规定的正方向，若方向不正确，可交换 A、A− 或 B、B− 的接线；按下按钮 SB2，PLC 通过 Q0.1 端口向驱动器发送换向信号，使电动机反转。按下停止按钮 SB3，PLC 停止发送脉冲信号，电动机停止运行（控制程序在 PLC 中学习）。

项目十四　步进电动机控制系统的安装与维护

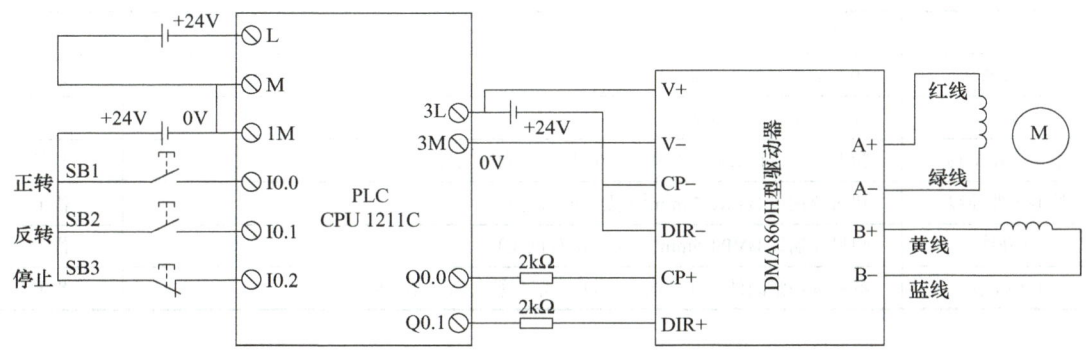

图 14-19　控制系统的接线图

任务实施

1. 工作任务

一台 86HB 系列步进电动机的技术数据：1.8°、4A、A+ 红、A− 绿，B+ 黄、B− 蓝，4.2N·m。用西门子 S7-1200 PLC 和 DMA860H 型步进驱动器对步进电动机的速度进行控制。要求：

1）步进电动机的步距角为 0.45°，静态电流为动态电流的一半。请对驱动器进行设置。

2）按下按钮 SB1，步进电动机以 50r/min 的速度顺时针转动；按下按钮 SB2，电动机以同样的速度逆时针转动；按下停止按钮 SB3，电动机停止运行。

3）按钮与 PLC 控制接点对应关系为：SB1—I0.0，SB2—I0.1，SB3—I0.2。控制程序由指导教师下载到 PLC 中。

请对步进驱动器进行相关设置；画出系统接线图并接线、通电试验。

2. 材料准备

按表 14-9 准备电路安装所需要的工具、仪表、电器元件等，并进行质量检测。

表 14-9　实训器材明细表

名称	型号	规格	数量
步进电动机	86HB 系列	两相、4A、1.8°、4.2N·m	1 台
断路器	DZ47-63	220V、额定电流为 25A	1 个
PLC	S7-1200	西门子	1 个
驱动器	DMA860H		1 个
直流电源	WEHO 系列	多组独立输出、5V/10A、24V/6A	1 个
按钮	LA4-3H	保护式三联按钮	1 个
法兰	86HB 系列		1 个

（续）

名称	型号	规格	数量
控制板	500mm×450mm×20mm		1块
仪表	数字万用表、转速表		1个
电工通用工具	验电笔、螺钉旋具、尖嘴钳、活扳手、剥线钳等		1套
控制电路导线	塑料软铜线BVR0.75mm²（黑色或自定）		若干
按钮线	塑料软铜线BVR1.5mm²（绿–黄双色线）		若干
其他辅材	各种规格紧固件、线轧头、导轨 线号管、固定螺钉等		若干

3. 驱动器的识别

观察DMA860H型驱动器，说明它的作用、接口功能与拨码开关功能，填入表14-10中。

表14-10　驱动器的识别

名称	功能说明
控制信号接口	
电力接口	
拨码开关	

驱动器的作用：

4. 设备安装

1）按图14-20所示安装电器元件、线槽等，排列整齐匀称、安装牢固。

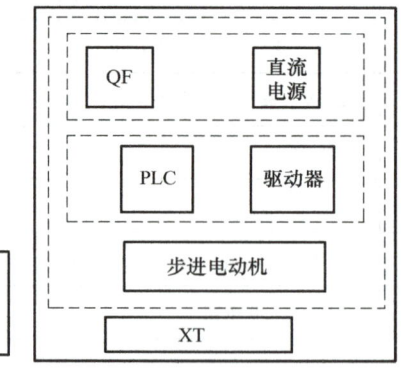

图14-20　电器元件布置图

2）采用侧式安装驱动器，注意散热。
3）先固定步进电动机的安装法兰，后安装步进电动机。

5. 画图与接线

1）参考图 14-19 画出接线图，交给指导教师确认后方可接线。提示：材料准备中没有电阻器，只能采用 5V 直流电源对控制信号部分进行供电。
2）设置驱动器相关项目。

6. 自检与通电调试

根据教师确认的接线图逐点检查，经教师确认正确后，在教师的指导下通电调试。
提示：控制信号采用 5V 直流供电，电源接口采用 24V 直流供电。

微思考

步进电动机驱动器常见问题与处理方法有哪些？

任务评价

根据表 14-11 对任务的完成情况进行评价。

表 14-11 任务评价表

评价内容	评价标准	配分	扣分
材料准备	器材短缺，型号、规格不符合要求，每件扣 2 分	5 分	
驱动器的识别	错写或漏写相关功能或作用，每项扣 5 分	25 分	
安装元器件	1）元器件布置不合理、不整齐，每个扣 2 分 2）元器件安装不牢固、不正确，每个扣 4 分 3）损坏元器件，该项不得分	20 分	
画电路图	1）不会画电路图，扣 20 分 2）电路图有部分错误，教师指导后能修改，扣 5 分	25 分	
接线与通电调试	1）接线错误，每处扣 4 分，扣完为止 2）布线不符合工艺要求，接点松动、露铜过长、压绝缘层、没套线号管、软线没压接线耳（螺杆连接除外），每处扣 2 分 3）损伤导线绝缘层或线芯，每根扣 5 分 4）不会通电调试，扣 10 分	20 分	
工具仪表使用	1）工具、仪表使用不规范，每次酌情扣 1～3 分 2）损坏工具、仪表，扣 5 分	5 分	
安全文明生产	1）现场清理整洁、干净；工具摆放整齐，废品分类清理 2）遵守安全操作规程，无任何安全事故发生 如违反安全文明生产要求，酌情扣 5～40 分。情节严重者，本次操作记 0 分或取消本次实训资格		

（续）

评价内容	评价标准						配分	扣分
定额时间	180min，每超时5min，扣5分							
开始时间		结束时间		实际时间		成绩		

学习笔记（无笔记，扣10分）

项目十四
习题

项目十五　伺服电动机控制系统的安装与维护

 项目描述

　　伺服就是不折不扣地执行指令的意思。伺服电动机就是绝对服从控制信号指挥的电动机，当无控制信号时，转子静止不动；当接收到控制信号时，转子立即转动；当控制信号消失时，转子立即停止转动。伺服电动机是伺服系统中的执行元件，是控制机械元件运转的微特电动机。它具有机电时间常数小、线性度高等特性，可把所收到的电信号转换成电动机轴上的角位移或角速度输出，非常精准地控制速度或位置。

　　伺服电动机的主要特点：收到控制信号能快速反应；当信号电压为零时无自转现象，转速随着转矩的增加而匀速下降。

　　本项目要求根据给定的伺服驱动器与配套的伺服电动机和控制电路，对控制系统进行安装、参数设置与调试，会控制系统的日常维护。具体由两个任务组成：伺服电动机的认识与检测、伺服电动机位置控制模式系统的安装与调试。

 职业岗位应知应会目标

1. 懂得伺服电动机的基本结构。
2. 掌握伺服电动机的工作原理。
3. 熟悉伺服驱动器的接口功能，能设置相关功能。
4. 能按工艺要求完成伺服电动机位置控制模式系统的安装与调试。
5. 会在汇川技术官网下载InoServoShop4.10软件，学习应用软件设置参数与系统调试。

任务 1　伺服电动机的认识与检测

相关知识

伺服电动机主要靠脉冲来定位,伺服电动机接收到一个脉冲信号,就会转动一个脉冲对应的角度,实现位移。伺服电动机装有发出脉冲功能的装置,如编码器等。因此,伺服电动机每旋转一个角度,都会发出对应数量的脉冲,和伺服电动机接收到的脉冲进行呼应,称为闭环。闭环系统可以知道发了多少脉冲给伺服电动机,同时又接收到了多少脉冲,这样,就能够很精确地控制电动机的转动,实现精确定位。目前伺服电动机的定位精度可以达到 0.001mm。

所以,伺服电动机就是闭环控制系统中的电动机,只要它处于闭环系统中就可以称为伺服电动机,带编码器闭环控制的步进电动机就是伺服电动机。图 15-1 所示为伺服电动机的外形。

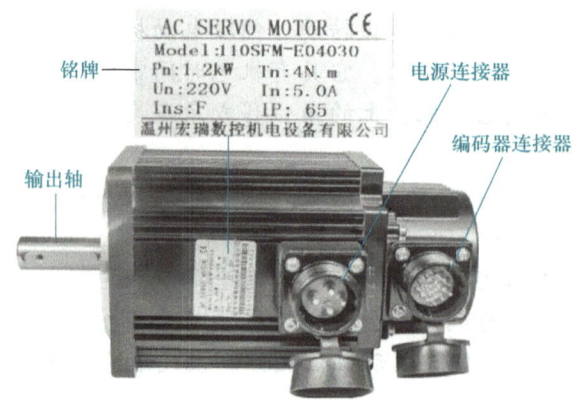

图 15-1　伺服电动机的外形

伺服电动机分为直流伺服电动机和交流伺服电动机两大类。常用的直流伺服电动机主要是永磁直流无刷伺服电动机,交流伺服电动机主要是永磁同步交流伺服电动机。

1. 永磁直流无刷伺服电动机

(1) 永磁直流无刷伺服电动机的结构　图 15-2 所示为永磁直流无刷伺服电动机(简称 BLDC)的结构简图。它主要由永久磁铁、定子、转子、霍尔元件和机壳(未画出)等组成。

永磁直流无刷伺服电动机是用电子模块代替了传统直流电动机的整流部分(电刷及换向器),保留了直流电动机可急剧加速、转速与外加电压成正比、转矩与电枢电流成正比等优点。无刷电动机最大的特征为无刷构造,原则上不会产生噪声。有刷电动机的结构简图如图 15-3 所示。有刷电动机与无刷电动机的区别如图 15-4 所示。

项目十五　伺服电动机控制系统的安装与维护

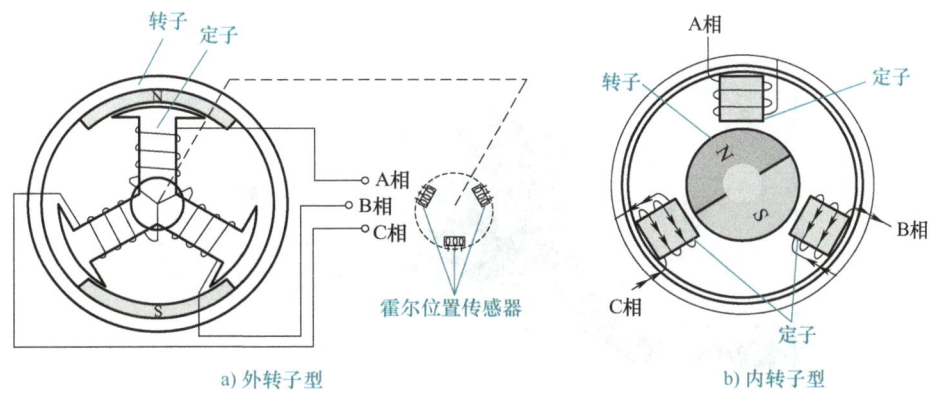

a) 外转子型　　　　　　　　　　　　　　b) 内转子型

图 15-2　永磁直流无刷伺服电动机结构简图

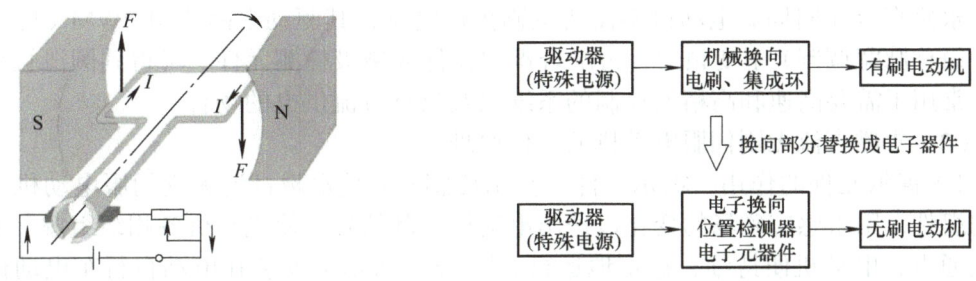

图 15-3　有刷电动机的结构简图　　　　图 15-4　有刷电动机与无刷电动机的区别

　　永磁直流无刷伺服电动机的三相定子绕组一般采用星形联结，转子分为内转子与外转子两种。内转子型是定子在外、转子在内，定子、定子绕组和机壳等组成机座；外转子型是定子在内、转子在外，转子和机壳组成机座，转轴起支撑、固定作用。内转子型永磁直流无刷伺服电动机的转子是由 2～8 对永磁体按照 N、S 极交替排列在转子周围构成，图 15-5 所示为内转子型永磁直流无刷伺服电动机的结构图。外转子型永磁直流无刷伺服电动机永磁体贴在转子内壁。电动自行车的电动机就是典型的外转子型伺服电动机，其结构如图 15-6 所示。

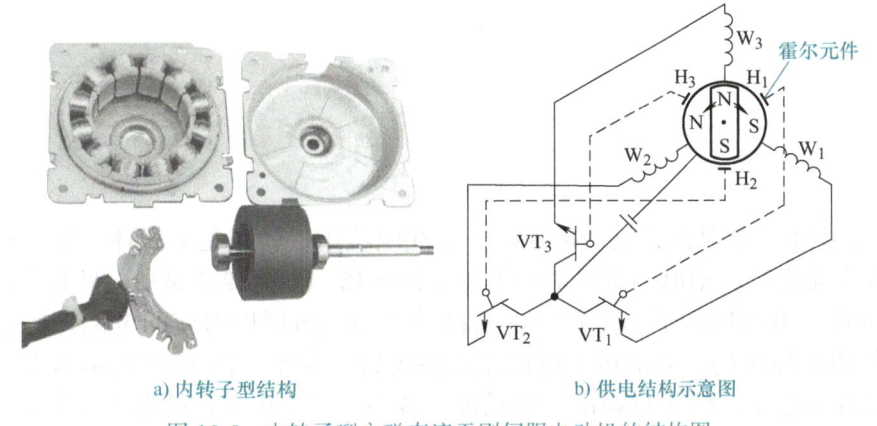

a) 内转子型结构　　　　　　　　　b) 供电结构示意图

图 15-5　内转子型永磁直流无刷伺服电动机的结构图

图 15-6　电动自行车的电动机（外转子型伺服电动机）结构

永磁直流无刷伺服电动机不需要电刷传输电流，其驱动电路使用 PWM（脉冲宽度调制，简称脉宽调制）型变频器，再配合霍尔元件或磁极检测元件，可得到圆滑且稳定的转矩，常用于需要高速和高精度控制的系统以及只有直流供电的场合。

（2）永磁直流无刷伺服电动机的工作原理

1）霍尔元件的作用。霍尔元件（霍尔传感器）是永磁直流无刷伺服电动机最重要的检测组件，用来感应磁场的变化以送出电动机控制信号，使电动机各相绕组按一定的规律依次通电，电动机便持续、稳定地运行。图 15-7 所示为安装在电动自行车电动机定子上的霍尔元件，三个霍尔元件在定子上成 120°。

注意：霍尔元件的工作电压范围为 4～24V，电流范围为 5～15mA。在选择控制器时，要考虑霍尔元件的电流和电压要求。霍尔元件输出集电极开路，使用时须接上拉电阻。

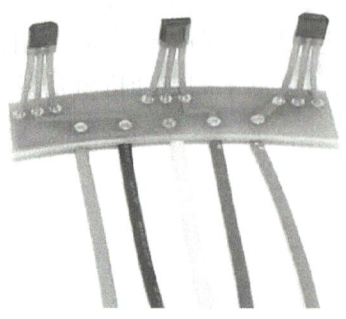

图 15-7　霍尔元件

2）工作原理。无刷直流电动机的定子是线圈绕组，转子是永磁体。如果只给电动机通以固定的直流电流，则电动机只能产生不变的磁场，不能转动起来，只有实时检测电动机转子的位置，再根据转子的位置给电动机的各相绕组通以对应的电流，使定子产生方向均匀变化的旋转磁场，电动机才可以跟着磁场转动起来。图 15-8 所示为无刷直流电动机的转动原理示意图，转子只画出一对磁极，省略了三个位置传感器（霍尔元件）与功率管、电源等连接关系。

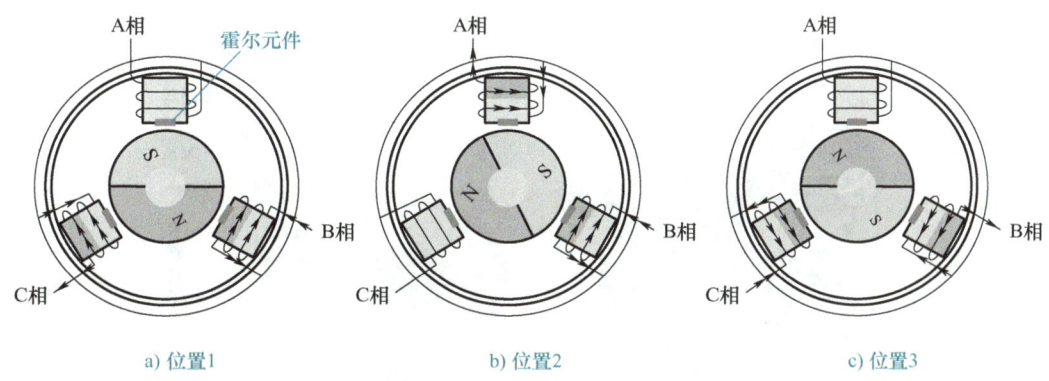

图 15-8 无刷直流电动机的转动原理示意图

当转子 N 极转到图 15-8a 所示的位置 1 时，霍尔元件检测到该位置，定子 B 相接电源"+"极、C 相接电源"-"极，绕组通电产生磁场，在电磁力作用下，转子沿顺时针转动。

同样地，当转子 N 极转到图 15-8b 所示的位置 2 时，B 相接电源"+"极、A 相接电源"-"极，在电磁力作用下，转子继续沿顺时针转动；当在位置 3 时，C 相接电源"+"极、B 相接电源"-"极，在电磁力作用下，转子继续沿顺时针转动。如此往复，转子将持续转动。

总之，三个霍尔元件检测到转子转动的位置，依次导通各相绕组，在电动机定子上产生一个跳跃式旋转磁场，拖动永磁转子旋转。随着转子的转动，霍尔元件通过电子换向电路不断送出换向信号，A、B、C 三相按规律换向：每次换向有一相绕组处于正向通电，另一相反相通电，第三相不通电，保证在一定范围内定子绕组产生的磁场与转子永磁体磁场成 90°夹角，以产生最大转矩，并连续不断地产生转矩，使转子连续转动，输出机械功率。

（3）永磁直流无刷伺服电动机的优缺点　永磁直流无刷伺服电动机体积小、出力大、惯量小、响应快、速度高、转动平滑、转矩稳定，易于智能化。采用电子换相，不存在电刷损耗，噪声小、运行效率高、温度低、电磁辐射小、寿命长、电动机免维护，可用于各种环境。

缺点是成本较高。

2. 永磁同步交流伺服电动机

交流伺服电动机有同步和异步两种。异步交流伺服电动机的结构与电容分相式单相异步电动机基本相同，它的定子上装有两个位置互差 90°的绕组，一个是串电容的励磁绕组，始终接在交流电路上；另一个是控制绕组，连接控制信号电压。异步交流伺服电动机为了减小转子的转动惯量，转子做得细长且采用铝合金制成空心杯状，杯壁很薄，仅为 0.2～0.3mm。异步交流伺服电动机反应迅速、运转平稳，早期广泛采用，并沿用至今。现在广泛采用永磁同步交流伺服电动机。

（1）永磁同步交流伺服电动机的结构　图 15-9 所示为永磁同步交流伺服电动机的基本结构，它由定子及绕组、永磁转子、位置传感器（编码器、霍尔元件）、附属电子换向开关等组成，有的还有制动器。

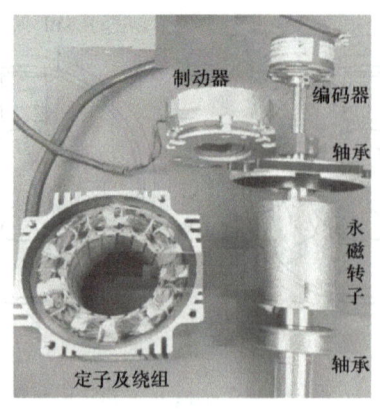

a) 外形　　　　　　　　　　　　b) 基本结构组成

图 15-9　永磁同步交流伺服电动机的基本结构

1）定子。永磁同步交流伺服电动机的定子与感应电动机类似，但其槽数经过严格的计算，定子槽安装三相对称星形联结绕组，用于矢量控制，这与三相感应电动机有所不同。其三相绕组沿定子铁心对称分布，在空间上互差120°电角度，由正弦波脉宽调制的电压型逆变器为其供电，当通入经矢量控制的三相正弦波电流时，产生旋转磁场，永磁转子跟随旋转。

2）永磁转子。永磁同步交流伺服电动机的转子安装有永久磁钢，永久磁钢大多采用表面式和内置式的嵌入方式安装。图15-9b所示为内置式永久磁钢转子，图15-10所示为表面式永久磁钢转子，它将长方形条状磁钢粘贴在转子表面，再用特制线进行表面固定，防止脱落。

3）编码器。旋转编码器是一种集光、机、电技术于一体的速度位移传感器，通常安装在被检测轴（如电动机轴）上，随被检测轴一起转动，可将轴的转向和位移通过内部电路转换成脉冲输出。图15-11所示为旋转编码器外部结构。编码器是一个易碎的精密光学器件与精密旋转件的组合体，过大的冲击力会使其损坏，因此，在装配、安装伺服电动机时要注意避免轴向，特别是防止后端部受到冲击力而损坏编码器。

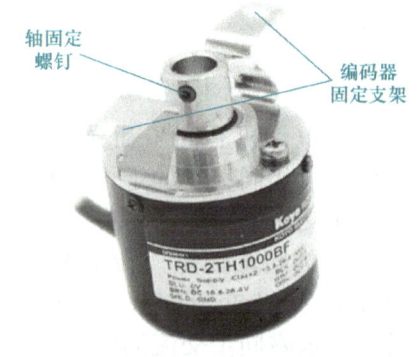

图 15-10　表面式永久磁钢转子　　　　图 15-11　旋转编码器外部结构

（2）永磁同步交流伺服电动机的工作原理　永磁同步交流伺服电动机的转子是永久磁钢，驱动器（特殊电源）控制的U、V、W三相电流形成旋转磁场，转子在该磁场的作用下转动,同时伺服电动机自带的编码器反馈信号给驱动器,驱动器将反馈值与目标值进行比较,调整转子转动的角度与速度。伺服电动机的精度取决于编码器的精度(线数)。

伺服电动机的磁场是矢量控制,为了得到电动机转子的位置、转速、电流大小等信息作为反馈量,首先需要采集电动机相电流和转子位置,对其进行一系列的数学变换和估算后,得到用于控制的反馈量。然后,根据反馈量与目标值的误差进行动态调节,最终输出三相正弦交流电,驱动交流伺服电动机旋转。

注意:交流伺服电动机通过不同程度的不对称运行来达到控制目的,而普通的感应电动机采用对称状态运行。

(3)永磁同步交流伺服电动机的优缺点　永磁同步交流伺服电动机的转子采用高磁感应强度的磁钢,比直流伺服电动机外形尺寸小约1/2,重量减轻60%,转子惯量减到直流伺服电动机的1/5。它与异步电动机相比,消除了励磁损耗等,具有效率高、功率因数高等优点。

缺点是起动特性欠佳;受制造工艺限制,几十千瓦以上的大功率电动机价格较贵。

3. 直线电动机

直线电动机是一种将电能直接转换成直线运动机械能的新型电动机,它不需要任何中间转换机构的传动装置。直线电动机也称为线性电动机,其精度可达 0.1μm,最常用的直线电动机有平板式、U形槽式和管式等。图 15-12 所示为常用的直线电动机。

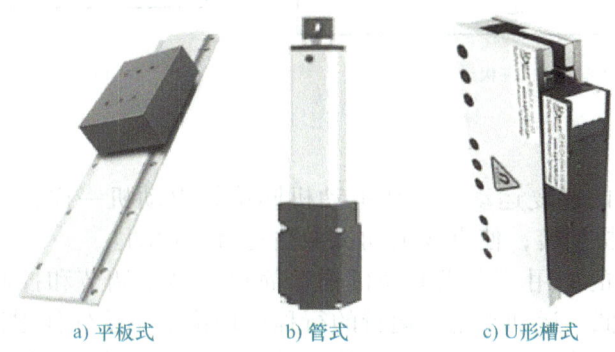

a) 平板式　　　b) 管式　　　c) U形槽式

图 15-12　常用的直线电动机

(1)直线电动机的结构　图 15-13 所示为直线电动机的典型结构,它由定子、动子、导轨、位置传感器(编码器)等组成。直线电动机可看成是由一台旋转电动机按径向剖开展成平面而成,对应旋转电动机定子的部分称为定子或初级,定子绕组由三相线圈组成。对应转子的部分称为动子或次级。

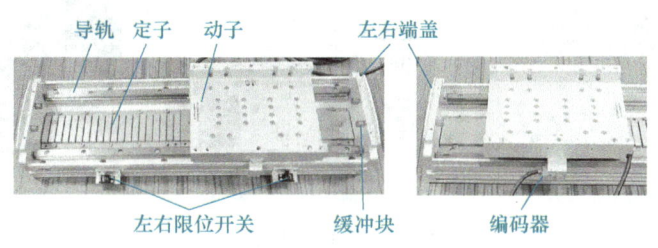

图 15-13　直线电动机的典型结构

直线电动机动子（次级）有栅型和实心两种结构。栅型结构相当于旋转电动机的笼型结构，在动子铁心上开槽，槽中放置导条，并在两端部用导条连接所有槽中导条。实心结构一般采用非磁性整块金属板或合金板，不存在明显导条。

（2）直线电动机的工作原理　与旋转电动机相比，直线伺服驱动器在直线电动机 A、B、C 三相绕组中通入三相对称交流电时，气隙中产生的不是旋转磁场，而是沿直线移动的正弦平移磁场，称为行波磁场，如图 15-14b 所示。动子切割行波磁场，产生感应电动势和感应电流，该电流与行波磁场作用产生电磁推力。如果定子固定，则动子在推力作用下做直线运动；反之，如果动子固定，则定子在推力作用下做直线运动。三相绕组用霍尔元件实现无刷换相送电。

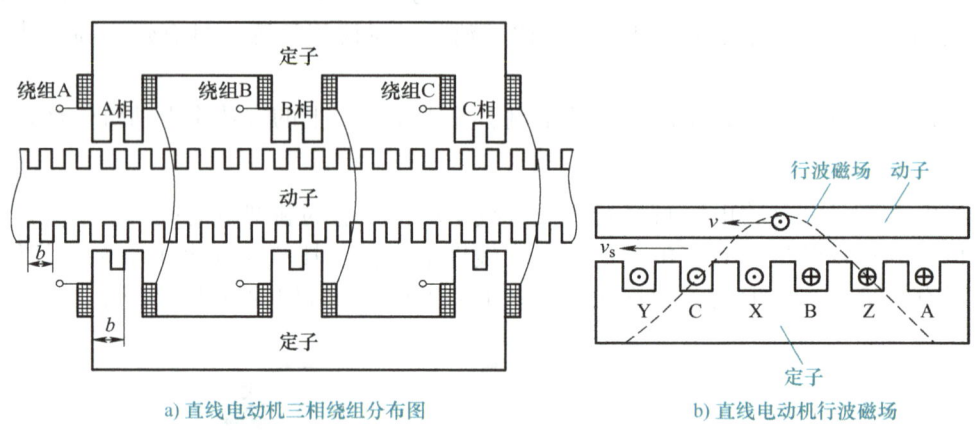

a) 直线电动机三相绕组分布图　　　　b) 直线电动机行波磁场

图 15-14　直线电动机的工作原理

（3）直线电动机的往复运动　直线电动机同旋转电动机一样，可以通过对换任意两相的电源线实现电动机反转，使直线电动机做往复直线运动。

（4）直线电动机的应用　直线电动机构造简单，易于调节和控制，具有响应快、精度高、速度高、能耗低、运动平稳，运行的行程在理论上不受任何限制等优点，被广泛应用于医疗设备、工业机器人、汽车工业、航空航天、电子消费品、激光加工等工业自动化设备领域。图 15-15a 所示为按键寿命试验台，图 15-15b 所示为 X-Y 轴移动激光焊接机，图 15-15c 所示为激光切割机。

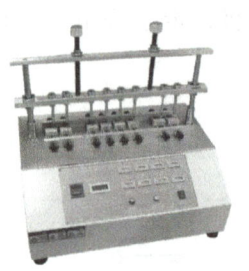  

a) 按键寿命试验台　　　　b) X-Y轴移动激光焊接机　　　　c) 激光切割机

图 15-15　直线电动机的应用

微思考

步进电动机和伺服电动机的区别是什么?

任务实施

1. 材料准备

永磁直流无刷伺服电动机和永磁同步交流伺服电动机各一台、电工常用工具及仪表。

2. 伺服电动机的认识与检测

观察教师拆开的永磁直流无刷伺服电动机和永磁同步交流伺服电动机的结构,说明各组成部件的作用(可上网查阅),检测绕组电阻并判断其是否正常,分别填入表 15-1 和表 15-2 中。

表 15-1 永磁直流无刷伺服电动机的认识

部件	特点与作用			
定子				
转子				
霍尔元件				
检测绕组电阻 /Ω	U 相	V 相	W 相	备注:三相绕组为星形联结,三相电阻应相等,正常值一般为 1~2Ω。4 根电源线中有 1 根为接地线,与机壳相通

表 15-2 永磁同步交流伺服电动机的认识

部件	特点与作用			
定子				
转子				
失电制动器				
旋转编码器				
检测绕组电阻 /Ω	U 相	V 相	W 相	备注:三相绕组为星形联结,三相电阻应相等,正常值一般为 1~2Ω。4 根电源线中有 1 根为接地线,与机壳相通

任务评价

根据表 15-3 对任务的完成情况进行评价。

表 15-3　任务评价表

评价内容	评价标准	配分	扣分
材料准备	所需工具、仪器及材料没准备好，扣 5 分	5 分	
伺服电动机的认识	1）不能说明永磁直流无刷伺服电动机各部件特点与作用，每项扣 5 分 2）不能说明永磁同步交流伺服电动机各部件特点与作用，每项扣 5 分	65 分	
绕组电阻的测量	不会测量两种伺服电动机绕组电阻或测量不正确，每种扣 10 分	30 分	
安全文明生产	1）要求现场整洁、干净，电动机、仪表摆放整齐 2）遵守安全操作规程，不发生任何安全事故 违反安全文明生产规程，扣 10～40 分，发生人身和设备安全事故，不及格		
定额时间	180min，每超时 5min，扣 5 分		
开始时间	结束时间　　　　　实际时间　　　　　成绩		

学习笔记（无笔记，扣 10 分）

任务 2　伺服电动机位置控制模式系统的安装与调试

相关知识

伺服电动机需要和对应型号的伺服驱动器配套使用。由于每个品牌伺服电动机的控制算法不一定相同，伺服控制单元的功能设计也不同。因此，伺服电动机在使用中一般需要采用配套的伺服驱动器才能发挥伺服驱动的优势，特别是日本品牌系列伺服系统。目前，欧美品牌系列伺服电动机的驱动控制算法大多采用开放式设计，在使用中可以考虑参数相同、接口通用的伺服驱动器和伺服电动机的互换使用。图 15-16 所示为国产品牌伺服系统。

a）深圳汇川　　　　　　　　b）北京时代超群

图 15-16　国产品牌伺服系统

1. 汇川伺服驱动器安装接线

汇川是我国工业自动化控制领域的高新技术品牌，其伺服电动机、伺服驱动器等运行安静平稳，定位控制精确，广泛应用于新能源汽车、机器人/机械手、3C制造、电梯、轨道交通等行业。

（1）汇川三相220V伺服驱动器系统接线　图15-17所示是汇川三相220V IS600P伺服驱动器系统基本接线图。三相380V交流电须经变压器变换为三相220V的交流电。接触器的线圈、制动抱闸线圈均须并联浪涌抑制器。其主电路端子功能见表15-4。

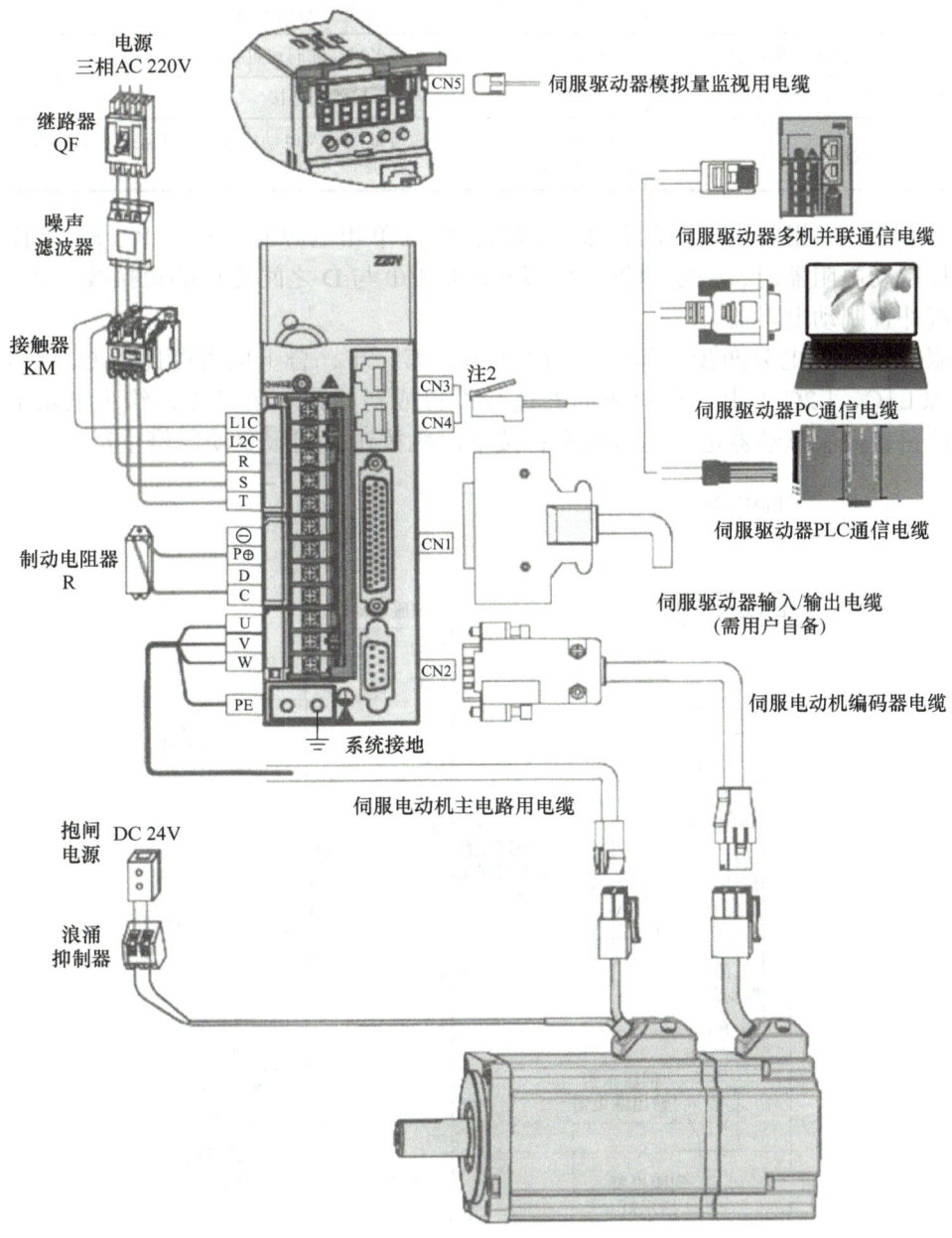

图15-17　汇川三相220V IS600P伺服驱动器系统基本接线图

表 15-4　汇川三相 220V IS600P 伺服驱动器主电路端子功能

端子标识	端子名称		端子功能
L1、L2、L3	主电路电源输入端子	不同型号伺服驱动器按照使用说明书连接	主电路单相 AC 220V 电源输入端子
R、S、T			主电路三相 220V 电源输入
			主电路三相 380V 电源输入
L1C、L2C	控制电源输入端子	控制电路电源输入，需要依据铭牌的额定电压等级	
P⊕、D、C	外接制动电阻器端子	不同型号伺服驱动器按照使用说明书连接	默认在 P⊕、D 之间连接短接线。制动能力不足时，拆除其间的短接线，在 P⊕、C 之间连接外置制动电阻器
P⊕、P⊖	共直流母线端子	伺服的直流母线端子，在多机并联时可进行共母线连接	
U、V、W	伺服电动机连接端子	与伺服电动机的 U、V、W 端子相连接	
PE	接地	两处接地端子，与电源接地端子及电动机接地端子连接。必须将整个系统进行接地处理	

对于单相/三相两用电源的伺服驱动器，接入单相电源时可连接 R、S、T 任意两端子。外接制动电阻器时，一定要拆下伺服驱动器 P⊕ 与 D 之间连接的短接线，在 P⊕ 与 C 之间连接外置制动电阻器。

伺服驱动器上电分两步，如图 15-18 所示，第一步，合上电源断路器 QF，给驱动器控制电源 L1C、L2C 上电，可对驱动器进行设置或初始化。第二步，给主电路上电，按下运行按钮，伺服驱动器进入运行状态；按下停机按钮，伺服驱动器停止运行。

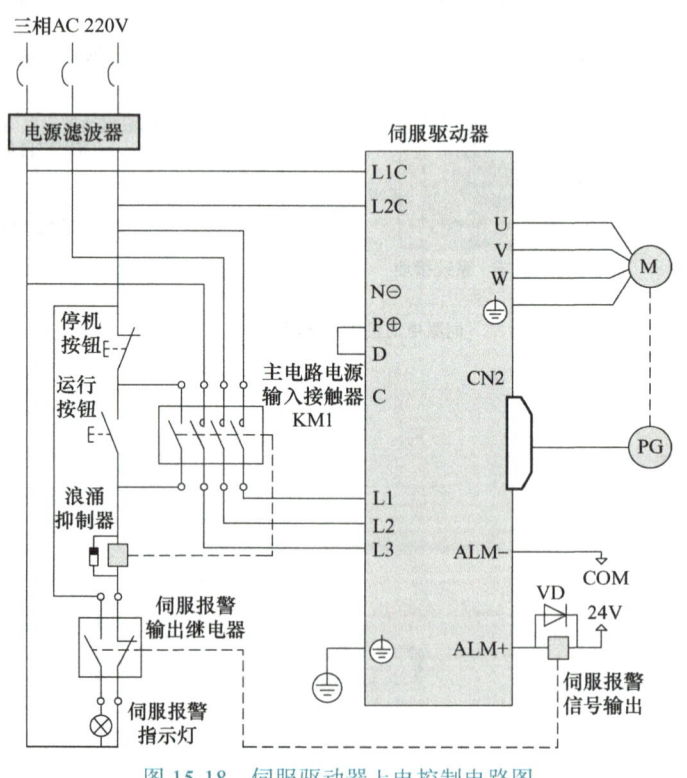

图 15-18　伺服驱动器上电控制电路图

（2）伺服驱动器与伺服电动机抱闸的接线　抱闸是在伺服驱动器处于非运行状态时，防止伺服电动机轴运行，使电动机保持位置锁定，主要用于防止机械运动部分因为自重或外力移动影响机构位置。抱闸的应用如图15-19所示。抱闸通过端口CN1连接，需要伺服电动机用户准备24V电源，抱闸与伺服驱动器的接线如图15-20所示，它的连接没有极性。

注意：伺服电动机停机后，应关闭伺服使能（S-ON）；抱闸线缆应采用0.5mm^{2}以上且不可太长，以保证正常的工作电压。

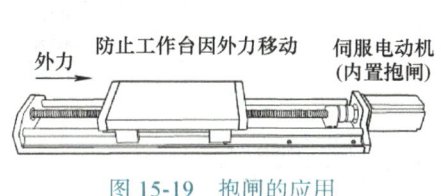

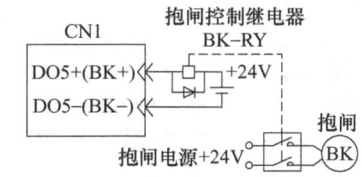

图15-19　抱闸的应用　　　　　图15-20　抱闸与伺服驱动器的接线

（3）编码器的连接　与驱动器配套的伺服电动机如采用专用连接插件，其信号连接关系是一一对应的。驱动器编码端子引脚说明见表15-5，连接2500线省线式编码器。如伺服电动机采用非专用连接插件，可根据电动机使用说明书进行对应连接。

表15-5　驱动器编码端子引脚说明

接口CN2	引脚号	名称	引脚号	名称
	1	A+	6	Z-
	2	A-	7	+5V
	3	B+	8	GND
	4	B-	9	保留
	5	Z+	壳体	PE

（4）型号含义　汇川IS600P伺服驱动器及其配套伺服电动机型号含义如图15-21和图15-22所示。

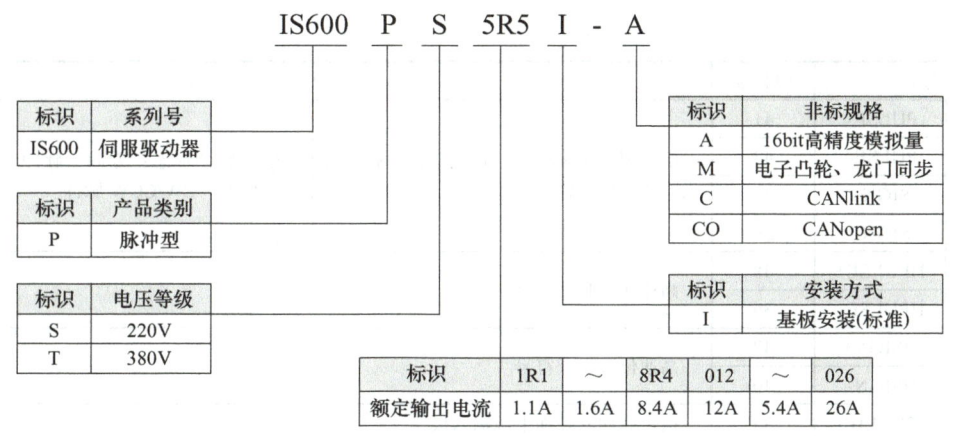

图15-21　汇川IS600P伺服驱动器型号含义

图 15-22 汇川 IS600P 伺服电动机型号含义

（5）伺服驱动器控制信号端子接线　图 15-23 为汇川 IS600P 伺服驱动器信号端子布置图。伺服驱动器控制有三种模式：位置控制模式、速度控制模式和转矩控制模式。常用的是位置控制模式，本任务主要进行位置控制模式的接线、参数设置和调试运行。其他两种控制模式请参阅汇川产品使用说明书或进入官网学习。

（6）位置控制模式

1）位置指令输入信号。位置指令输入信号说明见表 15-6。

表 15-6　位置指令输入信号说明

信号名		引脚号	功能	
位置指令	PULSE+	41	低速脉冲指令输入方式：差分驱动输入、集电极开路	输入脉冲形态：方向+脉冲、A、B 相正交脉冲、CW/CCW 脉冲
	PULSE−	43		
	SIGN+	37		
	SIGN−	39		
	HPULSE+	38	高速输入脉冲指令	
	HPULSE−	36		
	HSIGN+	42	高速位置指令符号	
	HSIGN−	40		
	PULLHI	35	指令脉冲的外加电源输入接口	
	GND	29	信号地	

项目十五 伺服电动机控制系统的安装与维护

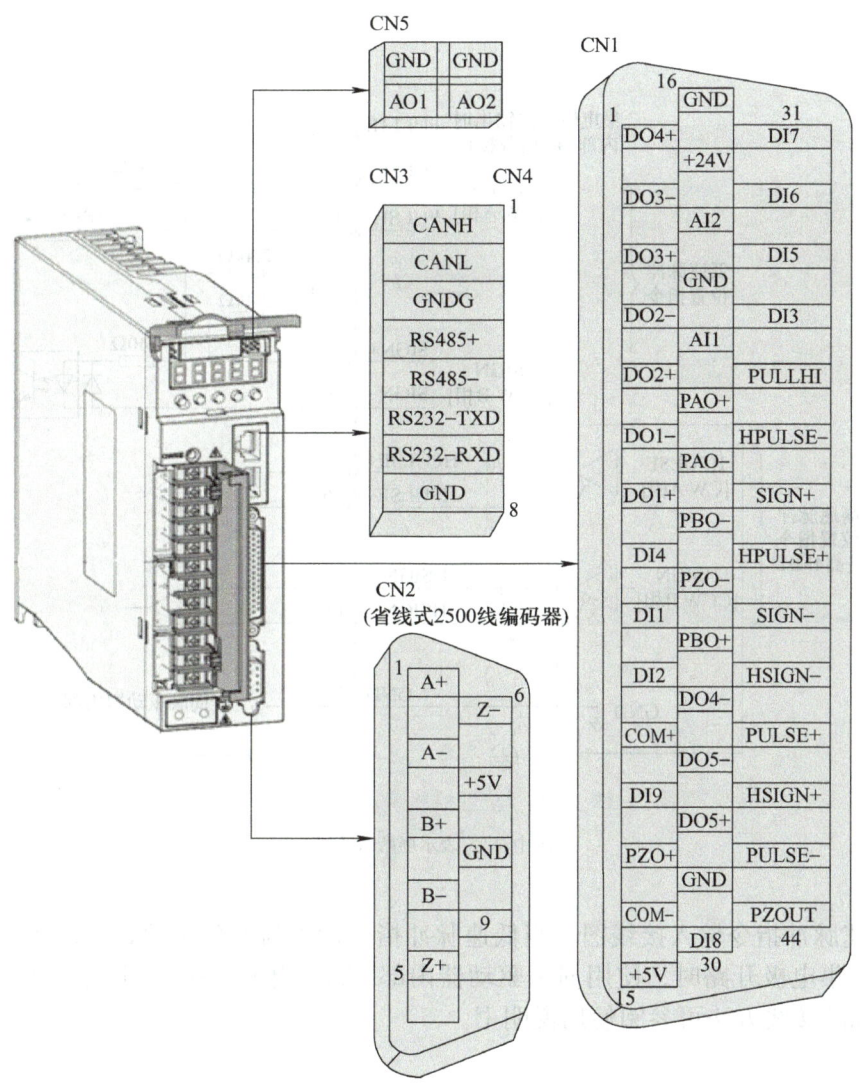

图 15-23 汇川 IS600P 伺服驱动器信号端子布置图

2) 位置控制模式标准接线图如图 15-24 所示。

注意: 高、低速脉冲不可同时使用，两者只可使用其中一个功能；上位装置输出脉冲宽度若小于最小脉宽值，会导致驱动器接收脉冲错误。

上位装置侧指令脉冲输出电路可以从差分驱动输出和集电极开路输出中选择，其最大输入频率及最小脉宽见表 15-7。

表 15-7 上位装置侧指令脉冲输出电路最大输入频率与最小脉宽

脉冲方式		最大输入频率/kHz	最小脉宽/μs
低速	差分驱动	500	1
	集电极开路	200	2.5
	高速差分驱动	4000	0.125

215

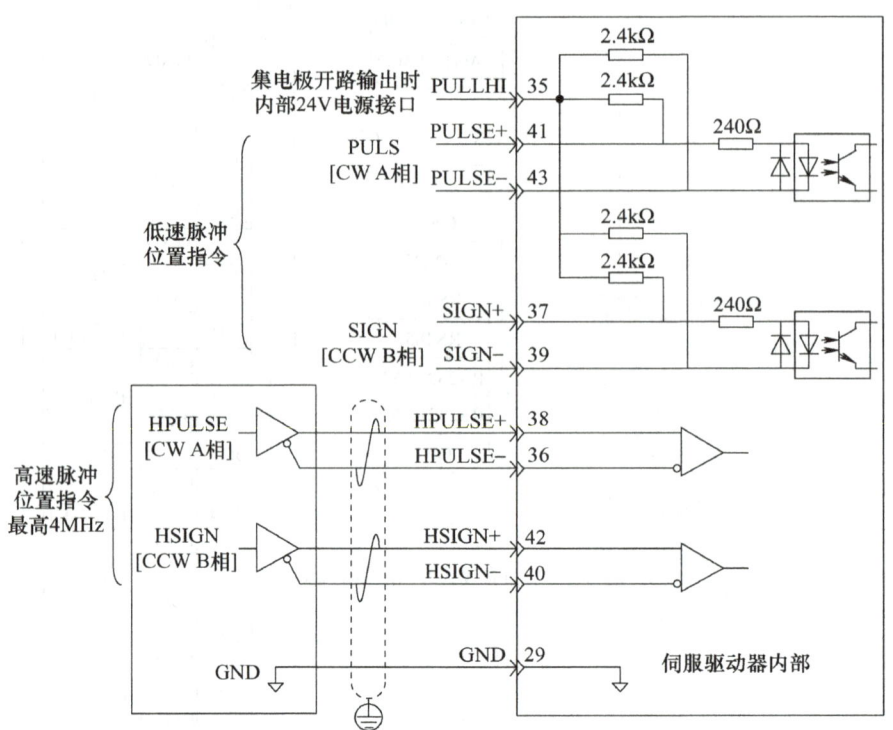

图 15-24 位置控制模式标准接线图

图中符号╱表示屏蔽双绞线。

① 低速脉冲指令输入接线图。当低速脉冲指令输入为差分驱动时，接线图如图 15-25 所示；当为集电极开路时，使用伺服驱动器内部 +24V 电源，接线图如图 15-26 所示。使用外部电源的接线方法可参阅使用说明书。

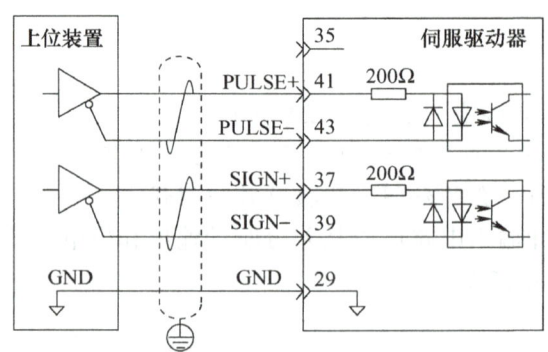

图 15-25 低速脉冲差分接线图

PLC 常用信号电压为 DC 24V，使用内部电阻方案接线比较方便。

当 PLC 输出脉冲信号为低电平时，采用共阳极接法，如图 15-26a 所示。脉冲接

PULSE−（43 脚），方向接 SIGN−（39 脚），电压正极（17 脚）接 PULLHI（35 脚），PULSE+ 和 SIGN+ 空置。三菱、信捷等品牌采用共阳极接法。

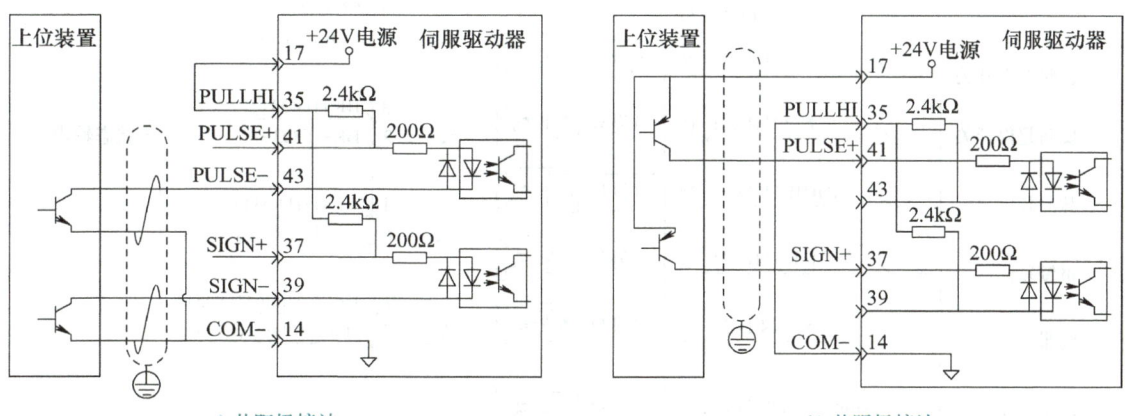

a) 共阳极接法   b) 共阴极接法

图 15-26 低速脉冲集电极开路接线图

西门子 PLC 输出为高电平（+24V），采用共阴极接法，如图 15-26b 所示。脉冲接 PULSE+（41 脚），方向接 SIGN+（37 脚），电源负极（14 脚 COM−）接 PULLHI（35 脚），PULSE− 和 SIGN− 空置。采用西门子 S7-1200PLC 时，其脉冲 Q0.0 接 41 脚，方向 Q0.1 接 37 脚，35 脚与 14 脚连接，接电源 0V。

② 高速脉冲指令输入接线图。上位装置侧的高速指令脉冲输入只能通过差分驱动输出给伺服驱动器，如图 15-27 所示。接线须注意：务必保证差分输入为 5V 系统，否则，伺服驱动器的输入不稳定，会导致在输入指令脉冲时出现脉冲丢失现象，以及在输入指令方向时出现指令取反现象。接线时，务必将上级装置的 5V 地与驱动器的 GND 连接，以降低噪声干扰。

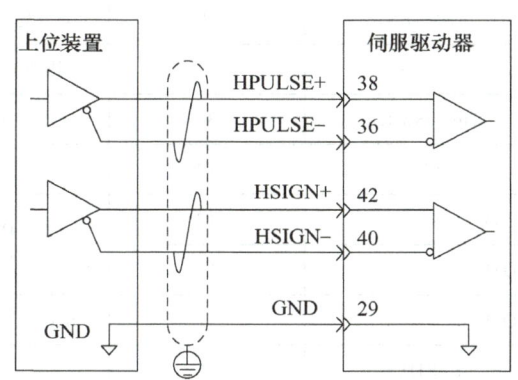

图 15-27 高速脉冲指令输入接线图

（7）伺服驱动器数字量输入/输出信号 伺服驱动器数字量输入/输出接线图如图 15-28 所示，信号引脚功能说明见表 15-8。

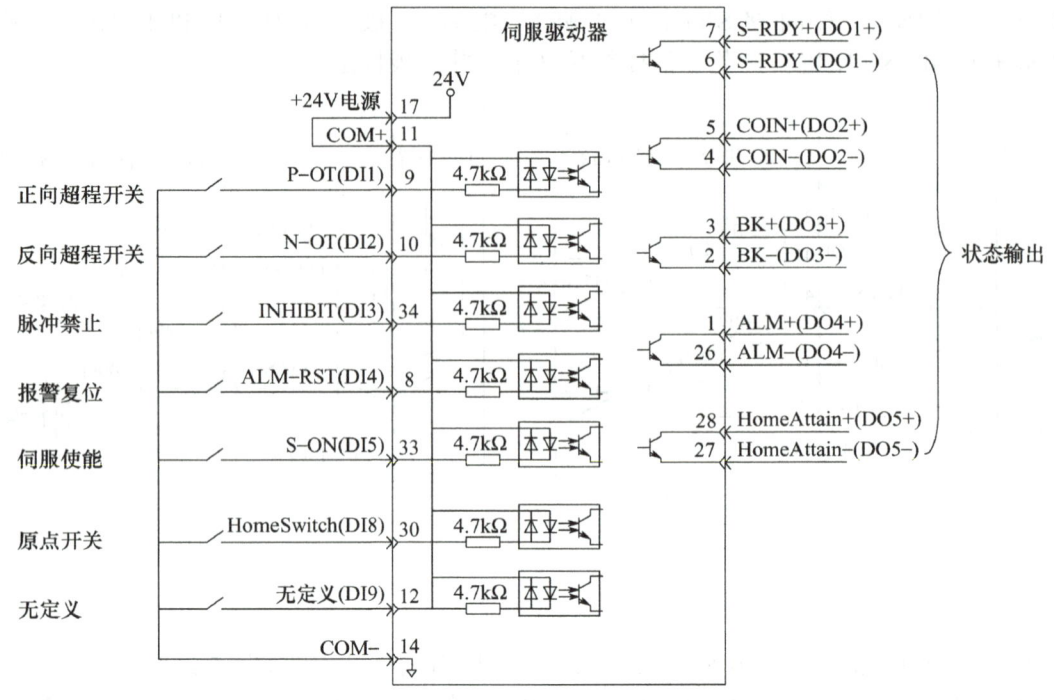

图 15-28 伺服驱动器数字量输入/输出接线图

表 15-8 伺服驱动器数字量输入/输出信号引脚功能说明

	信号名	默认功能	引脚号	功能
通用	DI1	P-OT	9	正向超程开关
	DI2	N-OT	10	反向超程开关
	DI3	INHIBIT	34	脉冲禁止
	DI4	ALM-RST	8	报警复位（沿有效功能）
	DI5	S-ON	33	伺服使能
	DI8	HomeSwitch	30	原点开关
	DI9	保留	12	—
	+24V		17	内部24V电源，电压范围为20～28V，最大输出电流为200mA
	COM-		14	
	COM+		11	电源输入端（12～24V）
	DO1+	S-RDY+	7	伺服准备好
	DO1-	S-RDY-	6	
	DO2+	COIN+	5	位置完成
	DO2-	COIN-	4	

(续)

信号名		默认功能	引脚号	功能
通用	DO3+	BK+	3	零速
	DO3−	BK−	2	
	DO4+	ALM+	1	故障输出
	DO4−	ALM−	26	
	DO5+	HomeAttain+	28	原点回零完成
	DO5−	HomeAttain−	27	

1）数字量输入电路。以 DI1 为例进行说明，DI1～DI9 输入接口电路相同。当输入电路上位装置为继电器输出时，如图 15-29 所示。当输入电路上位装置为集电极开路输出时，如图 15-30 所示。

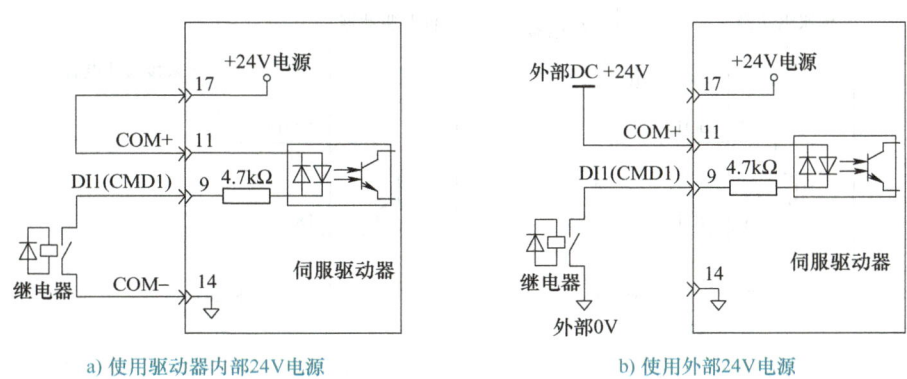

a) 使用驱动器内部24V电源　　　　　　　　b) 使用外部24V电源

图 15-29　输入电路上位装置为继电器输出

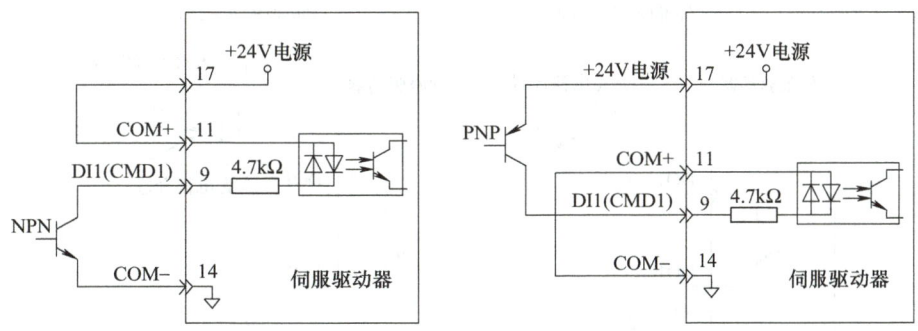

a) 使用伺服驱动器内部24V电源

图 15-30　输入电路上位装置为集电极开路输出

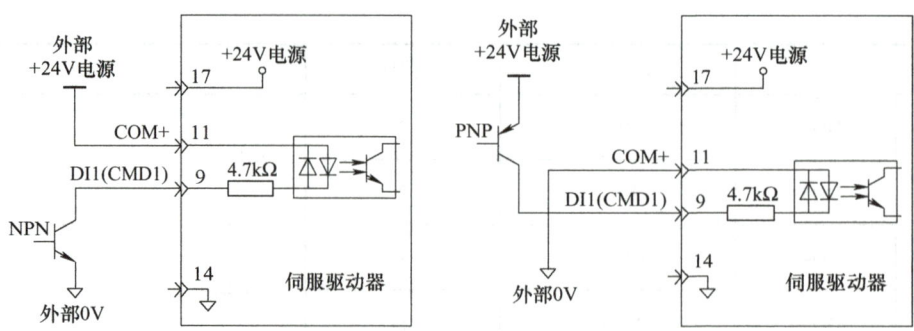

b) 使用外部直流24V电源

图 15-30 输入电路上位装置为集电极开路输出（续）

2）数字量输出电路。以 DO1 为例进行说明，DO1～DO5 输出接口电路相同。当输出电路外部装置为继电器接入时，如图 15-31 所示。当输出电路外部装置为光电耦合器接入时，如图 15-32 所示。

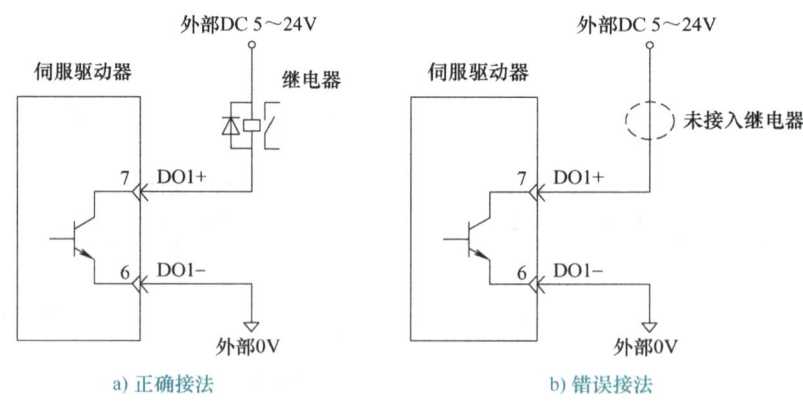

a) 正确接法 b) 错误接法

图 15-31 输出电路外部装置为继电器接入

注意：对于伺服驱动器，继电器无论是输入还是输出，都应并联续流二极管。

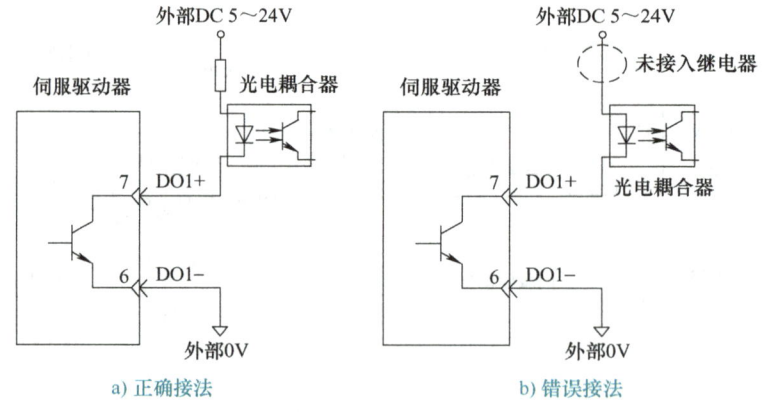

a) 正确接法 b) 错误接法

图 15-32 输出电路外部装置为光耦接入

注意：伺服驱动器内部光电耦合器输出电路最大允许直流电压、电流分别为30V、50mA。

3）伺服驱动器编码器分频输出端子。当需要将编码器信号连接到PLC进行闭环控制时，不可能直接从电动机上分线，所以驱动器提供了编码器分频输出。其连接电路参阅使用说明书。伺服驱动器编码器分频输出信号引脚功能说明见表15-9。

表15-9 伺服驱动器编码器分频输出信号引脚功能说明

信号名	默认功能	针脚号	功能	
通用	PAO+	21	A相分频输出信号	A、B相的正交分频脉冲输出信号
	PAO-	22		
	PBO+	25	B相分频输出信号	
	PBO-	23		
	PZO+	13	Z相分频输出信号	原点脉冲输出信号
	PZO-	24		
	PZ-OUT	44	Z相分频输出信号	原点脉冲集电极开路输出信号
	GND	29	原点脉冲集电极开路输出信号地	
	+5V	15	内部5V电源，最大输出电流为200mA	
	GND	16		
	PE	机壳		

（8）伺服驱动器通信信号接线　IS600P伺服驱动器通信信号连接器（CN3、CN4）为内部并联的两个同样的通信信号连接器，其接线如图15-17右上方所示。IS600P伺服驱动器通信信号连接器引脚功能见表15-10。

表15-10 IS600P伺服驱动器通信信号连接器引脚功能

引脚号	定义	描述	端子引脚图
1	CANH	CAN通信端口	CN3 / CN4（1-8）
2	CANL		
3	CGND	CAN通信地	
4	RS485+	RS-485通信端口	
5	RS485-		
6	RS232-TXD	RS-232发送端，与上位装置的接收端连接	
7	RS232-RXD	RS-232接收端，与上位装置的发送端连接	
8	GND	接地	
外壳	PE	屏蔽	

对应PC端端子功能说明见表15-11。

表 15-11　对应 PC 端端子功能说明

引脚号	定义	描述	端子引脚图
2	PC-RXD	PC 接收端	
3	PC-TXD	PC 发送端	
5	GND	接地	
外壳	PE	屏蔽	

PC 通信线缆图如图 15-33 所示。

图 15-33　PC 通信线缆图

PC 通信线缆引脚连接关系见表 15-12。

表 15-12　PC 通信线缆引脚连接关系

驱动器侧（A 端）		PC 端（B 端）	
信号名称	引脚号	信号名称	引脚号
GND	8	GND	5
RS232-TXD	6	PC-RXD	2
RS232-RXD	7	PC-TXD	3
PE（屏蔽网）	壳体	PE（屏蔽网）	壳体

PLC 与通信电缆连接图如图 15-34 所示。

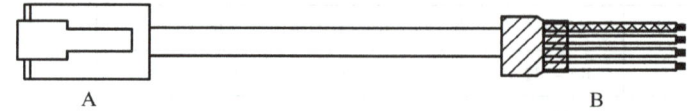

图 15-34　PLC 与通信电缆连接图

PLC 与伺服驱动器电缆连接是一一对应关系，见表 15-13。

表 15-13　PLC 与伺服驱动器电缆连接关系

PLC 侧（A 端）		伺服驱动器侧（B 端）	
信号名称	引脚号	信号名称	引脚号
GND	8	GND	8
CANH	1	CANH	1
CANL	2	CANL	2
CGND	3	CGND	3
RS-485+	4	RS-485+	4
RS-485-	5	RS-485-	5
PE（屏蔽网）	壳体	PE（屏蔽网）	壳体

（9）伺服驱动器的安装

1）伺服驱动器的安装方法。伺服驱动器与墙壁垂直安装。使用自然对流风或风扇对伺服驱动器进行冷却，要求电控柜的温度保持均匀，必要时可在电控柜的上部安装冷却用风扇。通过 2～4 处（根据容量不同，安装孔的数量不同）安装孔散热。安装时，将其正面（操作面）面向操作人员。多伺服驱动器并排安装应留适当的空间，如图 15-35 所示。

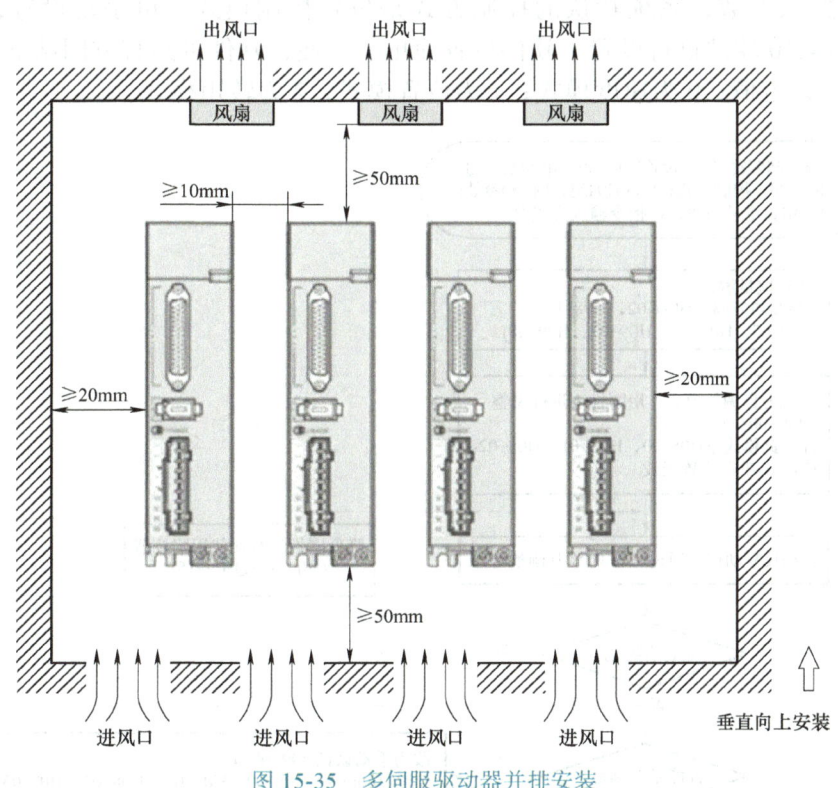

图 15-35　多伺服驱动器并排安装

2）伺服驱动器接地线的安装。安装伺服驱动器、电动机、噪声滤波器等必须可靠接地，否则，可能有触电或因干扰而产生误动作的危险。接地线安装如图 15-36 所示。

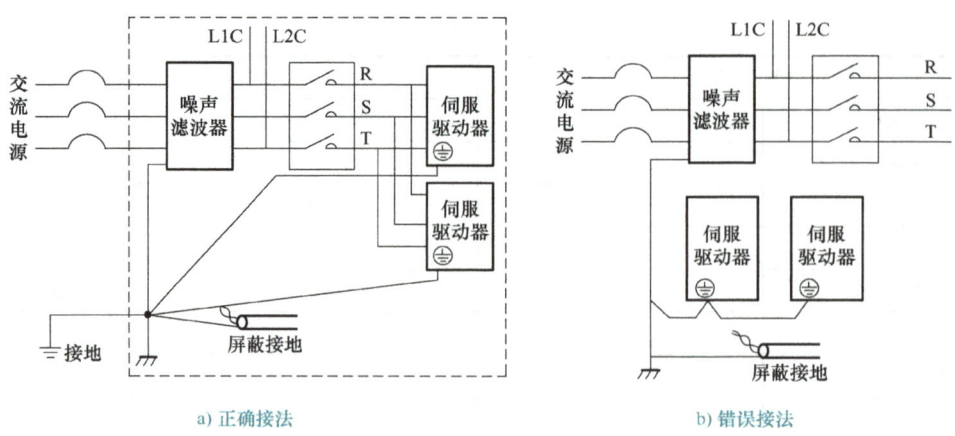

a) 正确接法　　　　　　　　　　　　b) 错误接法

图 15-36　接地线安装

2. 汇川 IS600P 伺服驱动器的设置

（1）设置方法　伺服驱动器安装、接线检查正确后，须对电动机型号及相关参数、控制方式等进行设置。汇川 IS600P 伺服驱动器设置流程如图 15-37 所示。对于初学者，位置控制模式主要进行电动机型号、控制方式、指令输入方式等基本参数设置，其他选择系统默认参数，系统默认的控制方式是位置控制模式。可手动设置，也可应用 InoServoShop4.10 软件进行设置。软件设置简单、方便，软件可到官方网站下载。H02.00 为控制模式，设定值：0 为速度模式；1 为位置模式；2 为转矩模式。

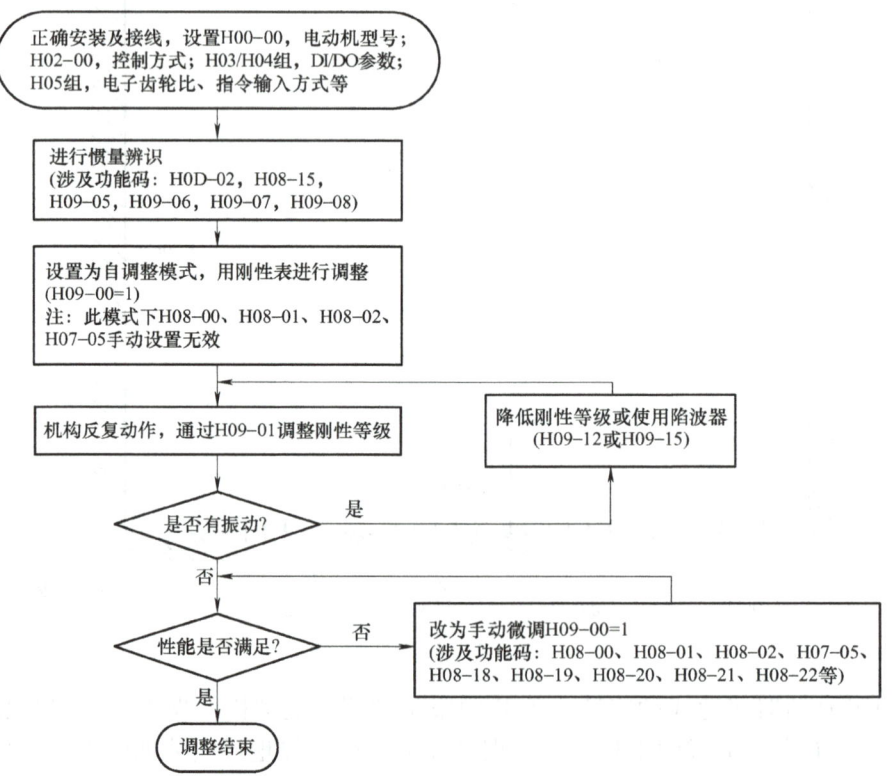

图 15-37　汇川 IS600P 伺服驱动器设置流程

汇川 IS600P 伺服驱动器惯量自调整和自动增益调整参阅使用说明书。

汇川 IS600P 伺服驱动器功能参数表参数组概要见表 15-14，其他参数可参阅使用说明书。

表 15-14　汇川 IS600P 伺服驱动器功能参数表参数组概要

功能码组	参数组概要	功能码组	参数组概要
H00 组	伺服电动机参数	H0A 组	故障与保护参数
H01 组	驱动器参数	H0B 组	监控参数
H02 组	基本控制参数	H0C 组	通信参数
H03 组	端子输入参数	H0D 组	辅助功能参数
H04 组	端子输出参数	H0F 组	全闭环功能参数
H05 组	位置控制参数	H11 组	多段位置功能参数
H06 组	速度控制参数	H12 组	多段速度参数
H07 组	转矩控制参数	H17 组	虚拟 DI/DO 参数
H08 组	增益类参数	H30 组	通信读取伺服相关变量
H09 组	自调整参数	H31 组	通信给定伺服相关变量

（2）控制面板及操作方法

1）控制面板说明。汇川 IS600P 伺服驱动器控制面板如图 15-38 所示，它由 5 位 8 段 LED 数码管构成的显示器和 5 个按键组成，可用于伺服驱动器的各类显示、参数设定、用户密码设置及一般功能的执行。驱动器运行时，显示器可用于伺服的状态显示、参数显示、故障显示和监控。

汇川 IS600P 伺服驱动器按键常规功能说明见表 15-15。

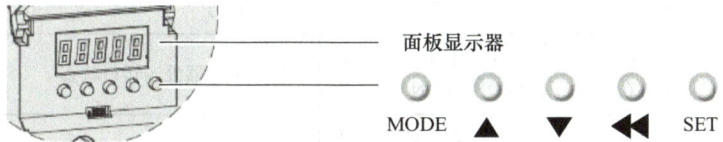

图 15-38　汇川 IS600P 伺服驱动器控制面板

表 15-15　汇川 IS600P 伺服驱动器按键常规功能说明

名称	图示	常规功能
MODE 键	MODE	各模式间切换；返回上一级菜单
UP、DOWN 键	▲、▼	增多（UP）、减少（DOWN）LED 数码管闪烁位的数值
SHIFT 键	◀◀	变更 LED 数码管闪烁位；查看长度大于 5 位的数据的高位数值
SET 键	SET	进入下一级菜单；执行存储参数设定值等命令

2）面板显示切换方法。汇川 IS600P 伺服驱动器面板显示切换方法如图 15-39 所示。电源接通时，面板显示器立即进入状态显示模式，按 MODE 键可在不同显示模式之间进行切换。

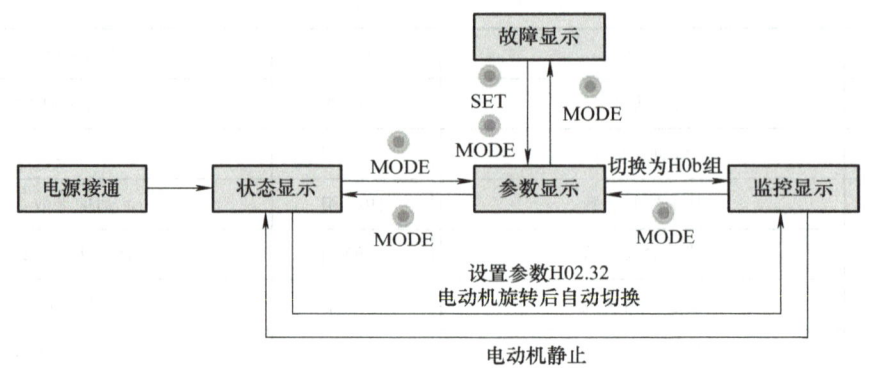

图 15-39　汇川 IS600P 伺服驱动器面板显示切换方法

状态显示时，设置 H02.32 选择监控的目标参数后，电动机旋转的同时，显示器自动切换至监控显示，电动机静止后，显示器自动恢复状态显示。参数显示时，设置 H0b 组参数预监控的目标参数，即可切换至监控显示。状态显示场合及含义见表 15-16。

表 15-16　状态显示场合及含义

显示	名称	显示场合	表示含义
rESEt	Reset 伺服初始化	伺服上电瞬间	驱动器处于初始化状态或复位状态 等待初始化或复位完成，自动切换为其他状态
nrd	Nrd 伺服未准备好	伺服初始化完成，但驱动器未准备好	因主电路未上电，伺服处于不可运行状态
rdy	Rdy 伺服准备完毕	驱动器已准备好	伺服驱动器处于可运行的状态，等待上位装置给出伺服使能信号
run	Run 伺服正在运行	伺服使能信号有效（S-ON 为 ON）	伺服驱动器处于运行状态
Jog	Jog 点动运行	伺服驱动器处于点动运行状态	进行点动运行设置

3）参数显示。参数显示意义见表 15-17。

表 15-17　参数显示意义

显示	名称	内容
H02.00	参数 H02.00	02：参数组号 00：参数组内偏置

4）参数设定显示。参数设定显示意义见表 15-18。

表 15-18　参数设定显示意义

显示	名称	显示场合	表示含义
donE	Done 参数设定完成	参数设定成功	表示该参数值已完成设定，并存入伺服驱动器（Done）。此时，驱动器可以执行其他操作
F.Init	F.Init 参数恢复出厂设定值	当前使用系统参数初始化功能（H02.31=1）	驱动器正处于参数恢复出厂设定值过程中（Function Code Initialize）。等待系统参数初始化完成后，重新接通控制电
Error	Error 密码错误	输入密码	提示密码输入错误（Error），须重新输入密码

5）参数设定。参数设定方法举例如图 15-40 所示。

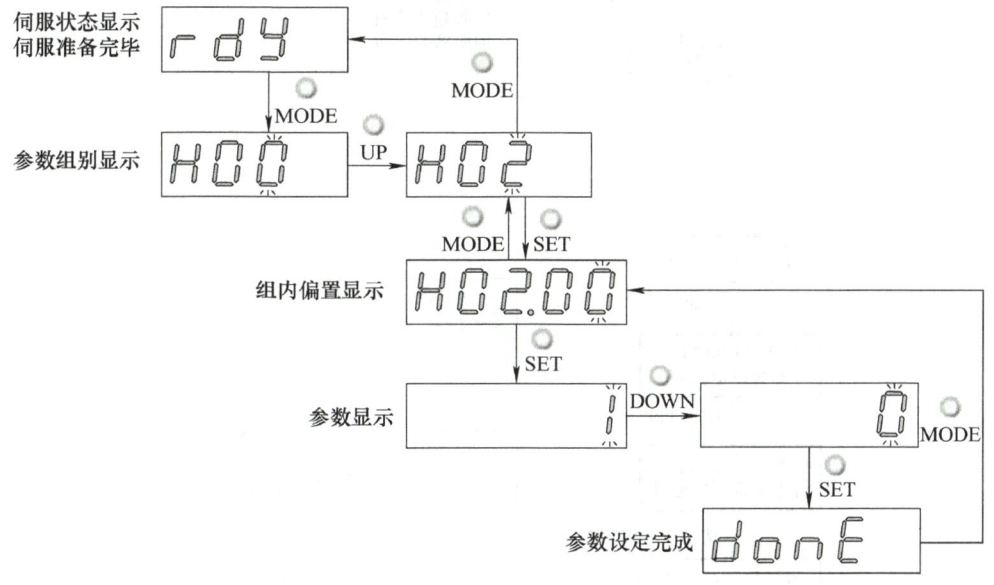

图 15-40　参数设定方法举例

参数设定完成显示 Done 时，按 MODE 键返回参数组别，显示 H02.00。

3. 汇川伺服驱动器的调试与运行

1）调试流程。调试流程如图 15-41 所示。

2）点动运行。使用点动运行功能可确认伺服电动机是否能正常旋转，确保转动时无异常振动和异常声响等。点动运行可以通过面板或汇川驱动调试软件等方式进行。电动机以当前参数 H06.04 存储值作为点动速度。使用点动功能时，需在 Rdy 状态下将伺服使能信号（S-ON）置为无效，否则不能执行。

面板点动调试方法步骤如图 15-42 所示。

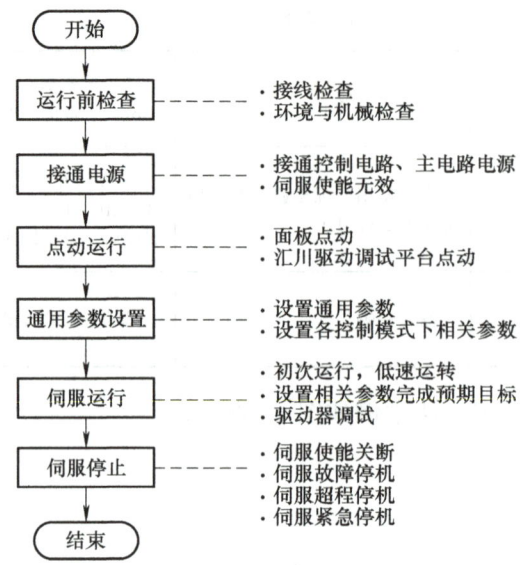

图 15-41　调试流程

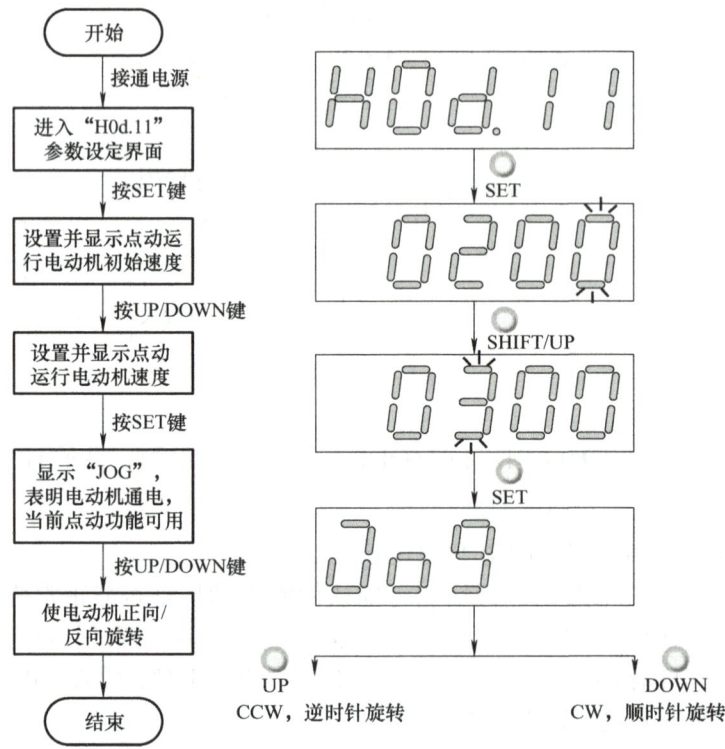

图 15-42　面板点动调试方法步骤

项目十五　伺服电动机控制系统的安装与维护

任务实施

1. 材料准备

按表 15-19 准备电路安装所需要的器材、工具、仪表等，并进行质量检测。

表 15-19　实训器材明细表

符号	名称	型号	规格	数量
M	IS 系列伺服电动机	ISMH1-10B30CB-U130X		1 台
	IS 系列驱动器	IS600PS1R1I-C		1 个
EMC	噪声滤波器	FN 2090-3-06		1 个
QF	断路器	DZ47-63	380V、额定电流为 25A	1 个
KM	交流接触器	CJT1-20	20A、线圈电压为 380V	1 个
SB	按钮	LA4-3H	保护式三联按钮	1 个
XT	端子排	JX2-1015	10A、15 节、380V 或配套自定	1 个
	控制板		500mm×450mm×20mm	1 个
	仪表		500V 绝缘电阻表、UT200B 型钳形电流表、MF47 型万用表、转速表	各 1 个
	电工通用工具		验电笔、螺钉旋具、尖嘴钳、斜口钳、剥线钳、电工刀等	1 套
	主电路导线		塑料硬铜线 BV1.5mm^2（黄、绿、红三色或自定）	若干
	控制电路导线		塑料软铜线 BV1.0mm^2（黑色或自定）	若干
	接地线		塑料软铜线 BVR1.5mm^2（黄绿双色线）	若干
	其他辅材		各种规格紧固件、线号套管、导轨、固定螺钉等	若干

2. 伺服电动机与伺服驱动器型号的识别

识读汇川 IS 系列伺服电动机与伺服驱动器型号的含义，填入表 15-20 中。

表 15-20　汇川 IS 系列伺服电动机与伺服驱动器型号的含义

铭牌	基本参数
ISMH1-10B30CB-U130X	主要参数：
	2500 线省线式增量编码器，实心、带键、带螺纹孔、无制动器
IS600PS1R1I-C	主要参数：
	主、控制电路均接 220V 交流电源，不接制动电阻器，保持 P⊕ 和 D 短接

3. 安装电器并接线

按图 15-43 安装、固定电器，参考图 15-17 和图 15-18 连接电路（无制动器和制动电阻器）。PLC 控制电路可根据 PLC 输出电平情况选择图 15-26 进行连接。接线应符合工艺要求，线端要套号码管。

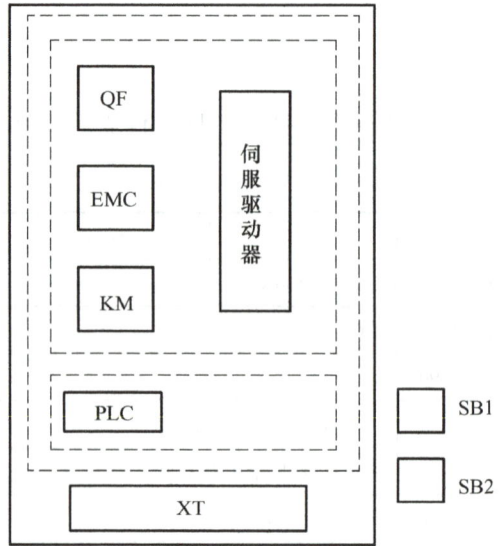

图 15-43　电器元件布置图

4. 点动调试与运行

接线完毕,对照电路图逐点检查无误后请教师复核,在教师的指导下上电调试。

1) 面板点动调试。

2) 应用 InoServoShop4.10 软件点动调试。

3) 应用 InoServoShop4.10 软件在教师的指导下根据相关要求设置位置控制模式的参数。

4) 由教师根据现场要求输入 PLC 控制程序进行位置控制模式的试运行。

任务评价

根据表 15-21 对任务的完成情况进行评价。

表 15-21　任务评价表

评价内容	评价标准	配分	扣分
材料准备	器材短缺、型号、规格不符合要求,每件扣 2 分	5 分	
驱动器的识别	错写或漏写相关功能或作用,每项扣 5 分	25 分	
安装元器件	1) 元器件布置不合理、不整齐,每个扣 2 分 2) 元器件安装不牢固、不正确,每个扣 4 分 3) 损坏元器件,该项不得分	20 分	
接线	1) 接线错误,每处扣 4 分,扣完为止 2) 布线不符合工艺要求,接点松动、露铜过长、压绝缘层、没套线号管、软线没压接线耳(螺杆连接除外),每处扣 2 分 3) 损伤导线绝缘层或线芯,每根扣 5 分	20 分	

（续）

评价内容	评价标准	配分	扣分
调试	1）不会参数设置，扣10分 2）不会面板点动调试，扣10分 3）不会应用软件设置参数与调试，扣5分 4）不会通电调试控制系统，扣15分	30分	
工具仪表使用	1）工具、仪表使用不规范，每次酌情扣1～3分 2）损坏工具、仪表，扣5分		
安全文明生产	1）现场清理整洁、干净；工具摆放整齐，废品分类清理 2）遵守安全操作规程，无任何安全事故发生 如违反安全文明生产要求，酌情扣5～40分。情节严重者，本次操作记0分或取消本次实训资格		
定额时间	270min，每超过10min，扣5分		
开始时间	结束时间　　　　　实际时间　　　　　成绩		

学习笔记（无笔记，扣10分）

项目十五
习题

参 考 文 献

[1] 刘伦富,杨啸,张道平. 电工电子技术基础与应用 [M]. 2 版. 北京:机械工业出版社,2021.
[2] 李敬梅. 电力拖动控制线路与技能训练 [M]. 5 版. 北京:中国劳动社会保障出版社,2014.
[3] 杨博. 伺服控制系统与 PLC、变频器、触摸屏应用技术 [M]. 北京:化学工业出版社,2021.
[4] 奚茂龙,向晓汉. S7-1200 PLC 编程及应用技术 [M]. 北京:机械工业出版社,2022.
[5] 张凤姝. 设备电气控制技术 [M]. 北京:机械工业出版社,2017.